# 전자캐드
## 기능사 실기

# 전자캐드기능사 실기

## Always with you

사람이 길에서 우연하게 만나거나 함께 살아가는 것만이 인연은 아니라고 생각합니다.
책을 펴내는 출판사와 그 책을 읽는 독자의 만남도 소중한 인연입니다.
**SD에듀**는 항상 독자의 마음을 헤아리기 위해 노력하고 있습니다.
늘 독자와 함께하겠습니다.

# 머리말

    기술의 생성과 소멸 주기가 빠른 21세기에 소멸되지 않고 끊임없이 발전해 온 기술 중의 하나가 바로 PCB(Printed Circuit Board) 설계기술이다. PCB 설계기술은 전기ㆍ전자뿐만 아니라 다양한 산업 분야에서 널리 활용되고 있어 그 필요성이 더욱 강조되고 있다. 전자캐드기능사는 산업 분야의 핵심이 되는 PCB 설계 인력을 양성하기 위해 개설된 자격증이다. 전자캐드기능사를 취득하기 위해서는 OrCAD, PADS, Altium Designer 중 하나를 이용하여 PCB를 설계할 수 있어야 한다.

    본 도서는 OrCAD(버전 : 17.2, 16.6)를 이용한 전자캐드기능사 공개문제에 제시된 회로도 작성(OrCAD Capture) 및 PCB 설계(OrCAD PCB Editor)방법과 학생들을 지도하면서 자주 겪었던 에러와 에러 해결방법들이 수록되어 있다. 또한 이해를 돕기 위해 본 도서의 내용을 동영상으로도 제작하여 유튜브에 업로드하였다. **유튜브에서 '박쌤의 전기전자기능사'를 검색하여 재생 목록에 있는 [전자캐드기능사] 공개문제 풀이 1부터 차례대로 시청할 것**을 권장한다.

    처음은 누구나 어렵다. 저자 역시 PCB를 처음 설계할 때 많은 실수를 하였다. 이런 실수들을 해결하기 위해 여러 사람들에게 조언을 구하고 인터넷 검색을 통해 지금은 학생들을 가르칠 정도의 수준이 되었다. 누구에게나 처음은 있고 그 처음이 많이 생소하고 어렵지만, 참아내고 꾸준히 학습하면 실력은 향상된다. 아무쪼록 본 도서와 저자 유튜브 영상으로 공부하시는 모든 수험생에게 좋은 결과가 있기를 기원한다.

    끝으로 본 도서를 위해 불철주야로 노력해 주신 SD에듀 임직원분들께 감사의 말씀을 드리며, 늘 곁에서 격려해 주고 힘이 되어 준 사랑하는 아내와 아들, 저를 믿고 지켜봐 주신 모든 가족 구성원들, 그리고 구미전자공업고등학교 전 교직원 및 학생들, 제 유튜브 채널 구독자분들께도 감사의 말씀을 드린다.

편저자 씀

## 개 요

전자 관련 분야(컴퓨터, 통신 등) 기기 및 제품의 설계와 제작을 위하여 회로설계 및 분석하여 전자캐드 프로그램을 활용하여 PCB Artwork 작업(부품 배치, 배선 연결) 및 부품목록표(BOM) 작성 등 향후 계속적으로 사용되는 기술인력 개발을 위해 자격을 신설하였다.

## 진로 및 전망

현재 모든 전자기기 관련 제품은 PCB를 사용하여 제작된다. 전자기기 관련업체 및 PCB 전문업체 등 향후 계속적으로 사용되는 기술이므로 자격증 취득 후 전자기기 관련업체, PCB 전문업체(PCB 제작업체) 등 설계 및 제작 담당 기술자로 활동할 수 있다.

## 시험일정

| 구 분 | 필기원서접수<br>(인터넷) | 필기시험 | 필기합격<br>(예정자)발표 | 실기원서접수 | 실기시험 | 최종 합격자<br>발표일 |
|---|---|---|---|---|---|---|
| 제2회 | 3.12~3.15 | 3.31~4.4 | 4.17 | 4.23~4.26 | 6.1~6.16 | 7.3 |
| 제3회 | 5.28~5.31 | 6.16~6.20 | 6.26 | 7.16~7.19 | 8.17~9.3 | 9.25 |
| 제4회 | 8.20~8.23 | 9.8~9.12 | 9.25 | 9.30~10.4 | 11.9~11.24 | 12.11 |

※ 상기 시험일정은 시행처의 사정에 따라 변경될 수 있으니, www.q-net.or.kr에서 확인하시기 바랍니다.

## 시험요강

❶ 시행처 : 한국산업인력공단
❷ 관련 학과 : 실업계 고등학교 및 전자 분야 관련 학과 등
❸ 시험과목
  ㉠ 필기 : 1. 전기전자공학 2. 전자계산기일반 3. 전자제도(CAD) 이론
  ㉡ 실기 : 전자제도(CAD) 작업
❹ 검정방법
  ㉠ 필기 : 객관식 4지 택일형 60문항(60분)
  ㉡ 실기 : 작업형(4시간 30분 정도)
❺ 합격기준
  ㉠ 필기 : 100점을 만점으로 하여 60점 이상
  ㉡ 실기 : 100점을 만점으로 하여 60점 이상

## 출제기준

| 실기과목명 | 주요항목 | 세부항목 | 세세항목 |
|---|---|---|---|
| 전자제도 CAD 작업 | 하드웨어 기초회로 설계 | 블록별 회로 설계하기 | • 기초회로의 시뮬레이션을 통하여 상세 단위회로를 설계할 수 있다.<br>• 설계된 단위회로를 조합하여 각 블록별 회로를 설계할 수 있다. |
| | | 하드웨어 전체 설계도 작성하기 | • 검증된 기초회로를 조합하여 전체 회로를 구성할 수 있다.<br>• 구성된 단위회로를 시뮬레이션을 통하여 성능을 검증할 수 있다.<br>• 검증된 회로를 바탕으로 하드웨어 전체 설계도를 작성할 수 있다. |
| | 하드웨어 회로 설계 | 부품 규격 선정하기 | • 제품 개발전략을 바탕으로 적용 가능한 주요 부품의 라인업을 파악할 수 있다.<br>• 파악된 라인업에 따라 개발계획서의 요구 기능을 구현할 수 있는 주요 부품의 목록을 작성할 수 있다.<br>• 작성된 주요 부품의 목록에 따라 부품규격서를 수집할 수 있다. |
| | | 블록 설계하기 | • 제품규격서에서 제시하는 제품 기능에 따라 블록도를 작성할 수 있다.<br>• 작성된 블록도를 활용하여 블록별 회로를 설계할 수 있다.<br>• 설계된 회로를 시뮬레이션을 진행한 후 이론적인 검토내용과 시뮬레이션 결과를 비교 · 검토할 수 있다. |
| | | 회로도 설계하기 | • 검토된 블록별 회로를 신호와 타이밍을 고려하여 회로를 구성할 수 있다.<br>• 구성된 회로를 분석하여 부품의 규격, 납기, 단가, 제조사 등에 따라 사용 부품을 확정할 수 있다.<br>• 확정된 부품을 바탕으로 회로를 설계할 수 있다. |
| | 하드웨어 기능별 설계 | 하드웨어 구성하기 | • 분석된 하드웨어 자료를 바탕으로 하드웨어 요소를 작성할 수 있다.<br>• 작성된 하드웨어 요소를 기반으로 구성도를 작성할 수 있다.<br>• 작성된 구성도와 기구 도면을 바탕으로 하드웨어를 배치할 수 있다. |
| | | 블록도 작성하기 | • 제품 기능안과 하드웨어 구성도를 바탕으로 동작 순서를 작성할 수 있다.<br>• 작성된 동작 순서를 바탕으로 주요 부품을 중심으로 하드웨어 연결도면을 그릴 수 있다.<br>• 전체 블록도, 상세 블록도를 나누어 작성할 수 있다. |

| 실기과목명 | 주요항목 | 세부항목 | 세세항목 |
|---|---|---|---|
| 전자제도<br>CAD 작업 | 하드웨어 회로<br>구현 설계 | 상세 회로도<br>작성하기 | • 기초회로 설계도를 기반으로 상세 회로도를 그릴 수 있는 설계 프로그램을<br>사용할 수 있다.<br>• 설계 프로그램을 이용하여 하드웨어 전체 설계도를 작성할 수 있다.<br>• 작성된 하드웨어 전체 설계도에 대해 오류를 검증할 수 있다. |
| | | 전자파 대응<br>설계하기 | • 작성된 전체 설계도에 대해서 전자파 유해성 관련 규격을 조사할 수 있다. |
| | | 회로 검증하기 | • 회로 시뮬레이션 프로그램을 통하여 회로의 성능을 검증할 수 있다.<br>• 전문가 집단이 작성한 하드웨어 체크리스트를 기반으로 전체 회로 설계도<br>에 대한 적합 여부를 확인할 수 있다. |
| | 하드웨어<br>부품 선정 | 부품의 특성<br>분석하기 | • 기초회로에 적용된 부품에 대한 특성을 분석할 수 있다.<br>• 기초회로에 적용된 부품에 대한 동작조건을 확인할 수 있다.<br>• 기초회로에 적용된 부품에 대한 사용환경의 적합성을 판단할 수 있다. |
| | | 부품의 검사항목<br>결정하기 | • 제품의 종류와 사용환경에 따른 부품의 사양을 정할 수 있다.<br>• 정해진 사양에 대한 부품의 필요기능을 설정할 수 있다.<br>• 정해진 필요기능에 따라 검사항목을 결정할 수 있다. |
| | | 부품 선정하기 | • 전기적 성능검사 결과를 바탕으로 부품 사용 가부를 결정할 수 있다.<br>• 부품사양서를 확인하여 유해성분이 없는 부품을 선정할 수 있다.<br>• 환경안전규격을 검토하여 해당 부품의 적용 가능 여부를 판단할 수 있다. |
| | 하드웨어<br>양산 이관 | 관계 부서<br>지원하기 | • 관련 부서 간 협의를 통하여 생산에 필요한 개발내용을 해당 부서에 이관<br>할 수 있다.<br>• 관련 부서가 양산 체재를 구축할 수 있도록 제품 개발에 대한 정보 및 문서<br>를 공유할 수 있다.<br>• 양산 이관 시 문제점에 대한 관련 부서의 개선 요구사항을 검토, 분석, 개선<br>할 수 있다. |
| | | 문제점 개선하기 | • 양산 시 발생 가능한 문제점을 파악하여 설계에 반영, 개선할 수 있다. |
| | | 양산 이관문서<br>작성하기 | • 기술 문서 및 문제점 개선 이력을 작성할 수 있다.<br>• 최종적으로 개선한 견본품을 이관할 수 있다. |

# 수험자 유의사항

❶ 미리 작성된 라이브러리 또는 회로도 등은 일체 사용을 금합니다.

❷ 감독위원의 지시에 따라 실행 순서를 준수하고, 감독위원의 지시가 있기 전에 전원을 ON-OFF시키거나 검정시스템을 임의로 조작해서는 안 됩니다.

❸ 시험 중 이동식 저장장치 등을 주고받는 행위나 시험 관련 대화는 부정행위자로 실격처리하며 시험 종료 후 수험자의 PC에서 진행한 작업내용을 삭제해야 합니다.

❹ 출력물을 확인하여 동일 작품이 발견될 경우 모두 부정행위자로 간주하여 실격처리됩니다.

❺ 만일의 장비 고장 또는 정전으로 인한 자료 손실을 방지하기 위하여 수시로 저장(Save)합니다.

❻ 도면에서 표시되지 않은 규격은 데이터 북에서 가장 적당한 것을 선정하여 해당 규격으로 생성하고, 라이브러리의 이름은 자신의 비밀번호로 명명하여 저장합니다.

❼ 수험자의 회로설계, PCB 설계작업 폴더명은 자신의 비밀번호로 설정해서 작업을 진행합니다.

❽ 회로 설계, PCB 설계작업 시 ERC 또는 DRC 검사는 감독위원에게 반드시 확인을 받습니다(각 과제에 해당하는 검사를 받지 아니한 경우 또는 통과하지 못한 경우 실격처리되고, 검사한 로그 파일은 디스크에 저장하여 최종 제출 시 함께 저장하여 제출합니다).

❾ 시험과 관련된 파일 및 폴더는 이동식 저장장치에 저장하고, 감독위원 입회하에 본인이 출력한 출력물과 함께 제출합니다(단, 작업의 인쇄 출력물(가로 인쇄 기준)마다 수험번호와 성명을 좌측 하단에 기재한 후 감독위원의 확인(날인)을 꼭 받습니다).

❿ 이동식 저장장치에 작업파일을 제출한 후에는 작품의 수정이 불가능하니 신중하게 작업 후 최종 제출바랍니다(파일 제출 후의 작품 수정 시에는 부정행위자로 간주하여 실격처리됩니다).

⓫ 답안 출력이 완료되면 '수험진행사항 점검표'의 답안지 매수란에 수험자가 매수를 확인하여 기록하고, 감독위원의 확인을 꼭 받습니다.

⓬ 수험진행사항 점검표 작성은 검은색 필기구만 사용해야 하며, 그 외 연필류, 유색 필기구 등을 사용한 답안은 채점하지 않으며 0점 처리됩니다.

⓭ 수험진행사항 점검표 정정 시에는 정정하고자 하는 단어에 두 줄(=)을 긋고 다시 작성하거나 수정테이프(수정액 제외)를 사용하여 정정하시기 바랍니다.

⓮ 요구한 작업을 완료한 후 이동식 저장장치에 작업파일을 제출하고, 인쇄 출력물을 지정한 순서(회로 도면, 실크면, TOP면, BOTTOM면, Solder Mask TOP면, Solder Mask BOTTOM면, Drill Draw)에 의거 편철하여 제출한 경우에만 채점 대상에 해당됩니다.

⓯ 출력물의 답안 편철을 위하여 회로 도면(가로 기준) 좌측 하단의 모서리 부분은 설계하지 않습니다.

⓰ 이동식 저장장치에 작업한 폴더의 저장시간과 작품의 출력시간은 시험시간에 포함되지 않습니다.

⓱ 수험자는 작업 전에 간단한 몸 풀기 운동을 실시한 후에 시험에 임합니다.

⓲ 시험 과제의 회로도는 정상 동작과는 무관함을 알려드립니다(패턴 설계의 수행능력을 판단하기 위해서 회로도를 임의로 구성한 것입니다).

❶⓽ 다음 '채점 제외(불합격 처리) 대상'에 해당하는 작품은 채점하지 않고 불합격 처리합니다.

㉠ 과제 진행 중 수험자 스스로 작업에 대한 포기의사를 표현한 경우

㉡ 수험자가 기계 조작 미숙 등으로 계속 작업 진행 시 본인 또는 타인의 인명이나 재산에 큰 피해를 가져올 수 있다고 감독위원이 판단할 경우

㉢ 부정행위의 작품일 경우

㉣ ERC(Electronic Rule Check) 또는 DRC(Design Rule Check) 검사를 받지 않은 경우 또는 통과하지 못한 경우

㉤ PCB 설계 시 자동 배선을 한 경우

㉥ 시험시간 내에 미완성된 작품일 경우

㉦ 설계 완성도가 0인 경우
- 회로 설계(Schematic)에서 부품 배치 및 네트 연결이 미완성인 경우
- PCB 설계에서 부품 배치 및 배선이 미완성인 경우

㉧ 출력하지 못한 경우
- 회로도를 출력하지 못한 경우
- PCB 제조에 필요한 거버 데이터(Gerber Data)를 1개 이상 출력하지 못한 경우

㉨ 회로 설계(Schematic) 요구조건과 다른 경우
- 접점이 누락된 경우
- 네트가 누락된 경우
- 네트 연결이 잘못된 경우
- 부품이 누락된 경우

㉩ PCB 설계(Layout) 요구조건과 다른 경우
- 설계 레이어(2-LAYER)가 다른 경우
- 보드 크기가 다른 경우
- 부품이 초과하거나 누락된 경우
- 고정 부품 배치가 정확하지 않는 경우
- 카퍼(동박)가 누락된 경우
- 보드 사이즈를 지정된 레이어에 생성하지 않은 경우
- 실크 데이터를 지정된 레이어에 생성하지 않은 경우
- 거버 데이터(Gerber Data)를 실물(1 : 1)로 출력하지 않은 경우

㉪ 출력 결과물(데이터)을 이용하여 PCB 및 제품의 제조 시 불량의 원인이 되는 경우
- PCB 외곽선 정보가 누락된 경우
- 각종 실크 데이터(Silk Data)와 패드가 겹치는 경우
- 부품 데이터와 핀의 배열이 다른 경우
- 부품 또는 PCB에 전원 공급이 되지 않는 경우

## 수험자 준비물

❶ 신분증 : 주민등록증, 유효기간 내 여권, 재외동포 국내거소증, 운전면허증, 청소년증, 외국인등록증, 공무원증, 학생증
(사진 및 주민등록번호가 개재된 경우만 인정)
❷ 수험표
❸ 필기구(검은색 볼펜)
❹ 수정테이프

## 한국산업인력공단 지역본부지사

| 지역 | | 주소 | 전화번호 |
|---|---|---|---|
| 서울 | 서울지역본부 | 서울 동대문구 장안벚꽃로 279(휘경동 49-35) | 02-2137-0590 |
| | 서울서부지사 | 서울 은평구 진관3로(진관동 산100-23) | 02-2024-1700 |
| | 서울남부지사 | 서울시 영등포구 버드나루로 110(당산동) | 02-876-8322 |
| 경기도 | 인천지역본부 | 인천시 남동구 남동서로 209(고잔동) | 032-820-8600 |
| | 경기지사 | 경기도 수원시 권선구 호매실로 46-68(탑동) | 031-249-1201 |
| | 경기북부지사 | 경기도 의정부시 추동로 140(신곡동) | 031-850-9100 |
| | 경기동부지사 | 경기도 성남시 수정구 성남대로 1217(수진동) | 031-750-6200 |
| | 경기서부지사 | 경기도 부천시 길주로 463번길 69(춘의동) | 032-719-0800 |
| | 경기남부지사 | 경기도 안성시 공도읍 공도로 51-23 | 031-615-9000 |
| 강원도 | 강원지사 | 강원도 춘천시 동내면 원창 고개길 135(학곡리) | 033-248-8500 |
| | 강원동부지사 | 강원도 강릉시 사천면 방동길 60(방동리) | 033-650-5700 |
| 경상도 | 부산지역본부 | 부산시 북구 금곡대로 441번길 26(금곡동) | 051-330-1910 |
| | 부산남부지사 | 부산시 남구 신선로 454-18(용당동) | 051-620-1910 |
| | 경남지사 | 경남 창원시 성산구 두대로 239(중앙동) | 055-212-7200 |
| | 경남서부지사 | 경남 진주시 남강로 1689(초전동 260) | 055-791-0700 |
| | 울산지사 | 울산광역시 중구 종가로 347(교동) | 052-220-3224 |
| | 대구지역본부 | 대구시 달서구 성서공단로 213(갈산동) | 053-580-2300 |
| | 경북지사 | 경북 안동시 서후면 학가산 온천길 42(명리) | 054-840-3000 |
| | 경북동부지사 | 경북 포항시 북구 법원로 140번길 9(장성동) | 054-230-3200 |
| | 경북서부지사 | 경북 구미시 산호대로 253(구미첨단의료기술타워 2층) | 054-713-3000 |
| 전라도 | 광주지역본부 | 광주광역시 북구 첨단벤처로 82(대촌동) | 062-970-1700 |
| | 전북지사 | 전북 전주시 덕진구 유상로 69(팔복동) | 063-210-9200 |
| | 전남지사 | 전남 순천시 순광로 35-2(조례동) | 061-720-8500 |
| | 전남서부지사 | 전남 목포시 영산로 820(대양동) | 061-288-3300 |
| 충청도 | 대전지역본부 | 대전광역시 중구 서문로 25번길 1(문화동) | 042-580-9100 |
| | 충북지사 | 충북 청주시 흥덕구 1순환로 394번길 81(신봉동) | 043-279-9000 |
| | 충남지사 | 충남 천안시 서북구 천일고 1길 27(신당동) | 041-620-7600 |
| | 세종지사 | 세종특별자치시 한누리대로 296(나성동) | 044-410-8000 |
| 제주도 | 제주지사 | 제주특별자치도 제주시 복지로 19(도남동) | 064-729-0701 |

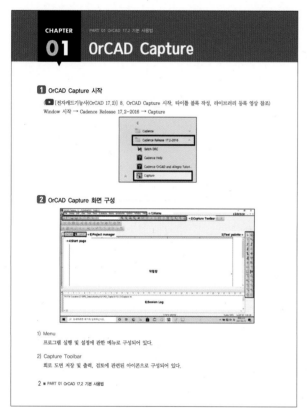

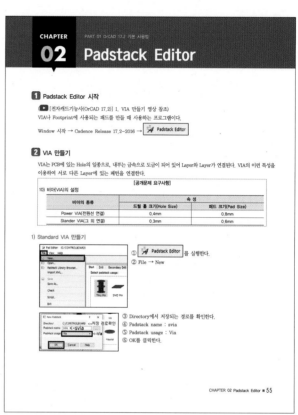

## OrCAD Capture

PCB 설계 시 필요한 회로 도면을 작성하는 프로그램입니다. 이 프로그램의 기본적인 사용방법을 수록하였으며, 전자캐드기능사 공개문제에 제시된 회로도를 이용하여 설명하였습니다. 그리고 회로 도면을 작성할 때 발생하는 에러의 유형 및 해결방법을 수록하였습니다.

## Pad Designer

FOOTPRINT 제작 시 필요한 PAD를 제작하는 프로그램으로, 이 프로그램의 구성과 기능에 대한 설명과 전자캐드기능사 공개문제를 해결하는 데 필요한 PAD의 제작방법을 수록하였습니다.

**CHAPTER 03** — PART 01 OrCAD 17.2 기본 사용법
## OrCAD PCB Editor

**1 OrCAD PCB Editor 실행**

시작 → Cadence → [PCB Editor] 를 실행한다.

**2 OrCAD PCB Editor 화면 구성**

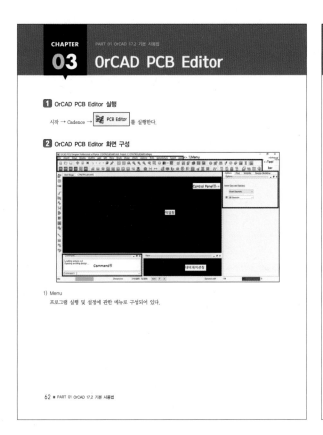

1) Menu
프로그램 실행 및 설정에 관한 메뉴로 구성되어 있다.

62 ■ PART 01 OrCAD 17.2 기본 사용법

---

**부록** — 전자캐드기능사 공개문제 합격 체크리스트

**1 OrCAD Capture**

| | |
|---|---|
| ① 전원 심볼(VCC, GND) 확인 | 전원 심볼(VCC, GND)이 누락된 곳은 없는가?(GND : 28개, +12V : 2개, +5V : 10개) |
| | J1과 U5 1번 핀은 +12[V]로 되어 있는가? |
| ② 네트 이름 확인 | 네트 이름이 정확하게 작성되어 있는가? |
| ③ LED 방향 확인 | D1~D3의 캐소드 단자(화살표 있는 부분)가 ATMEGA8에 연결되어 있는가? |
| | D4와 D5의 캐소드 단자(화살표 있는 부분)가 접지로 연결되어 있는가? |
| ④ LM2902 핀 확인 | (−) : 2, 6, 9  (+) : 3, 5, 10 |
| | 4번 핀과 11번 핀 확인 |
| | • 4번 핀 : 위 |
| | • 11번 핀 : 아래 |
| ⑤ LM7805 확인 | 2번 핀 : GND, 3번 핀 : VOUT |
| | 접속점(Junction) 확인 — +12[V], 1번 핀, C14 ,R15 / +5[V], 3번 핀, C15, R16 |
| ⑥ ATMEGA8 확인 | 사용하지 않는 핀(2, 12, 13, 14, 20)은 ✕ (Place no connect)하였는가? |
| ⑦ Title block 확인 | 요구사항에 맞게 작성되어 있는가? |
| ⑧ Part Value 확인 | Part Value가 정확히 작성되어 있는가? |

※ ①~④를 수정하였을 경우 Netlist를 다시 수행하여 해당 부분을 수정해야 한다(386쪽 참조).

1) 전원 심볼(VCC, GND) 확인
전원 심볼(VCC, GND)이 누락되거나 연결이 잘못되어 있으면, 네트 연결이 미완성인 경우 또는 네트 연결이 잘못된
경우에 해당되므로 채점 제외 대상에 해당된다.

2) 네트 이름 확인
네트 이름이 잘못되면 네트가 누락된 경우에 해당되므로 채점 제외 대상에 해당된다. 다음과 같이 형광펜으로 체크하여
확인하면 실수를 줄일 수 있다.

| 부품의 지정 핀 | 네트의 이름 | 부품의 지정 핀 | 네트의 이름 |
|---|---|---|---|
| U1의 1번 연결부 | #COMP2 | U1의 27번 연결부 | PC4 |
| U1의 7번 연결부 | X1 | U1의 28번 연결부 | #TEMP |
| U1의 8번 연결부 | X2 | U1의 30번 연결부 | RXD |
| U1의 15번 연결부 | MOSI | U1의 31번 연결부 | TXD |
| U1의 16번 연결부 | MISO | U1의 32번 연결부 | #COMP1 |
| U1의 17번 연결부 | SCK | U2의 2번 연결부 | RESET |
| U1의 19번 연결부, U4의 1번, 2번 연결부 | #ADC1 | U3의 4번 연결부 | RXD |

384 ■ 부록

---

## OrCAD PCB Editor

PCB 설계 시 필요한 FOOTPRINT 제작 및 앞에서 작성한 회로
도면을 바탕으로 PCB를 설계하는 프로그램입니다. 전자캐드기
능사 공개문제에 제시된 요구사항에 맞게 초기 설정방법을 설
명하였으며, OrCAD PCB Editor의 여러 기능들을 이용하여 전자
캐드기능사 공개문제에 제시된 회로를 PCB로 설계하는 과정을
자세히 수록하였습니다.

## 부록(합격 체크리스트)

공개문제 합격 체크리스트를 통해 수험생들이 자주 겪는 에러
와 해결방법을 알아보고, 직무수행능력도 향상시킬 수 있도록
구성하였습니다.

# 1

# OrCAD 17.2
# 기본 사용법

# OrCAD Capture

## 1 OrCAD Capture 시작

(▶ [전자캐드기능사(OrCAD 17.2)] 8. OrCAD Capture 시작, 타이틀 블록 작성, 라이브러리 등록 영상 참조)
Window 시작 → Cadence Release 17.2-2016 → Capture

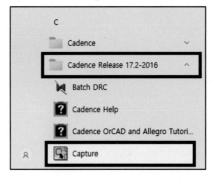

## 2 OrCAD Capture 화면 구성

### 1) Menu

프로그램 실행 및 설정에 관한 메뉴로 구성되어 있다.

### 2) Capture Toolbar

회로 도면 저장 및 출력, 검토에 관련된 아이콘으로 구성되어 있다.

## 3) Tool palette

회로 도면 작성에 필요한 아이콘으로 구성되어 있다.

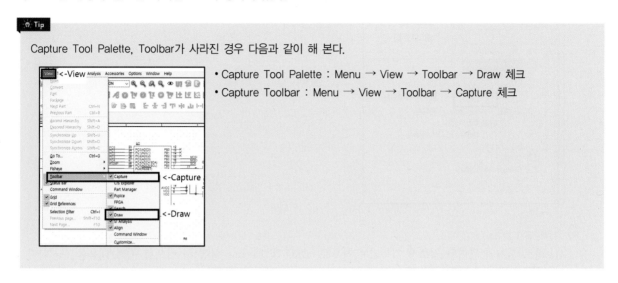

**Tip**

Capture Tool Palette, Toolbar가 사라진 경우 다음과 같이 해 본다.

- Capture Tool Palette : Menu → View → Toolbar → Draw 체크
- Capture Toolbar : Menu → View → Toolbar → Capture 체크

## 4) Start page

(1) 인터넷이 연결되어 있으면 자동으로 열리는 페이지(ⓐ)로, 새로운 디자인이나 프로젝트를 실행시킬 수 있으며(ⓑ) 기존에 작업했던 내역이 표시(ⓒ)되어 이어서 작업할 수 있다.

(2) Start Page를 닫을 때

Start Page 탭으로 커서를 이동한 후 마우스 우측 버튼을 클릭한 후 Close를 클릭한다.

## 5) Project Manager

작업의 전체적인 과정과 각종 출력 파일을 관리하는 창이다.

## 6) Session Log

① 회로 설계와 관련된 정보가 기록되는 창으로, DRC 및 Netlist 실행 시 발생한 에러 내용을 표시한다.

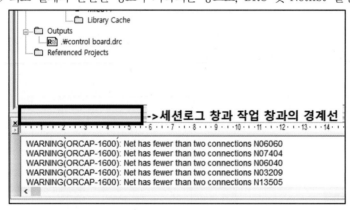

② 위의 그림에 표시된 부분(세션 로그창과 작업창과의 경계선)에 커서를 위치시키면 커서가 변한다. 이 상태에서 드래그 하면 세션 로그창을 더 크게 할 수 있다.

**Tip**

세션 로그(Session Log)창이 사라진 경우 다음과 같이 해 본다.
Menu → Window → Session Log 체크

**3** **New Project 생성**

① Menu → File → New → Project 또는 Start Page에서 New Project를 클릭한다.

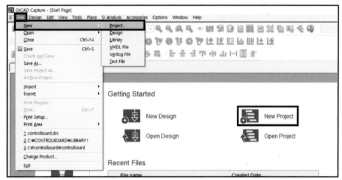

② 새로운 프로젝트가 생성되면 프로젝트 이름과 유형, 저장할 위치를 지정한다.

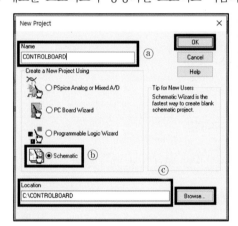

ⓐ Project Name : 반드시 영문과 숫자의 조합으로 설정한다(한글 사용 안 됨).

ⓑ Create New Project Using : Schematic

ⓒ Location : 프로젝트가 저장될 폴더를 설정한다.

ⓐ, ⓑ, ⓒ가 완료되면 OK를 클릭한다.

**Tip**

저장 경로 설정

Browse... → 프로젝트를 저장할 드라이브(C: 또는 D:) 설정 → 마우스 우측 버튼 클릭 → 새 폴더

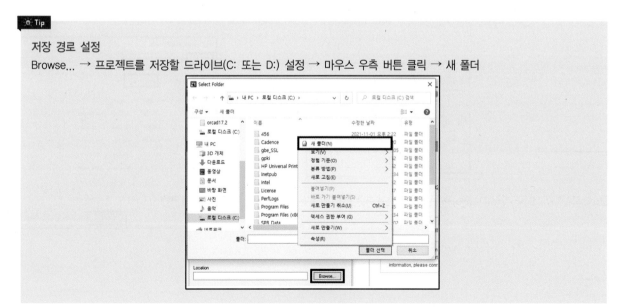

③ 폴더가 생성되면 폴더 이름을 바꿔 준다(영어나 영어·숫자의 조합으로 변경한다).

④ 프로젝트를 저장할 폴더를 지정한 후 폴더 선택을 클릭한다.

※ 이후부터 생성되는 모든 파일은 이 폴더에 저장된다.

## 4 회로도 작성

### 1) Page Size 지정 및 Title Block 작성

#### (1) Page Size 지정

| [공개문제 요구사항] |
| --- |
| 과제 1 : 회로 설계(Schematic)<br>　　　　다. 수험자의 회로 설계 작업 파일 폴더 및 파일명은 자신의 비밀번호로 설정하며, 다음의 요구사항에 준하여 회로를 설계한다.<br>　　　　1) Page Size는 A4(297×210mm)로 균형 있게 작성한다. |

① Menu → Options → Schematic Page Properties

② Page Size → Units : Millimeters → New Page Size : A4 체크 → 확인

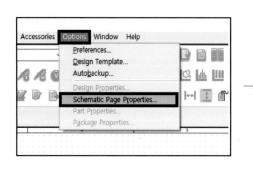 →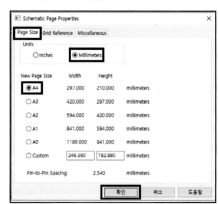

③ Title Block의 Size가 A4로 변경된다.

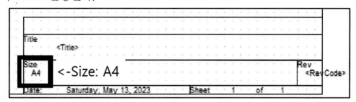

(2) 타이틀 블록(Title Block) 작성

**[공개문제 요구사항]**

과제 1 : 회로 설계(Schematic)

　다. 수험자의 회로 설계 작업 파일 폴더 및 파일명은 자신의 비밀번호로 설정하며, 다음의 요구사항에 준하여 회로를 설계한다.

　　2) 타이틀 블록(Title block) 작성

　　　가) Ttitle : 작품명 기재(크기 14)

　　　　예 CONTROL BOARD

　　　나) Document Number : ELECTRONIC CAD와 시행 일자 기입(크기 12)

　　　　예 ELECTRONIC CAD. 20XX. XX. XX

　　　다) Revision : 1.0(크기 7)

① Title란의 〈Title〉을 더블클릭한다.

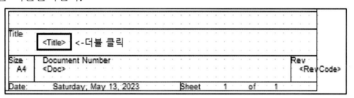

② Value에 'CONTROL BOARD' 입력 → Font의 Change... → 크기 : 14→ 확인

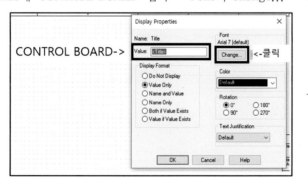 

③ Font의 Arial이 14가 되면 OK를 클릭하면 입력한 CONTROL BOARD의 크기가 다음과 같이 변경된다.

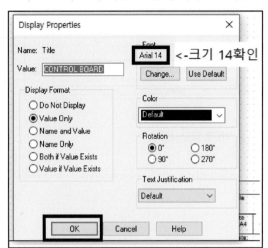

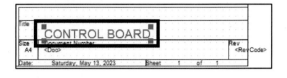

④ 위와 같은 방법으로 Document Number와 Rev도 요구사항에 맞게 작성한다.

## 2) 부품 배치 및 배선

### (1) 부품 불러오기

① Capture Tool Palette에서 (Place Part)를 클릭하면 화면이 다음과 같이 변한다.

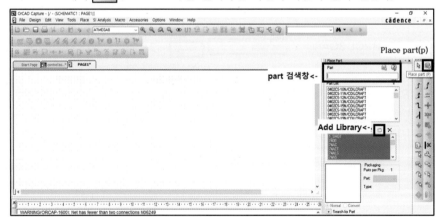

② Part 검색창에 불러오고자 하는 부품명을 입력한다.

③ 부품이 검색되지 않으면 (Add Library)를 클릭하여 다음과 같이 Library를 추가한다.

※ OrCAD Capture에서 사용하는 라이브러리 경로

　　내 PC → 로컬디스크(C:) → Cadence → SPB_17.2 → Tools → Capture → Library

④ 그림 (a)처럼 특정 라이브러리만 선택되어 있으면 그 라이브러리 안에 있는 부품만 검색한다. 반드시 그림 (b)처럼 모든 라이브러리가 선택되어야 한다(Ctrl+a).

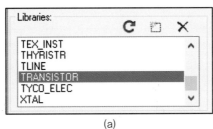

(a)

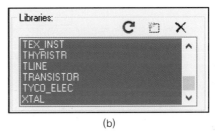

(b)

전자캐드기능사 실기 공개문제(CONTROL BOARD) 회로도 작성 시 사용되는 Part 및 전원 심벌은 다음과 같다.

| Part명 | Part 심벌 | Part명 | Part 심벌 |
|---|---|---|---|
| R | | LM2902<br>(수정) | |
| CAP | | LM7805<br>(수정) | |
| CAD NP | | MIC811<br>(제작) | |
| HEADER10 | | ADM101E<br>(제작) | |
| LED | | ATMEGA8<br>(제작) | |
| CRYSTAL | | VCC | (VCC/BAR)<br> (VCC/CAPSYM) |
| | | GND | (GND/CAPSYM) |

GND 심벌은 (GND/CAPSYM)으로 통일해서 작성한다. 여러 가지를 혼용해서 사용할 경우 에러가 발생할 수 있다.

(2) 새로운 부품 만들기(Atmega8, ADM101E, MIC811)

( ▶ ) [전자캐드기능사(OrCAD 17.2)] 9. OrCAD Capture 새로운 Part 만들기 1(ATMEGA8) 영상 참조)
새로운 라이브러리를 생성한다.

Menu → File → New → Library

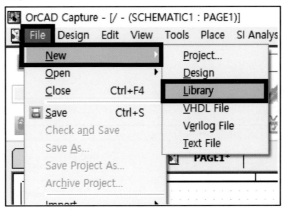

① Atmega8

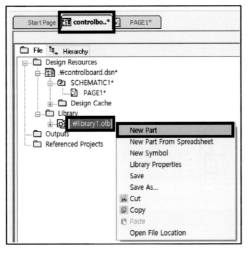

- 프로젝트 매니저 탭으로 이동하여 library1.olb 파일이 생성
  되었는지 확인한다.
- library1.olb를 선택한 후 마우스 우측 버튼을 클릭한다.
- New Part를 클릭한다.

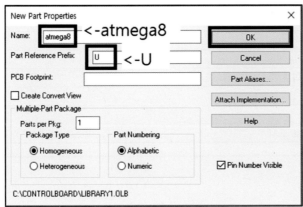

- Name : atmega8
- Part Reference Prefix가 U로 되어 있는지
  확인 후 OK를 클릭한다.

• 작업창이 생성되면 파트의 크기를 조정한다(a 부분을 클릭하여 드래그한다).

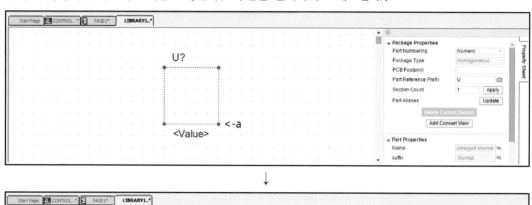

↓

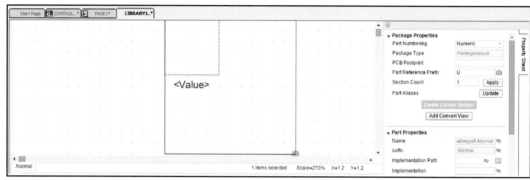

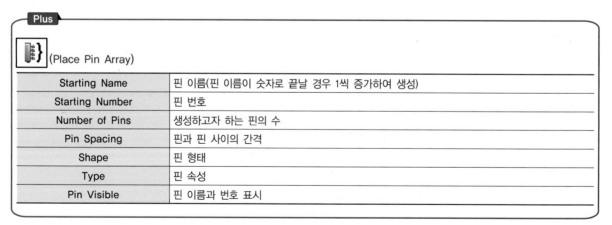 (Place Pin Array)를 클릭한다.

**Plus**

(Place Pin Array)

| Starting Name | 핀 이름(핀 이름이 숫자로 끝날 경우 1씩 증가하여 생성) |
|---|---|
| Starting Number | 핀 번호 |
| Number of Pins | 생성하고자 하는 핀의 수 |
| Pin Spacing | 핀과 핀 사이의 간격 |
| Shape | 핀 형태 |
| Type | 핀 속성 |
| Pin Visible | 핀 이름과 번호 표시 |

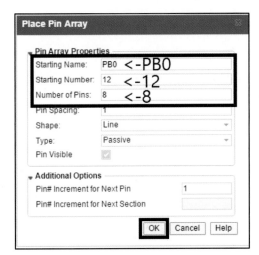

- Starting Name : PB0
- Starting Number : 12
- Number of Pins : 8
- OK를 클릭한다.

※ Shape는 Short를 사용해도 무방하다.

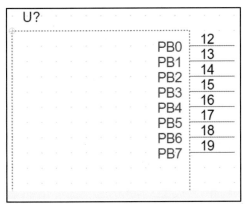

- 해당 위치를 클릭하면 핀이 생성된다.

- 18번 핀을 더블클릭하여 Part Properties를 실행한 후 Number에 '7'을 입력하여 핀 번호를 수정한다.

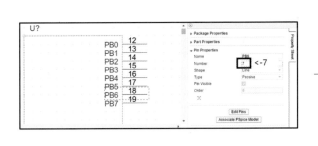
→
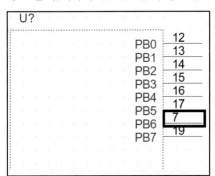

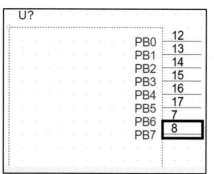

• 같은 방법으로 19번을 8번으로 수정한다.

---

**핀 배치 시 주의점**

반드시 핀과 도트가 일치해야 한다. 핀과 도트가 일치하지 않으면 배선이 연결되지 않기 때문에 Edit Part를 이용하여 핀과 도트를 일치시킨다.

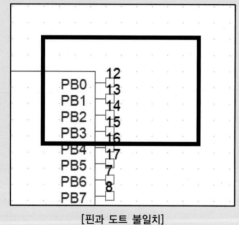

[핀과 도트 불일치]　　　　　　　　　　　　　　[핀과 도트 일치]

---

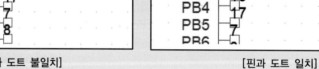

• (Place Pin Array)를 클릭한다.

– Starting Name : PC0
– Starting Number : 23
– Number of Pins : 7
– OK를 클릭한다.

※ Shape는 Line이나 Short를 사용한다.

• 해당 위치를 클릭하여 핀이 생성되면 드래그하여 23~29번 핀을 선택한다.

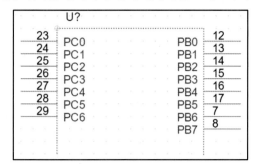 →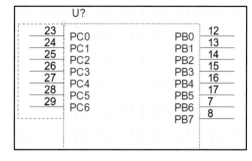

• 23~29번 핀을 선택한 상태에서 화면 우측에 있는 슬라이드 바를 아래로 이동시킨다.

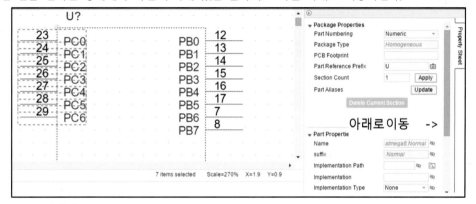

• Edit Pins를 클릭한다.

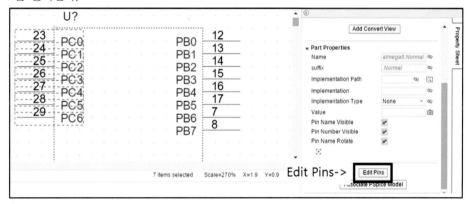

• 핀 이름을 더블클릭하여 다음과 같이 수정한다. Apply를 클릭한 후 OK를 클릭한다(Apply를 클릭해야 수정된 핀 이름이 반영된다).

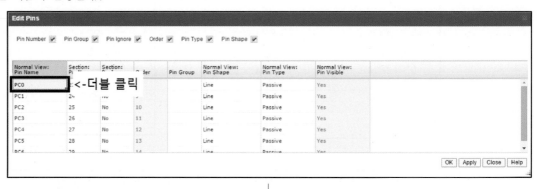

↓

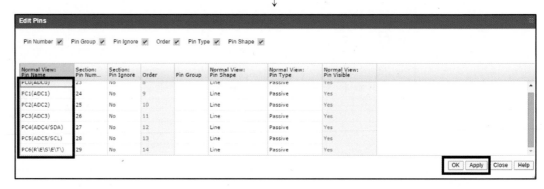

---

**Plus**

29번 핀의 이름은 $\overline{RESET}$이다. 핀 이름에 다음과 같이 R\E\S\E\T\를 입력한다. \는 키보드에서 ₩을 누른다.

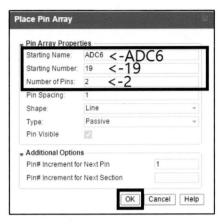

- (Place Pin Array)를 클릭한다.
  - Starting Name : ADC6
  - Starting Number : 19
  - Number of Pins : 2
  - OK를 클릭한다.
  ※ Shape는 Line이나 Short를 사용한다.

• 핀을 배치한 후 20번 핀을 클릭한다. Pin Properties에서 Number를 22로 수정한다.

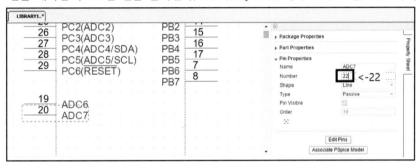

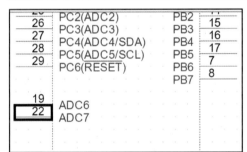

• 작업창을 클릭하면 핀 번호가 22로 수정된다.

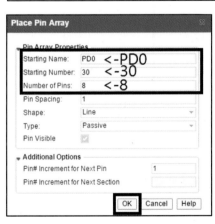

- (Place Pin Array)를 클릭한다.
  - Starting Name : PD0
  - Starting Number : 30
  - Number of Pins : 8
  - OK를 클릭한다.
  ※ Shape는 Line이나 Short를 사용한다.

- 해당 위치를 클릭하여 핀을 생성한 후 드래그하여 30~37번 핀을 선택한다. 핀을 선택한 상태에서 화면 우측에 있는 슬라이드 바를 아래로 이동시켜 Edit Pins를 클릭한다.

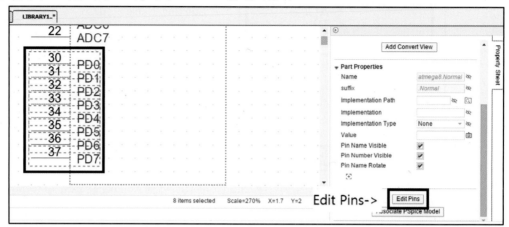

- 핀 이름을 더블클릭하여 다음과 같이 수정한다. Apply를 클릭한 후 OK를 클릭한다(Apply를 클릭해야 수정된 핀 이름이 반영된다).

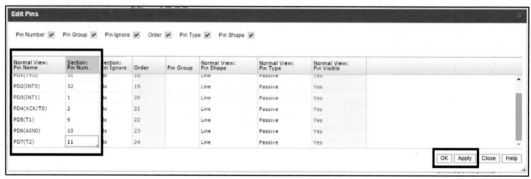

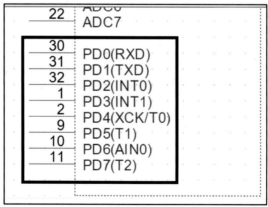

 (Place Pin)을 클릭한다.

Pin Properties → Name : AREF, Number : '20' 입력→ OK

※ Shape는 Short를 사용해도 무방하다.

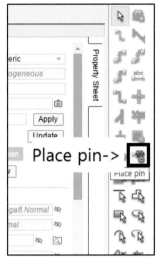

→

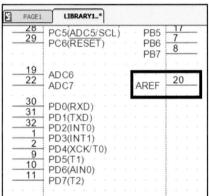

• 해당 위치를 클릭하여 핀을 생성한다.

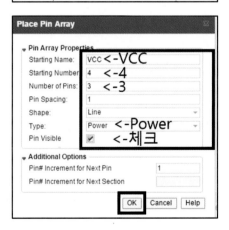

•  (Place Pin Array)를 클릭한다.

－ Starting Name : VCC
－ Starting Number : 4
－ Number of Pins : 3
－ Type : Power
－ Pin Visible을 체크한다.
－ OK를 클릭한다.

※ Shape는 Line이나 Short를 사용한다.

• 해당 위치를 클릭하여 핀을 생성한 후 드래그하여 4~6번 핀을 선택한다.

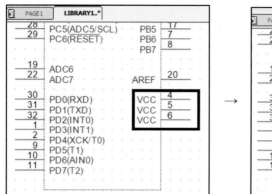 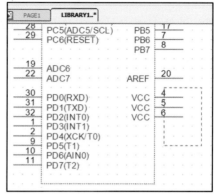

• 핀을 선택한 상태에서 화면 우측에 있는 슬라이드 바를 아래로 이동시킨다.

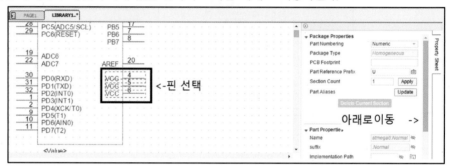

• Edit Pin을 클릭하여 5번을 18번으로 수정하고, 핀 이름도 AVCC로 수정한다.
• Apply 클릭 후 OK를 클릭한다(Apply를 클릭해야 수정된 핀 이름이 반영된다).

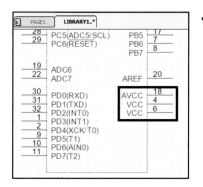

• 핀 번호와 이름이 수정되면 핀을 드래그하여 왼쪽 그림과 같이 이동시킨다.

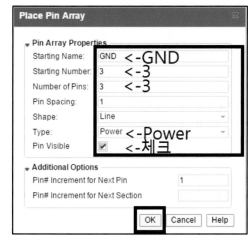

• 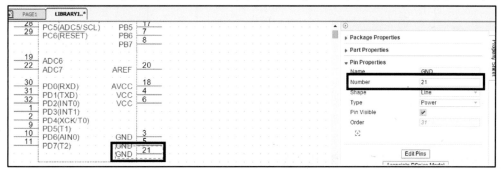 (Place Pin Array)를 클릭한다.

– Starting Name : GND
– Starting Number : 3
– Number of Pins : 3
– Type : Power
– Pin Visible을 체크한다.
– OK를 클릭한다.

※ Shape는 Line이나 Short를 사용한다.

• 해당 위치를 클릭하여 핀을 생성한 후 4번 핀을 클릭하여 Pin Properties에서 Number를 4에서 21로 수정한다.

※ 핀 이름이 같으면 에러가 발생하므로 AVCC, VCC, GND와 같이 전원과 관련된 핀들은 반드시 Type을 Power로 한다(Type이 'Power'일 경우에는 예외). 그리고 Pin Visible을 체크한다. 체크하지 않으면 핀만 보이고 핀 이름과 번호는 표시되지 않는다.

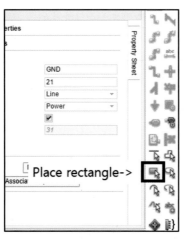

• 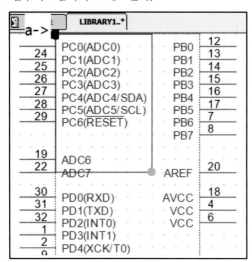(Place Rectangle)을 클릭한다.

• a점부터 b점까지 드래그한다.

 →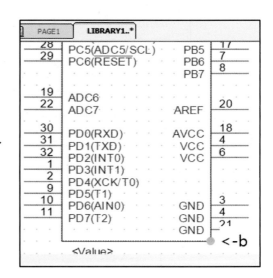

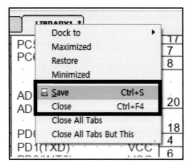

• 외형이 그려지면 LIBRARY1 탭으로 커서를 이동시켜 마우스 우측 버튼을 클릭한다.
• Save나 Close 중 하나를 선택한다.
  – Save : 바로 저장된다(창은 닫히지 않는다).
  – Close : 창이 닫히기 전에 저장 여부를 물어본다.

- 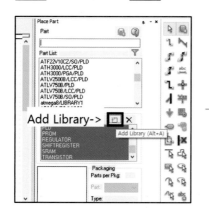(Place Part)와 (Add Library)를 클릭하여 LIBRARY1을 등록한다.

- LIBRARY1을 클릭하면 Part List에 atmega8이 표시된다.

- Part List에서 atmega8을 더블클릭한 후 커서를 작업창으로 이동시키면 atmega8이 나온다.

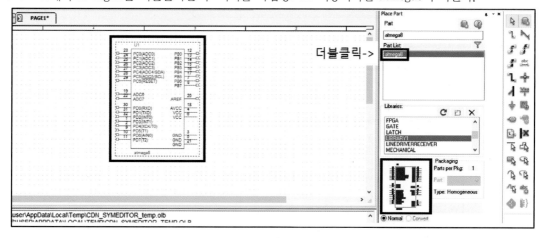

② MIC811

(▶) [전자캐드기능사(OrCAD 17.2)] 10. OrCAD Capture 새로운 Part 만들기 2(MIC811, ADM101E), Part 수정 (LM2902, LM7805) 영상 참조)

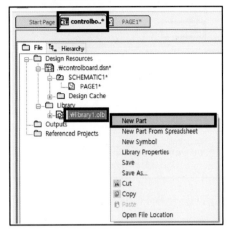

- 프로젝트 매니저 탭으로 이동한다.
- library1.olb 선택 후 마우스 우측 버튼을 클릭한다.
- New Part를 클릭한다.

※ 새로운 Part를 만들 때마다 library 파일을 만들지 말고, 기존에 만들어 두었던 library1.olb를 위와 같은 방법으로 추가해서 만든다.

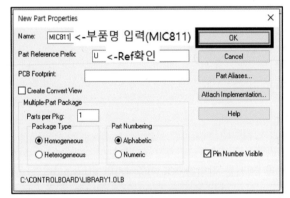

- Name : MIC811
- Part Reference Prefix가 U로 되어 있는지 확인한 후 OK를 클릭한다.

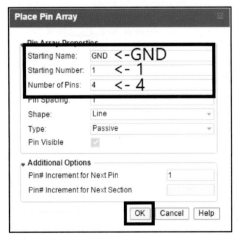

- (Place Pin Array)를 클릭한다.
  - Starting Name : GND
  - Starting Number : 1
  - Number of Pins : 4
  - OK를 클릭한다.
  ※ Shape는 Line이나 Short를 사용한다.

• 화면 우측에 있는 슬라이드 바를 아래로 이동시켜 Edit Pins를 클릭한다.

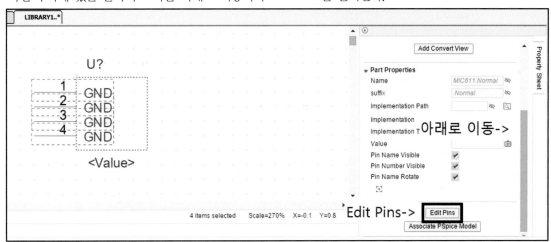

• 다음과 같이 핀 이름을 수정한다.
  – VCC(4번 핀)와 GND(1번 핀)는 Pin Type을 Power로 수정하고, Pins Visible이 Yes로 되어 있는지 확인한다. Apply 클릭 후 OK를 클릭한다(Apply를 클릭해야 수정된 핀 이름이 반영된다).

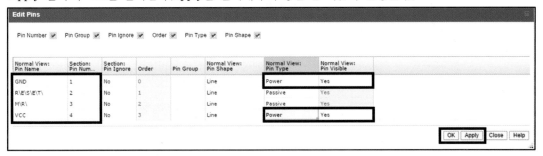

※ 2번 핀의 이름은 $\overline{RESET}$, 3번 핀의 이름은 $\overline{MR}$이다. 핀 이름에 다음과 같이 R\E\S\E\T\, M\R\을 입력한다. \는 키보드에서 ₩을 누른다.

• a 부분을 클릭한 상태에서 드래그하여 외형을 조정한 후 핀의 위치를 다음 그림과 같이 수정한다.

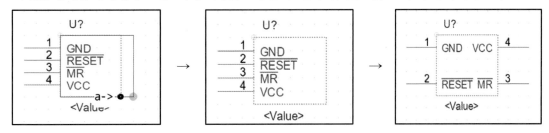

・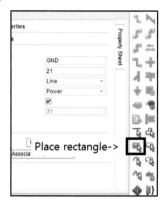(Place Rectangle)을 클릭한다.

・a점부터 b점까지 드래그한다.

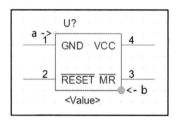 →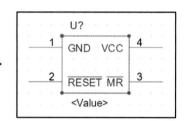

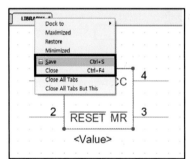

・외형이 그려지면 LIBRARY1 탭으로 커서를 이동시켜 마우스 우측 버튼을 클릭한다.
・Save나 Close 중 하나를 선택한다.
 - Save : 바로 저장된다(창은 닫히지 않는다).
 - Close : 창이 닫히기 전에 저장 여부를 묻는다.

・Part List에서 MIC811을 더블클릭한 후 커서를 작업창으로 이동시키면 MIC811이 나온다.

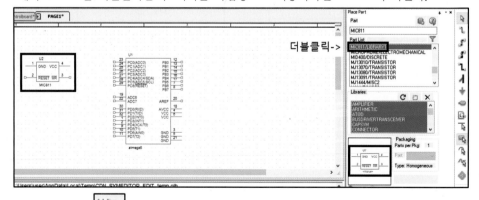

※ 부품이 나오지 않을 경우 [ ](Add Library)를 클릭하여 LIBRARY1을 등록한다.

③ ADM101E

- 프로젝트 매니저 탭으로 이동한다.
- library1.olb를 선택한 후 마우스 우측 버튼을 클릭한다.
- New Part를 클릭한다.

※ 새로운 Part를 만들 때마다 library 파일을 만들지 말고, 기존에 만들어 두었던 library1.olb를 위와 같은 방법으로 추가해서 만든다.

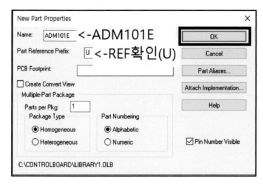

- Name : ADM101E
- Part Reference Prefix가 U로 되어 있는지 확인한 후 OK를 클릭한다.

- 작업창이 생성되면 파트의 크기를 조정한다(a 부분을 클릭하여 드래그한다).

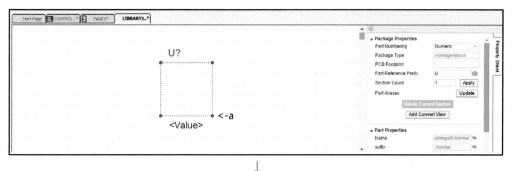

↓

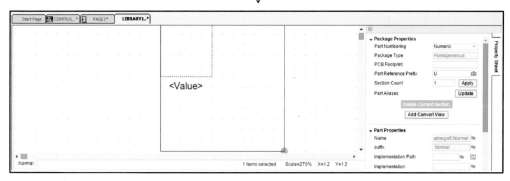

- (Place Pin Array)를 클릭한다.

- Starting Name : GND
- Starting Number : 1
- Number of Pins : 10
- OK를 클릭한다.

※ Shape는 Line이나 Short를 사용한다.

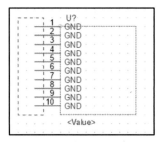

- 해당 위치에 클릭하면 핀이 생성된다.

- 화면 우측에 있는 슬라이드 바를 아래로 이동시켜 Edit Pins를 클릭한다.

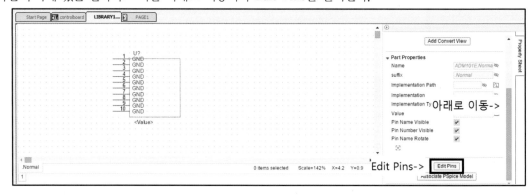

• 다음과 같이 핀 이름을 수정한다.
  – VCC(10번 핀)와 GND(1번 핀)는 Pin Type을 Power로 수정하고, Pins Visible이 Yes로 되어 있는지 확인한다.
    Apply를 클릭한 후 OK를 클릭한다(Apply를 클릭해야 수정된 핀 이름이 반영된다).

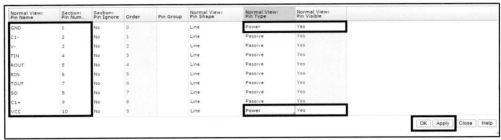

| Normal View: Pin Name | Section: Pin Num... | Section: Pin Ignore | Order | Pin Group | Normal View: Pin Shape | Normal View: Pin Type | Normal View: Pin Visible |
|---|---|---|---|---|---|---|---|
| GND | 1 | No | 0 | | Line | Power | Yes |
| C1- | 2 | No | 1 | | Line | Passive | Yes |
| V- | 3 | No | 2 | | Line | Passive | Yes |
| TIN | 4 | No | 3 | | Line | Passive | Yes |
| ROUT | 5 | No | 4 | | Line | Passive | Yes |
| RIN | 6 | No | 5 | | Line | Passive | Yes |
| TOUT | 7 | No | 6 | | Line | Passive | Yes |
| SD | 8 | No | 7 | | Line | Passive | Yes |
| C1+ | 9 | No | 8 | | Line | Passive | Yes |
| VCC | 10 | No | 9 | | Line | Power | Yes |

OK   Apply   Close   Help

• 핀 이름이 수정되면 핀을 드래그하여 핀 배열을 다음 그림과 같이 수정한다.

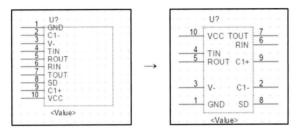

• 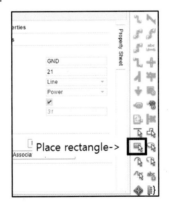(Place Rectangle)을 클릭한다.

• a점부터 b점까지 드래그한다.

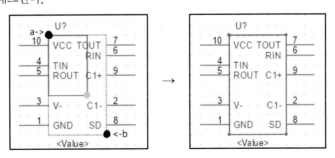

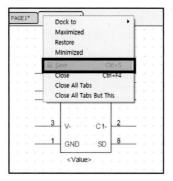

- 외형이 그려지면 LIBRARY1 탭으로 커서를 이동시켜 마우스 우측 버튼을 클릭한다.
- Save나 Close 중 하나를 선택한다.
  - Save : 바로 저장된다(창은 닫히지 않는다).
  - Close : 창이 닫히기 전에 저장 여부를 묻는다.

- Part List에서 ADM101E를 더블클릭한 후 커서를 작업창으로 이동시키면 ADM101E이 나온다.

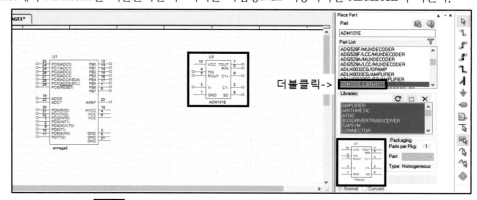

※ 부품이 나오지 않을 경우 (Add Library)를 클릭하여 LIBRARY1을 등록한다.

### (3) 부품 배치

부품을 배치할 때는 먼저 IC를 배치하고, 가장 적게 사용하는 부품 순서대로 배치한다(IC → CRYSTAL → HEADER 10 → CAP → LED → CAP NP → R → VCC, GND).

> **Tip**
>
> 반드시 부품과 전원 심벌을 모두 배치한 후에 배선해야 한다. 학생들을 지도하다 보면 부품 배치가 끝나면 바로 배선하면서 심벌을 추가하는데, 이때 전원 심벌을 빠뜨리는 실수를 많이 한다. 전원 심벌이 빠지면 실격에 해당하므로, 반드시 부품과 전원 심벌을 모두 배치한 후에 배선작업을 한다.

① 부품의 회전(Rotate)

부품을 시계 반대 방향으로 90° 회전시킨다(단축키 : R).

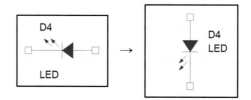

② 부품의 대칭 이동

• Mirror Horizontally : 부품이 좌우 대칭(수평)으로 바뀐다(단축키 : H).

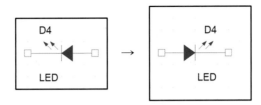

• Mirror Vertically : 부품이 상하 대칭(수직)으로 바뀐다(단축키 : V).

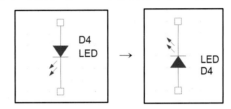

③ Edit Part를 이용한 부품 수정(LM2902, LM7805)

## [LM2902 수정]

(▶ [전자캐드기능사] 공개문제 풀이 6. Edit Part를 이용한 LM2902 편집 영상 참조)

• LM2902의 연산증폭기를 다음 그림과 같이 수정한다.

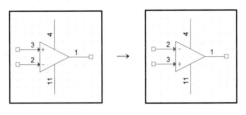

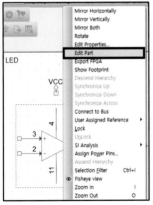

• 수정하고자 할 연산증폭기 클릭한 후 마우스 우측 버튼을 클릭한다.
• Edit Part를 클릭한다.

• 부품을 수정할 수 있는 창이 생성된다.

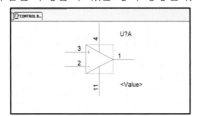

• 4번 핀을 아래로 이동한다.

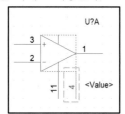

→

• 11번 핀을 위쪽으로 이동한다.

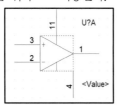

• 4번 핀을 11번 핀이 있었던 곳으로 이동시킨다.

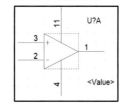

→

• 부품 수정창 탭에 커서를 위치시킨 후 마우스 우측 버튼을 클릭하여 Close를 클릭한다.

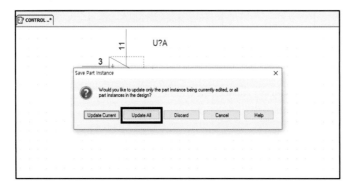

• Update All을 클릭한다.
  – Update Current : 편집한 부품 한 개만 수정
  – Update All : 편집한 부품과 같은 부품을 모두 수정
  – Discard : 편집 취소
  – Cancel : 다시 편집
  ※ LM2902에 있는 연산증폭기를 모두 수정해야 하므로 Update All을 선택하였다.

---

**Tip**

LM2902에서 Update All을 선택하지 않으면 다음과 같은 에러가 발생한다.

```
#7 ERROR(ORCAP-36004): Conflicting values of part name found on different sections of "U4".
Conflicting values: LM2902_3_SOIC14_LM2902 & LM2902_SOIC14_LM2902
Property values of "Device","PCB FootPrint", "Class" and "Value" should be identical
 on all sections of the part.
```

• 연산증폭기를 선택한 후 단축키 V를 이용하여 상하 대칭으로 변환한다.

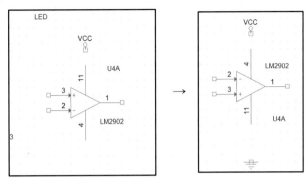

## [LM7805 수정]

• LM7805를 다음 그림과 같이 수정한다.

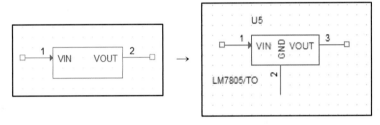

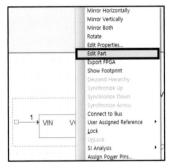

• LM7805를 배치한 후 클릭한다.
• 마우스 우측 버튼을 클릭한 후 Edit Part를 클릭한다.

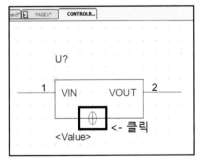

• 부품 편집창이 생성되면 ⊕ 클릭한다.

• 2번 핀과 3번 핀을 클릭하여 Pin Properties를 다음과 같이 설정한다.

  – GND핀 번호 수정(3 → 2) → Pin Visible 체크    – VOUT핀 번호 수정(2 → 3)

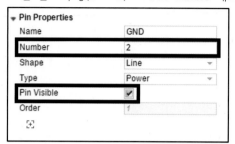 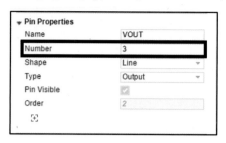

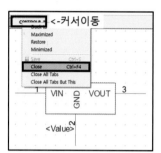

• 커서를 수정창 탭으로 이동시킨다.
• 마우스 우측 버튼을 클릭한 후 Close를 선택한다.

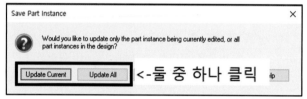

• Update Current나 Update All 중 하나를 클릭해야 수정된다.

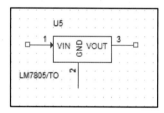

• LM7805 수정 완료

• 다음과 같이 부품과 전원 심벌을 배치한다.

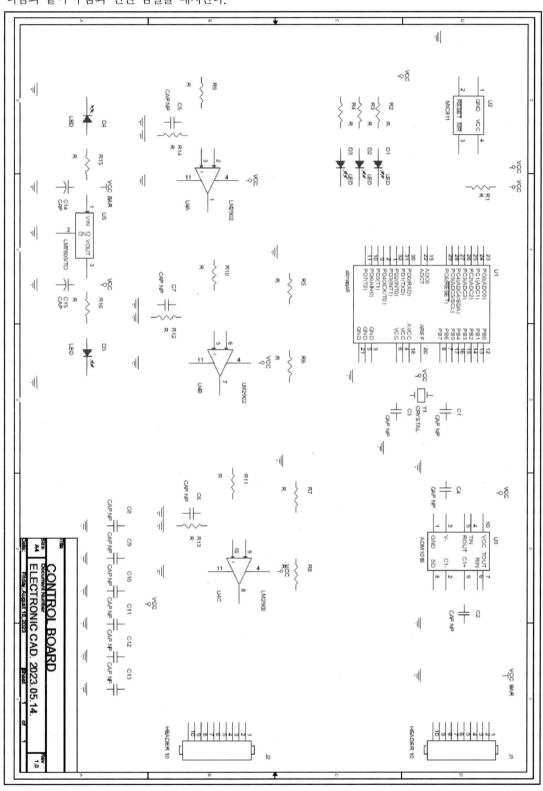

(4) 배선하기

(▶ [전자캐드기능사(OrCAD 17.2)] 11. OrCAD Capture 부품 배치 및 배선작업 영상 참조)

① Capture Tool Palette에서 🗲 (Place Wire(w))를 클릭하거나 다음 그림과 같이 Menu → Place → Wire를 클릭하면 커서가 +로 변경된다.

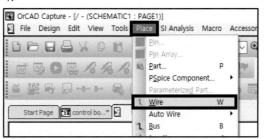

② 커서를 연결하고자 하는 곳으로 이동시켜 클릭하면 다음 그림과 같이 선이 연결된다.

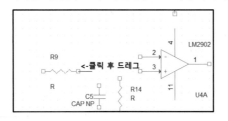 →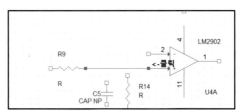

### ☀ Tip

**배선 시 주의할 점**

• Junction(접속점)은 선이 3개 이상 접속되는 부분에만 생긴다.

[올바른 Junction]

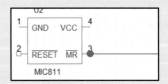

[잘못된 Junction]

(선이 직선 위에 중첩되어서 Junction이 생기므로, 중첩된 선을 모두 지우고 다시 연결한다)

• Junction은 선과 선이 연결될 때만 생긴다.

※ 회로도에서 Junction이 생겨야 할 부분에 Junction이 생기지 않으면 실격이므로 주의한다.

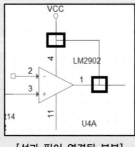

[선과 핀이 연결된 부분]

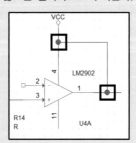

[선과 선이 연결된 부분]

Junction 크기 지정하는 방법

• Menu → Options → Preferences → Miscellaneous → Schematic Page Editor → Junction Dot Size

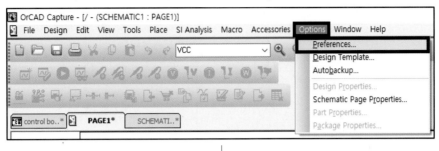

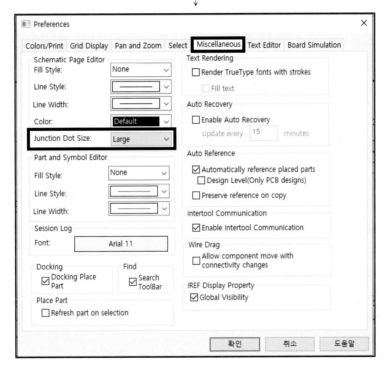

• 다음과 같이 배선한다.

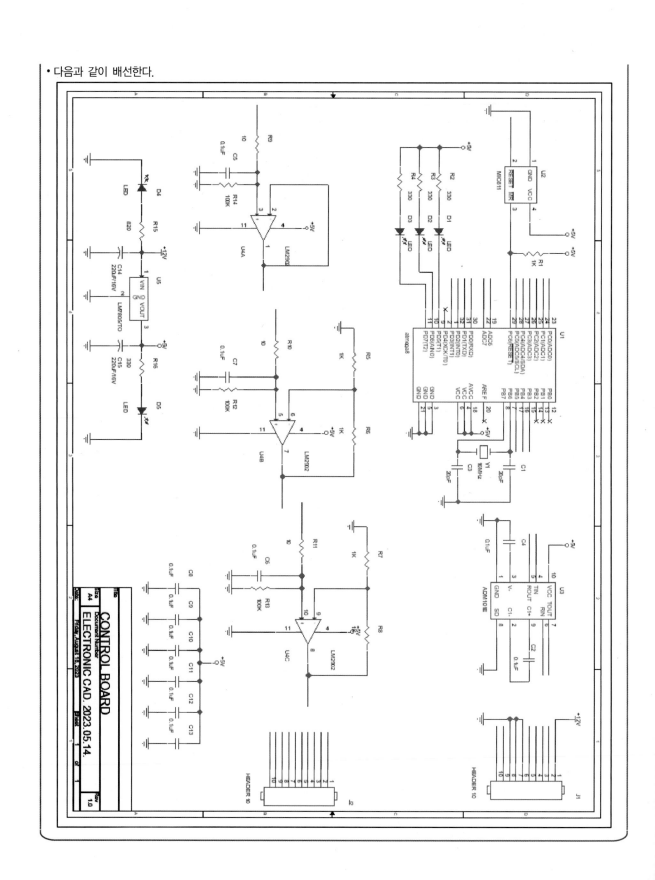

## 3) Value 값 입력

(▶ [전자캐드기능사(OrCAD 17.2)] 12. OrCAD Capture Value 값 입력, Net 이름 설정, DRC, 풋프린트 입력 및 Netlist 영상 참조)

Part Name(R)을 더블클릭하면 Display Properties 창이 생성된다. Value에 값을 입력한 후 OK를 클릭한다.

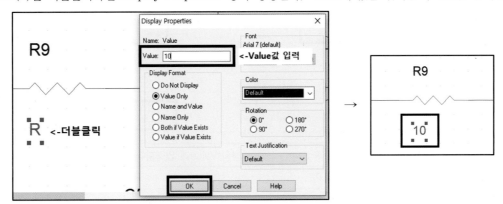

※ VCC 심벌의 Value 값도 위와 같은 방법으로 입력한다.

**Plus**

같은 Value 값을 갖는 Part는 다음과 같이 입력한다.

① 같은 Value 값을 갖는 Part를 모두 선택한다(Ctrl 키를 누른 상태에서 선택한다).

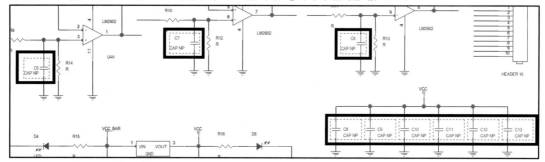

② 선택된 Part 중 하나를 더블클릭한다. Property Editor 창의 Value에 입력한다.

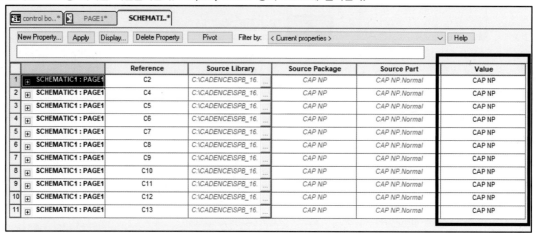

| | | Reference | Source Library | Source Package | Source Part | Value |
|---|---|---|---|---|---|---|
| 1 | SCHEMATIC1 : PAGE1 | C2 | C:\CADENCE\SPB_16. | CAP NP | CAP NP.Normal | CAP NP |
| 2 | SCHEMATIC1 : PAGE1 | C4 | C:\CADENCE\SPB_16. | CAP NP | CAP NP.Normal | CAP NP |
| 3 | SCHEMATIC1 : PAGE1 | C5 | C:\CADENCE\SPB_16. | CAP NP | CAP NP.Normal | CAP NP |
| 4 | SCHEMATIC1 : PAGE1 | C6 | C:\CADENCE\SPB_16. | CAP NP | CAP NP.Normal | CAP NP |
| 5 | SCHEMATIC1 : PAGE1 | C7 | C:\CADENCE\SPB_16. | CAP NP | CAP NP.Normal | CAP NP |
| 6 | SCHEMATIC1 : PAGE1 | C8 | C:\CADENCE\SPB_16. | CAP NP | CAP NP.Normal | CAP NP |
| 7 | SCHEMATIC1 : PAGE1 | C9 | C:\CADENCE\SPB_16. | CAP NP | CAP NP.Normal | CAP NP |
| 8 | SCHEMATIC1 : PAGE1 | C10 | C:\CADENCE\SPB_16. | CAP NP | CAP NP.Normal | CAP NP |
| 9 | SCHEMATIC1 : PAGE1 | C11 | C:\CADENCE\SPB_16. | CAP NP | CAP NP.Normal | CAP NP |
| 10 | SCHEMATIC1 : PAGE1 | C12 | C:\CADENCE\SPB_16. | CAP NP | CAP NP.Normal | CAP NP |
| 11 | SCHEMATIC1 : PAGE1 | C13 | C:\CADENCE\SPB_16. | CAP NP | CAP NP.Normal | CAP NP |

③ 첫 번째 셀에 Value 값을 입력한 후 마우스 좌측 버튼을 누른 상태에서 아래로 드래그하면 입력한 Value 값이 오른쪽 그림과 같이 복사된다.

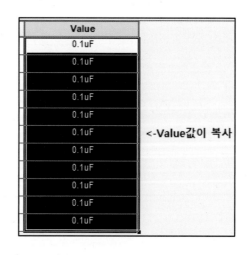

## 4) Place No Connect(단축키 : x)

사용하지 않는 핀을 정의하는 기능으로, Tool Palette 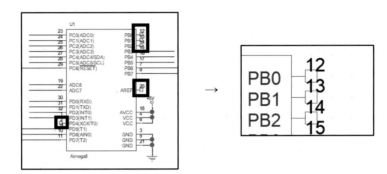 (Place No Connect(x))를 클릭한다. 또는 Menu → Place → No Connect 클릭하여 해당 핀을 클릭한다(Atmega8의 2, 12, 13, 14, 15, 20번 핀).

(1) Place No Connect 전

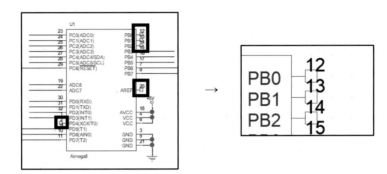

(2) Place No Connect 후

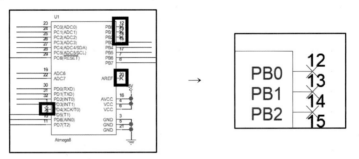

---

**💡 Tip**

**잘못 체크했을 때 수정하는 방법**

① 수정하고자 하는 핀을 더블클릭하면 다음과 같이 Property Editor 창이 생성된다.

② Pins 탭(화면 아래)을 클릭한 후 Is No Connect를 클릭하여 체크를 해제한다(반대로 이 방법을 이용하여 Place No Connect를 할 수 있다).

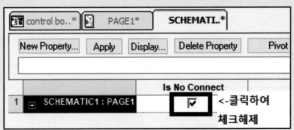

## 5) 네트 이름 설정(단축키 : n)

① 물리적으로 연결되지 않은 곳은 네트 이름을 이용하여 연결한다. Tool Palette에서 [abc] (Place Net Alias)를 클릭하거나 Menu → Place Alias 클릭하여 네트 이름을 설정한다.

■ 전자캐드기능사 공개문제(CONTROL BOARD)에서는 네트 이름을 다음과 같이 설정하게 되어 있다.

| 부품의 지정 핀 | 네트의 이름 | 부품의 지정 핀 | 네트의 이름 |
|---|---|---|---|
| U1의 1번 연결부 | #COMP2 | U1의 27번 연결부 | PC4 |
| U1의 7번 연결부 | X1 | U1의 28번 연결부 | #TEMP |
| U1의 8번 연결부 | X2 | U1의 30번 연결부 | RXD |
| U1의 15번 연결부 | MOSI | U1의 31번 연결부 | TXD |
| U1의 16번 연결부 | MISO | U1의 32번 연결부 | #COMP1 |
| U1의 17번 연결부 | SCK | U2의 2번 연결부 | RESET |
| U1의 19번 연결부,<br>U4의 1번, 2번 연결부 | #ADC1 | U3의 4번 연결부 | RXD |
| U1의 22번 연결부,<br>U4의 7번, R6 연결부 | #ADC2 | U3의 5번 연결부 | TXD |
| U1의 23번 연결부 | PC0 | U3의 6번 연결부 | RX |
| U1의 24번 연결부 | PC1 | U3의 7번 연결부 | TX |
| U1의 25번 연결부 | PC2 | U4의 8번, R8 연결부 | #TEMP |
| U1의 26번 연결부 | PC3 | J2의 1번 연결부 | PC0 |
| R9의 좌측 연결부 | ADC1 | J2의 2번 연결부 | PC1 |
| R10의 좌측 연결부 | ADC2 | J2의 3번 연결부 | PC2 |
| R11의 좌측 연결부 | TEMP | J2의 4번 연결부 | PC3 |
| J1의 2번 연결부 | MOSI | J2의 5번 연결부 | PC4 |
| J1의 3번 연결부 | MISO | J2의 6번 연결부 | TEMP |
| J1의 4번 연결부 | SCK | J2의 7번 연결부 | ADC1 |
| J1의 5번 연결부 | RESET | J2의 8번 연결부 | ADC2 |
| J1의 9번 연결부 | TX | J2의 9번 연결부 | #COMP1 |
| J1의 10번 연결부 | RX | J2의 10번 연결부 | #COMP2 |

② U1(Atmega8)의 23번 핀에 네트 이름(PC0)을 설정한다.

- [abc] (Place Net Alias)를 클릭하면 Place Net Alias 창이 생성된다. Alias에 네트 이름 'PC0'을 입력한 후 OK를 클릭한다.

- OK를 클릭한 후 해당 네트 위에 네트 이름을 올려놓고 클릭한다.

네트 이름이 잘못 설정되었을 때 발생하는 에러

WARNING(ORCAP-1600) : Net has fewer than two connections 네트 이름

　　　　　　　SCHEMATIC1, PAGE1　(274.32, 127.00) → 네트의 좌표

→ 네트가 1개만 있어서 개방된 상태, 즉 연결되어 있지 않다. 네트 이름을 확인하여 빠진 부분에 네트 이름을 지정한다.

③ 네트 이름까지 설정하여 회로도를 완성한다.

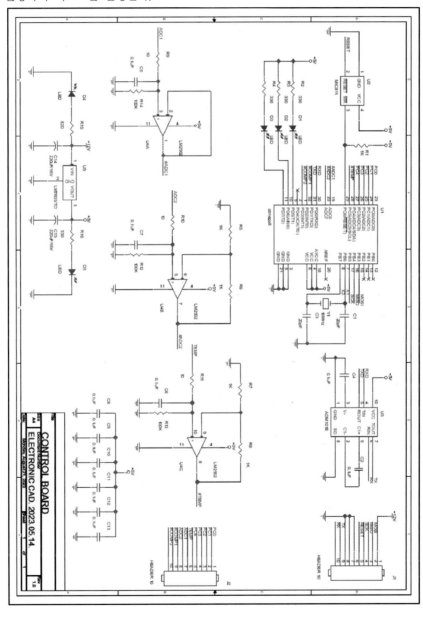

## 6) Annotate(부품 참조 번호 자동 부여)

부품의 참조 번호를 자동으로 부여하는 기능이다.

① 프로젝트 매니저창에서 control board.dsn, SCHEMATIC1, PAGE1 중 하나를 선택하고, Capture Toolbar를 활성화시킨다.

② Capture Toolbar가 활성화되면 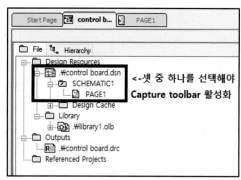 (Annotate) 또는 Menu → Tools → Annotate를 클릭한다.

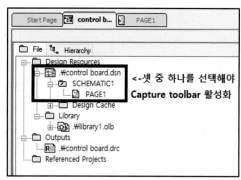 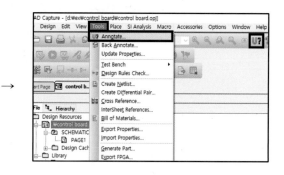

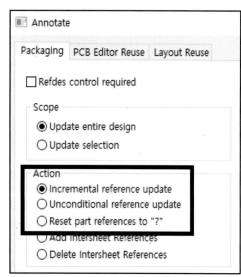

- Incremental reference update : ?로 된 참조 번호만 업데이트되고, 입력된 마지막 참조 번호 이후의 번호가 입력된다.
- Unconditional reference update : 참조 번호를 1부터 다시 업데이트한다.
- Reset part references to "?" : 참조 번호를 "?"로 변경한다.

※ Reset part references to "?"을 실행하여 참조 번호를 "?"로 변경한 후 Incremental reference update를 실행한다.

## 7) Design Rules Check

작성한 도면의 전기적·물리적 오류 발생 여부를 확인하는 기능이다.

① 프로젝트 매니저창에서 control board.dsn, SCHEMATIC1, PAGE1 중 하나를 선택하여 Capture Toolbar를 활성화시킨다.

② Capture Toolbar가 활성화되면 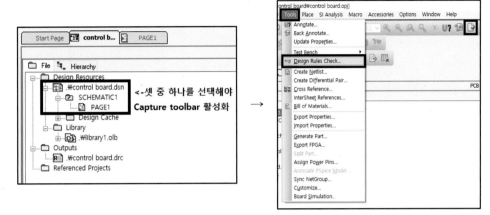(Design Rules Check) 또는 Menu → Tools → Design Rules Check를 클릭한다.

③ Design Rules Check를 실행시키면 다음 그림과 같은 창이 생성된다.

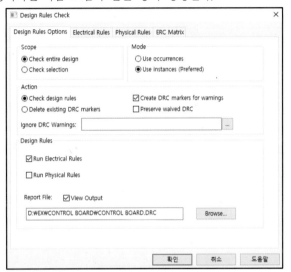

• Design Rules Options

| Scope | Check entrie design : 전체 도면의 DRC 검사 |
| --- | --- |
| | Check selection : Project Manager에서 선택된 회로만 DRC 검사 |
| Mode | Use occurrences : 계층 도면의 DRC 검사 |
| | Use Instances : 회로 도면의 DRC 검사 |
| Action | Check design rules : 회로도 설계 규칙 검사 |
| | Delete existing DRC markers : 회로도에서 DRC Marker 삭제 |
| | Check DRC markers for warnings : 에러 발생 DRC Marker 표시 |
| | Ignore DRC Warnings : 무시할 Warning 입력 |
| Design Rules | Run Electrical Rules : Electrical Rules에서 설정된 검사 수행 |
| | Run Physical Rules : Physical Rules에서 설정된 검사 수행 |
| | Report File : DRC 수행결과의 저장경로 설정 및 파일명 설정 |
| | View Output : DRC 수행결과를 메모장으로 출력 |

- Electrical Rules(전기적 규칙 검사)

| | Check single node nets : 연결되지 않는 Wire 검사 |
|---|---|
| | Check no driving source and Pin type conflicts : ERC Matrix에 따른 검사 |
| | Check Duplicate net names : 네트 이름 중복 검사 |
| Electrical Rules | Check off page connector connection : Off Page Connector 사용 시 페이지 연결 여부 검사 |
| | Check hierarchical port connections : 계층구조 도면 연결 검사 |
| | Check unconnected bus nets : 네트와 버스에 미연결된 네트 검사 |
| | Check unconnected pins : 배선에 연결되지 않은 핀 검사 |
| | Check SDT compatibility : SDT 형식 변환 시 오류 검사 |
| Reports | Report all net names : 회로도에 있는 모든 네트 이름 출력 |
| | Report offgrid objects : Grid를 무시한 설계 요소 출력 |
| | Report hierarchical port and off page connectors : 계층 도면 Port와 Off Page Connector 출력 |
| | Report misleading tap connections : 버스에 연결된 네트 이름 비교 후 잘못된 네트 이름 출력 |

④ ERC Matrix

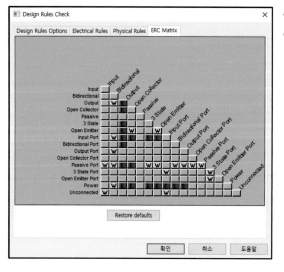

- W(Wrong) : 경고
- E(Error) : 오류(클릭하여 변경 가능하다)

⑤ 앞에서 작성한 회로의 DRC를 수행한다.

• 오류가 생긴 부분이 Marker로 표시된다(Check DRC markers for warnings).
• 결과가 메모장으로 출력되도록 설정한다(View Output).

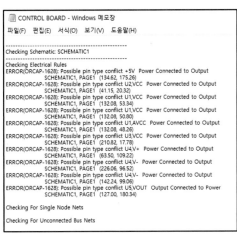

• DRC 결과가 메모장으로 출력된다.
• 에러 내용 : Power 속성의 핀과 Output 속성의 핀이 연결되었다.

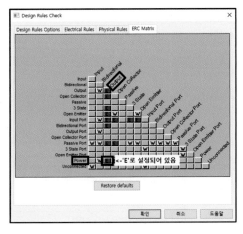

• 이와 같은 에러가 발생한 이유는 다음과 같다.
  – ERC Matrix에서 Output과 Power가 만나는 부분이 E로 설정되어 있기 때문이다.
  – 이 부분을 클릭해서 E를 해제하고, DRC를 다시 하면 에러가 없어진다.

**☼ Tip**

위의 에러를 없애는 또 다른 방법은 회로도에서 Output 속성을 갖는 핀(LM7805 3번 핀)의 Pin Type을 Edit Part에서 Passive로 바꿔 준다.

• 다음과 같이 수정하고 다시 DRC를 실행한다.

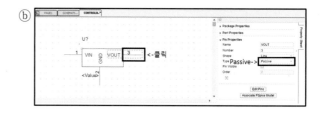

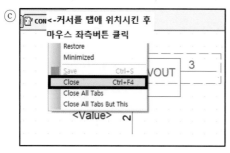

• 에러가 없으면 다음과 같은 메시지가 출력된다.

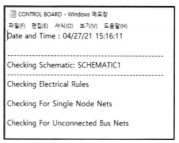

• DRC 결과는 다음과 같은 방법으로도 확인이 가능하다.

– 프로젝트 매니저 탭에서 control board.drc를 더블클릭한다.

– 새로운 탭이 생기면서 DRC 결과가 표시된다.

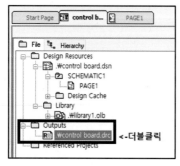

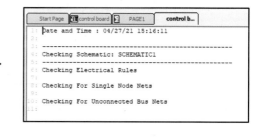

## 8) Footprint 입력

### (1) Footprint

PCB Editor에서 사용하는 부품의 심벌로, 실제 부품의 사이즈와 같기 때문에 정확한 Footprint를 사용한다. 전자캐드 기능사 공개문제(CONTROL BOARD)에서 사용하는 Footprint는 다음과 같다.

| Part명 | Footprint | 심 벌 | Part명 | Footprint | 심 벌 |
|---|---|---|---|---|---|
| ATMEGA8 | TQFP32 | | LM2902 | SOIC14 | |
| MIC811 | SOT143 | | LM7805 | TO220AB | |
| R, CAP NP (C1~C13) | SMR0603 | | LED | CAP196 | |
| CRYSTAL | CRYSTAL (제작) | | HEADER10 | HEADER10 (제작) | |
| ADM101E | ADM101E (제작) | | CAP (C14~C15) | D55 (제작) | |

※ ADM101E, HEADER10, CRYSTAL, D55는 OrCAD에서 제공하지 않기 때문에 직접 만들어야 한다(만드는 방법은 68~111쪽 참조).

> 🔆 Tip
>
> C1~C13은 SMR0603을 사용해도 무방하다. 극성이 없으며 SMC0603과 크기와 모양이 같다.
>
>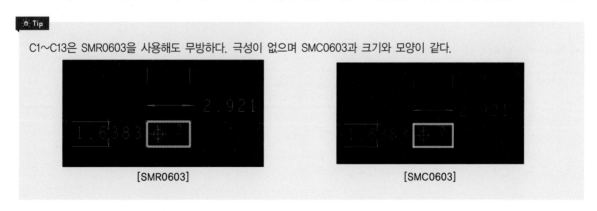
>
> [SMR0603]       [SMC0603]

① Part 중 하나를 선택한다.

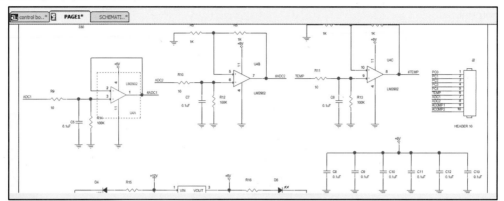

② Ctrl+A를 이용하여 모든 Part를 선택한다.

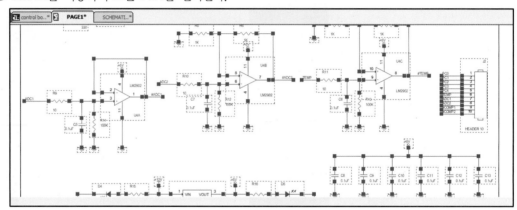

③ 더블클릭하거나 마우스 우측 버튼을 클릭한 후 Edit Properties를 클릭하면 Property Editor 창이 생성된다.
화면의 좌측 하단부에 Parts 탭을 클릭한다.

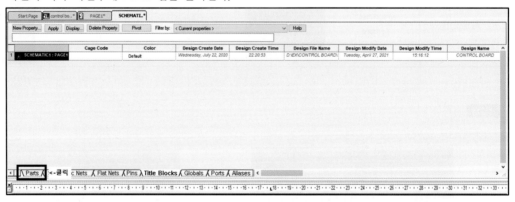

④ PCB Footprint에 'Footprint'를 입력한다(띄어쓰기 안 됨).

• 다음과 같은 방법으로도 Footprint 입력이 가능하다.

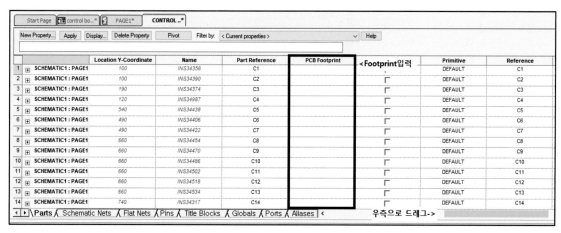

## 9) Netlist

OrCAD Capture에서 작성한 도면을 PCB Editor에서 작업할 수 있도록 보드파일(.brd)로 만들어 주는 과정이다.

① 프로젝트 매니저창에서 control board.dsn, SCHEMATIC1, PAGE1 중 하나를 선택한 후 Capture Toolbar를 활성화시킨다.

② Capture Toolbar가 활성화되면 왼쪽 그림과 같이 Menu → Tools → Create Netlist 또는 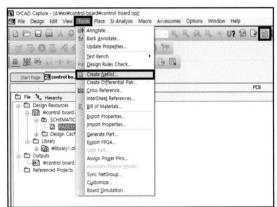 (Create Netlist)를 클릭한다.

③ Create Netlist 창에서 Create or Update PCB Editor Board(Netrev)를 체크한 후 Open Board in OrCAD PCB Editor를 체크한 후 확인을 클릭한다.

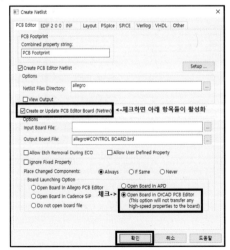

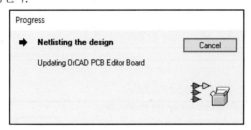

반드시 Footprint 심벌을 그리고 Footprint를 입력한 후에 Netlist를 수행해야 한다. PCB Editor가 실행되고 있는 상태에서 Netlist를 실행하면 다음과 같은 에러가 발생한다.

ERROR: File "CONTROLBOARD.brd" is being edited by user "user" on date "Wed Oct 11 13:52:20 2023" on system "PC0". Resolve lock file and re-run netrev.

#1  ERROR(SPMHNI-175): Netrev error detected.

#2  Run stopped because errors were detected

④ 확인을 클릭하면 Netlist가 진행된다.

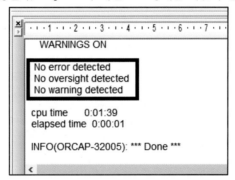

⑤ 이상이 없으면 PCB Editor가 실행된다. Capture의 세션 로그창에는 다음과 같은 메시지가 표시된다.

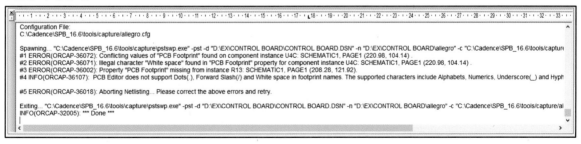

⑥ Netlist 수행 중 에러가 발생할 경우, 세션 로그창에 다음과 같이 메시지가 표시된다. 이 메시지를 확인한 후 잘못된 부분을 수정한다.

```
Configuration File:
C:\Cadence\SPB_16.6\tools\capture\allegro.cfg

Spawning... "C:\Cadence\SPB_16.6\tools\capture\pstswp.exe" -pst -d "D:\EX\CONTROL BOARD\CONTROL BOARD.DSN" -n "D:\EX\CONTROL BOARD\allegro" -c "C:\Cadence\SPB_16.6\tools/capture
#1 ERROR(ORCAP-36072): Conflicting values of "PCB Footprint" found on component instance U4C: SCHEMATIC1, PAGE1 (220.98, 104.14)
#2 ERROR(ORCAP-36071): Illegal character "White space" found in "PCB Footprint" property for component instance U4C: SCHEMATIC1, PAGE1 (220.98, 104.14) .
#3 ERROR(ORCAP-36002): Property "PCB Footprint" missing from instance R13: SCHEMATIC1, PAGE1 (208.28, 121.92).
#4 INFO(ORCAP-36107): PCB Editor does not support Dots(.), Forward Slash(/) and White space in footprint names. The supported characters include Alphabets, Numerics, Underscore(_) and Hyph

#5 ERROR(ORCAP-36018): Aborting Netlisting... Please correct the above errors and retry.

Exiting... "C:\Cadence\SPB_16.6\tools\capture\pstswp.exe" -pst -d "D:\EX\CONTROL BOARD\CONTROL BOARD.DSN" -n "D:\EX\CONTROL BOARD\allegro" -c "C:\Cadence\SPB_16.6\tools/capture/al
INFO(ORCAP-32005): *** Done ***
```

※ 네트리스트에서 에러가 발생하는 이유는 대부분 Footprint를 잘못 입력(오기입, 공백 발생, 특수문자 사용)하거나 Footprint가 있는 라이브러리 경로가 설정되지 않은 경우이다(라이브러리 경로 설정 122쪽 참조).

**Plus**

Netlist 시 자주 발생하는 ERROR 및 WARNING

① ERROR(SPMHNI-191) : 잘못된 Footprint 사용

② ERROR(SPMHNI-195), ERROR(SPMHNI-196) : Part 핀 수와 Footprint 핀 수 불일치

> ERROR(SPMHNI-196): Symbol 'TO220AB' for device 'LED_TO220AB_LED' has extra pin '3'.

※ LED(2핀) Footprint에 LM7805(3핀) Footprint(TO220AB)를 사용한 에러

③ ERROR(ORCAP-36002) : Footprint 누락

> #1 ERROR(ORCAP-36002): Property "PCB Footprint" missing from instance U3: SCHEMATIC1, PAGE1 (198.12, 15.24).

※ U3 Footprint 누락으로 발생한 에러

④ ERROR(ORCAP-36040) : 핀의 NC 설정이 잘못되었을 경우

> #6 ERROR(ORCAP-36040): Pin Number "4" specified in "NC" property also found on Pin V+ of Package LM2902_4 , : SCHEMATIC1, PAGE1 (48.26, 124.46).

※ LM2902에서 전원 핀으로 사용하는 4번 핀을 NC로 설정하여 발생한 에러

⑤ WARNING(SPMHNI-192) : 잘못된 속성의 Footprint

> #1   WARNING(SPMHNI-192): Device/Symbol check warning detected. [help]
>
> WARNING(SPMHNI-194): Symbol 'CRYSTOL' used by RefDes Y1 for device 'CRYSTAL, CRYSTOL, 16MHZ' not found. The symbol either does not exist in the library path (PSMPATH) or is an old symbol from a previous release.
>
> Set the correct library path if not set or use dbdoctor to migrate old symbols.

※ CRYSTAL을 CRYSTOL로 입력하여 발생한 에러

⑥ WARNING(ORCAP-36006) : Device명이 긴 경우 발생(변경하지 않아도 됨)

⑦ ERROR(ORCAP-36071) : Footprint에 띄어쓰기 및 특수문자 사용

> #1 ERROR(ORCAP-36071): Illegal character "White space" found in "PCB Footprint" property for component instance U4A: SCHEMATIC1, PAGE1 (48.26, 124.46) .
> #2 ERROR(ORCAP-36071): Illegal character "White space" found in "PCB Footprint" property for component instance U4B: SCHEMATIC1, PAGE1 (132.08, 116.84) .
> #3 ERROR(ORCAP-36071): Illegal character "White space" found in "PCB Footprint" property for component instance U4C: SCHEMATIC1, PAGE1 (213.36, 106.68) .

※ Footprint 입력 시 공백(White Space)이 발생하여 생긴 에러

⑧ WARNING(ORCAP-36042) : 같은 핀 이름의 변경(변경하지 않아도 됨)

> #1 WARNING(ORCAP-36042): Pin "VCC" is renamed to "VCC#4" as visible power pin of same name already exists in Package atmega8 , U1: SCHEMATIC1, PAGE1 (93.98, 15.24).
> #2 WARNING(ORCAP-36042): Pin "VCC" is renamed to "VCC#6" as visible power pin of same name already exists in Package atmega8 , U1: SCHEMATIC1, PAGE1 (93.98, 15.24).
> #3 WARNING(ORCAP-36042): Pin "GND" is renamed to "GND#3" as visible power pin of same name already exists in Package atmega8 , U1: SCHEMATIC1, PAGE1 (93.98, 15.24).
> #4 WARNING(ORCAP-36042): Pin "GND" is renamed to "GND#5" as visible power pin of same name already exists in Package atmega8 , U1: SCHEMATIC1, PAGE1 (93.98, 15.24).
> #5 WARNING(ORCAP-36042): Pin "GND" is renamed to "GND#21" as visible power pin of same name already exists in Package atmega8 , U1: SCHEMATIC1, PAGE1 (93.98, 15.24).

※ U1에 같은 이름을 갖는 핀이 많으니 사용 시 주의하라는 메시지

## 1 Padstack Editor 시작

(▶ [전자캐드기능사(OrCAD 17.2)] 1. VIA 만들기 영상 참조)

VIA나 Footprint에 사용되는 패드를 만들 때 사용하는 프로그램이다.

Window 시작 → Cadence Release 17.2-2016 →

## 2 VIA 만들기

VIA는 PCB에 있는 Hole의 일종으로, 내부는 금속으로 도금이 되어 있어 Layer와 Layer가 연결된다. VIA의 이런 특성을 이용하여 서로 다른 Layer에 있는 패턴을 연결한다.

| [공개문제 요구사항] | | |
|---|---|---|
| 10) 비아(VIA)의 설정 | | |
| 비아의 종류 | 속 성 | |
| | 드릴 홀 크기(Hole Size) | 패드 크기(Pad Size) |
| Power VIA(전원선 연결) | 0.4mm | 0.8mm |
| Stander VIA(그 외 연결) | 0.3mm | 0.6mm |

### 1) Standard VIA 만들기

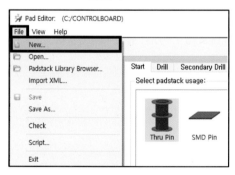

①  를 실행한다.

② File → New

③ Directory에서 저장되는 경로를 확인한다.

④ Padstack name : svia

⑤ Padstack usage : Via

⑥ OK를 클릭한다.

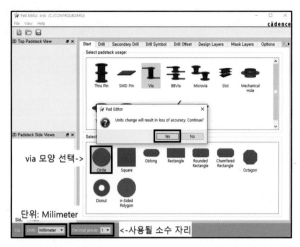

⑦ VIA 모양 선택 : Circle

⑧ Units : Millimeter(단위 변경 여부를 묻는 창이 뜨면 Yes를 클릭한다)

⑨ Decimal places : 1(사용할 소수점 자리는 4를 써도 무방하다)

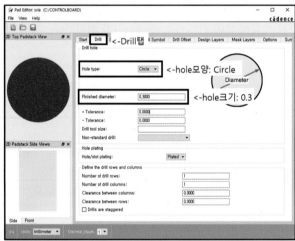

⑩ Drill 탭으로 이동한다.
- Hole type : Circle
- Finished diameter : 0.3

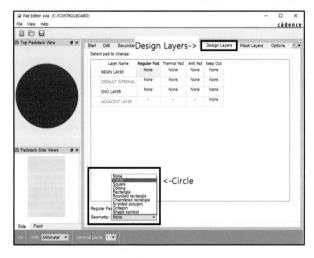

⑪ Design Layers 탭으로 이동한다.
- Geometry : Circle

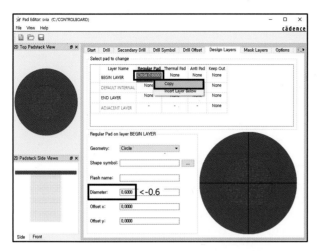

- Diameter : 0.6
- 커서를 Circle 0.6000으로 이동시킨다.
- 마우스 우측 버튼을 클릭하여 Copy를 선택한다.

- Circle 0.6000이 입력된 셀을 END LAYER까지 드래그한다.
- 마우스 우측 버튼을 클릭하여 Paste를 클릭하면 Circle 0.6000이 END LAYER까지 복사된다.

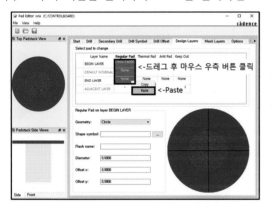 →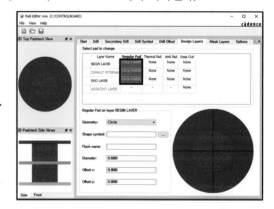

⑫ Mask Layers 탭으로 이동한다.

- SOLDERMASK_TOP의 None를 SOLDERMASK_BOTTOM까지 드래그한다.
- 마우스 우측 버튼을 클릭한 후 Paste를 선택한다.

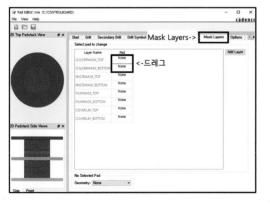 →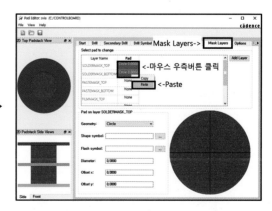

※ 실제 PCB를 제작할 때는 SOLDERMASK를 0.1 정도 크게 만들지만, 전자캐드기능사는 똑같이 해도 무방하다.

• Circle 0.6000이 SOLDERMASK_TOP과 SOLDERMASK_BOTTOM에 복사된다.

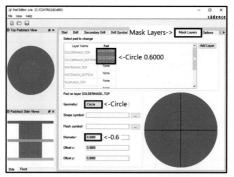

• File → Save

• 저장이 완료되면 화면 우측 하단에 svia.pad saved 메시지가 표시된다.

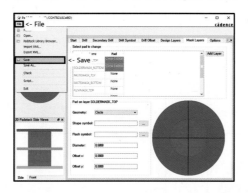 →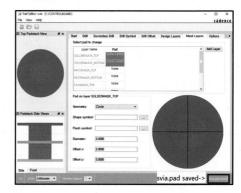

⑬ 프로젝트가 저장되는 폴더에 svia 파일이 생성된다.

## 2) Power VIA 만들기

① File → New

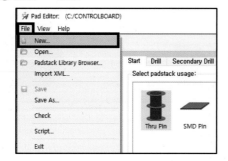

② Directory에서 저장되는 경로를 확인한다.

③ Padstack name : pvia

④ Padstack usage : Via

⑤ OK를 클릭한다.

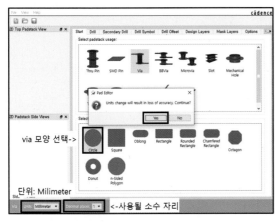

⑥ VIA 모양 선택 : Circle

⑦ Units : Millimeter(단위 변경 여부를 묻는 창이 뜨면 Yes 를 클릭한다)

⑧ Decimal places : 1(사용할 소수점 자리는 4를 써도 무방 하다)

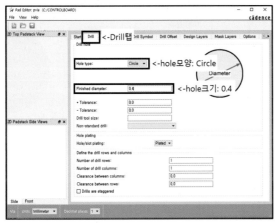

⑨ Drill 탭으로 이동한다.
- Hole type : Circle
- Finished diameter : 0.4

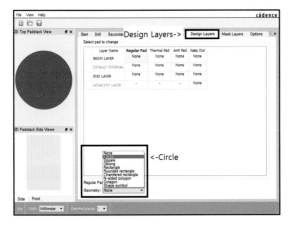

⑩ Design Layers 탭으로 이동한다.
- Geometry : Circle

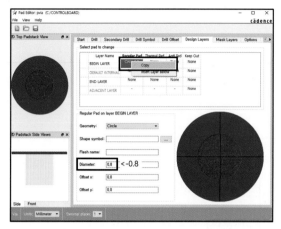

- Diameter : 0.8
- 커서를 Circle 0.8000로 이동한다.
- 마우스 우측 버튼을 클릭하여 Copy를 선택한다.

- Circle 0.8000이 입력된 셀을 END LAYER까지 드래그한다.
- 마우스 우측 버튼을 클릭하여 Paste를 클릭하면 Circle 0.8000이 END LAYER까지 복사된다.

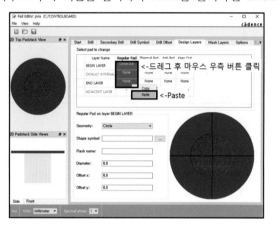
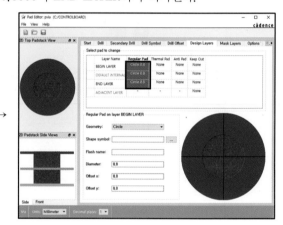

⑪ Mask Layers 탭으로 이동한다.
- SOLDERMASK_TOP의 None을 SOLDERMASK_BOTTOM까지 드래그한다.
- 마우스 우측 버튼을 클릭한 후 Paste를 선택한다.

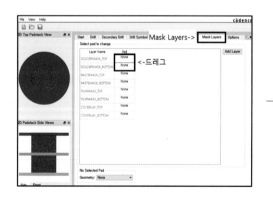
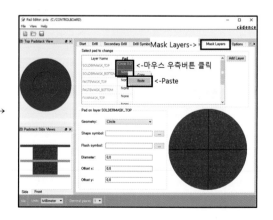

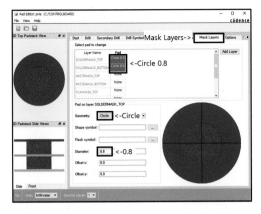

• Circle 0.8000이 SOLDERMASK_TOP과 SOLDERMASK_
  BOTTOM에 복사된다.

• File → Save

• 저장이 완료되면 화면 우측 하단에 pvia.pad saved 메시지가 표시된다.

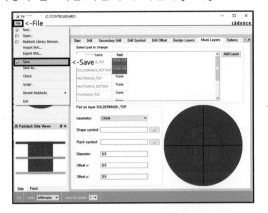 →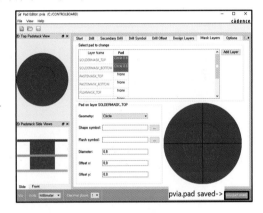

⑫ 프로젝트가 저장되는 폴더에 pvia 파일이 생성된다.

# OrCAD PCB Editor

## 1 OrCAD PCB Editor 실행

시작 → Cadence →  를 실행한다.

## 2 OrCAD PCB Editor 화면 구성

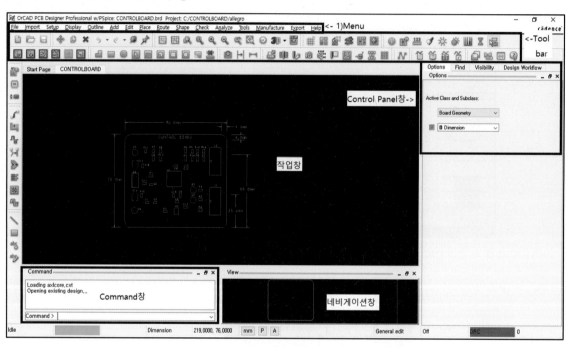

### 1) Menu

프로그램 실행 및 설정에 관한 메뉴로 구성되어 있다.

## 2) Toolbar

PCB를 설계하는 데 필요한 각종 아이콘으로 구성되어 있다.

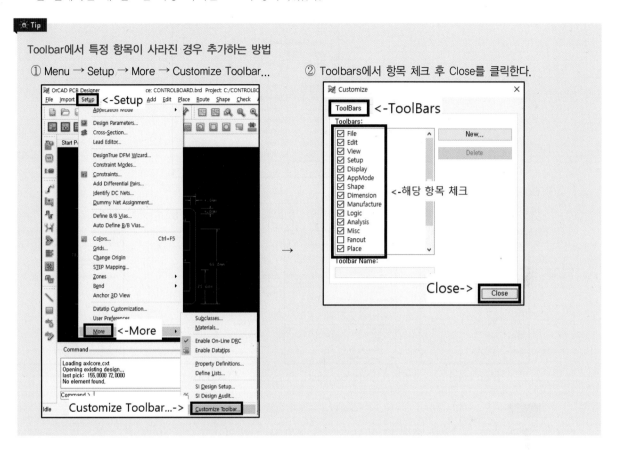

## 3) Control Panel

### (1) Visibility

PCB 설계 시 특정 부분을 보이게 하거나 숨긴다.

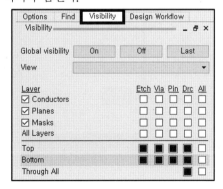

### (2) Find

명령 실행 시 실행 대상을 선택한다.

### (3) Options

명령 실행 시 세부 내용을 설정하고, 사용하는 명령에 따라 내용을 변경한다.

[Add Line]  [Add Connect]  [Add Text]  [Add Pin]

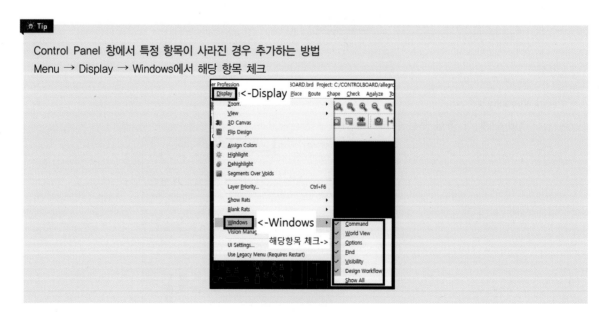

## (4) Command 창

명령어의 입력 및 실행 상태를 표시하는 창이다.

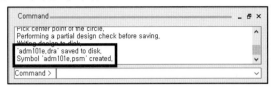

## (5) 내비게이션창

작업창에서 현재 보이는 영역을 나타내는 창이다.

## 4) TQFP32 Reference 입력하기

(▶ [전자캐드기능사(OrCAD 17.2)] 2. TQFP32 리퍼런스 입력 및 1번 핀 원 그리기 영상 참조)

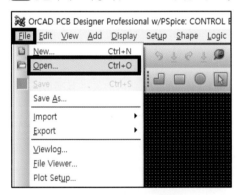

① Menu → File → Open → 로컬디스크(C:) → Cadence → SPB_17.2 → share → pcb → pcb_lib → symbols → 파일형식을 Symbol Drawing(*.dra)로 변경한 후 tqpf32.dra를 선택한 후 열기를 클릭한다.

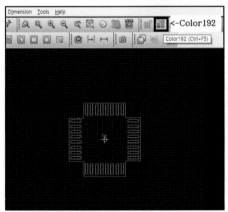

② Display → Color/Visibility 또는 ▦(Color192)를 클릭한다.

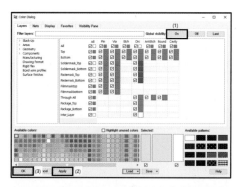

③ Global Visibility → ON → 예(Y) → Apply → OK

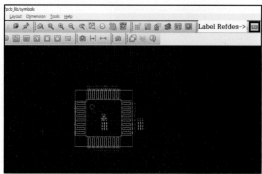

④ 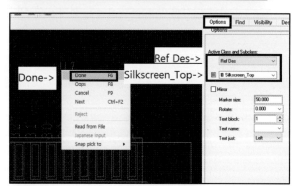(Label Refdes)를 클릭한다.

⑤ Options으로 이동한다.
- Active Class and Subclass를 RefDes, Silkscreen_Top으로 설정한다.
- 심벌의 윗부분을 클릭한 후 'U?'를 입력한다.
- 입력이 끝나면 마우스 우측 버튼을 클릭한 후 Done을 클릭한다.

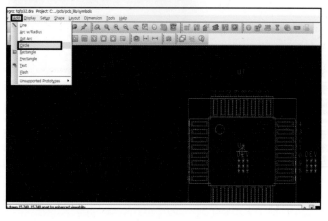

⑥ 1번 핀이 위치를 나타내는 Circle을 그린다.
- Menu → Add → Circle(◯ Shape Add Circle을 이용하여 그려도 무방하다)

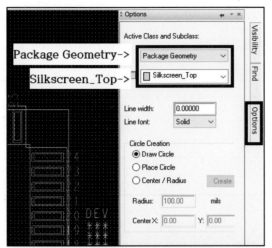

⑦ Options으로 이동한다.
- Active Class and Subclass를 Package Geometry, Silkscreen_Top으로 설정한다.

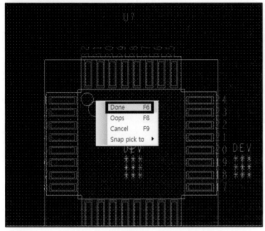

⑧ 1번 핀 옆에 Circle을 그린 후 마우스 우측 버튼을 클릭한 후 Done을 클릭한다.

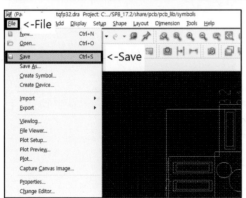

⑨ Menu → File → Save 또는 (Save)를 클릭한다.

### 3 Footprint 만들기

2020년 제3회 시험부터 적용된 전자캐드기능사 공개문제에서는 4개(ADM101E, D55, HEADER10, CRYSTAL)의 Footprint를 직접 만들어야 한다. 만드는 순서는 다음과 같다.

| ① PAD 제작 | .pad 파일 생성 |  Padstack Editor |
| --- | --- | --- |
| ② PAD 배치 | – | |
| ③ 부품 외형 그리기 | Silk screen top, Place bound top | PCB Editor |
| ④ Ref 입력 | Silk screen top | |
| ⑤ 저장(Save) | .dra, .psm 파일 생성 | |

## 1) ADM101E

(▶ [전자캐드기능사(OrCAD 17.2)] 4. ADM101E PAD 및 Footprint 만들기 영상 참조)

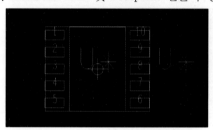

### (1) PAD 만들기(ADM101E)

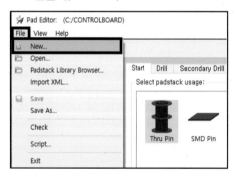

① Padstack Editor 를 실행한다.

② File → New

③ Directory에서 저장되는 경로를 확인한다.

④ Padstack name : ADM101E

⑤ Padstack usage : SMD Pin

⑥ OK를 클릭한다.

PAD 이름은 일반적으로 다음과 같이 명명한다.

예 PAD09C15 → 홀 크기 : 0.9mm, PAD 모양 : Circle, LAND 크기 : 1.5mm

  SMD15REC33 → SMD 패드 가로 : 1.5mm, PAD 모양 : RECTANGLE, 세로 : 3.3mm

이와 같이 PAD 이름을 명명하면 PAD의 모양과 사이즈를 대략적으로 알 수 있다. 필자는 PAD나 Footprint의 이름을 부품명으로 만든다. 이렇게 하면 PAD 이름이나 Footprint를 따로 숙지하지 않아도 되기 때문에 전자캐드기능사에 한하여 이렇게 명명한다.

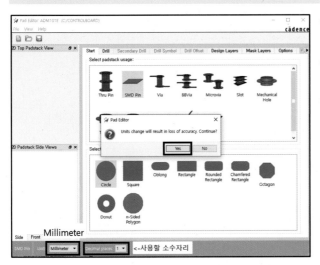

⑦ 화면 좌측 하단부의 Unit을 Millimeter로 변경한다.

⑧ Unit의 변경 여부를 묻는 창이 뜨면 Yes를 클릭한다.

⑨ Unit을 바꾸면 사용할 소수점 자리가 4로 변경된다(수정 가능).

⑩ Design Layers 탭으로 이동하여 하단부의 Geometry를 Rectangle로 변경한다.

  • Width : 1.18

  • Height : 0.58

 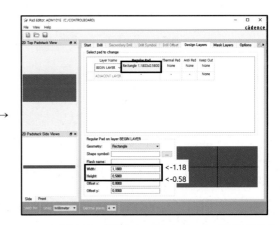

※ SMD Type의 부품은 DIP Type과 다르게 구멍을 뚫지 않고 PCB 표면에 부품을 장착한다. 따라서 Drill에 관련된 항목은 입력하지 않는다.

## [ADM101E 데이터 시트 'RECOMMENDED SOLDERING FOOTPRINT']

공개문제에 제시된 ADM101E의 데이터 시트를 참고하여 다음 요소를 입력한다.

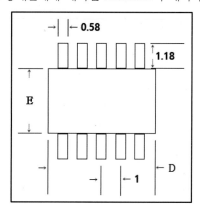

- Geometry ∶ Rectangle
- Width ∶ 1.18
- Height ∶ 0.58

⑪ Rectangle 1.1800×0.5800을 클릭한 후 마우스 우측 버튼을 클릭하여 Copy를 선택한다.

⑫ Mask Layers로 이동하여 다음 그림과 같이 복사한 데이터를 SOLDERMASK_TOP과 PASTMASK_TOP에 붙여넣기를 한다(해당 항목 선택 후 마우스 우측 버튼을 클릭하여 Paste를 선택한다).

※ 실제 PCB를 제작할 때는 SOLDERMASK를 0.1 정도 크게 만들지만, 전자캐드기능사는 똑같이 해도 무방하다.

> **⚙ Tip**
>
> SMD PAD를 만들 때 SOLDERMASK_BOTTOM에 데이터를 입력하면 Artwork film 제작 시 SOLDERMASK_BOTTOM film에도 SMD PAD가 나온다. 공개문제에서는 모든 부품을 TOP면에 배치하도록 되어 있기 때문에 BOTTOM file, SOLDERMASK_BOTTOM film에 SMD PAD가 나오면 BOTTOM면에 부품이 더 장착되어 있는 것으로 보고 실격처리된다.

⑬ File → Save

⑭ 이상 없이 저장되면 화면 우측 하단에 ADM101E.pad saved 메시지가 생성된다.

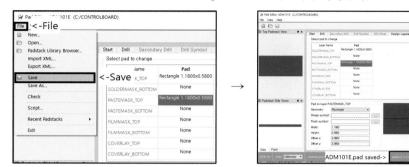

⑮ 저장되는 폴더에 PAD 파일이 생성되었는지 확인한다.

※ PAD가 정상적으로 만들어지면 pad 파일이 생성된다. 파일이 생성되지 않았다면 PAD를 다시 만든다.

(2) PAD 배치 및 외형 그리기

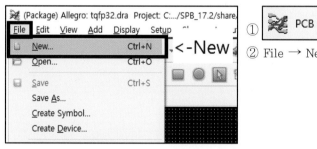

① PCB Editor 를 실행한다.

② File → New

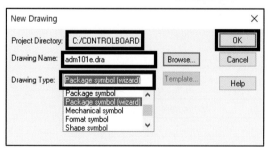

③ 저장되는 경로를 확인한다.

④ Drawing Name : adm101e

⑤ Drawing Type : Package symbol[wizard]

※ Drawing Name은 Netlist를 하기 전에 입력해야 할 Footprint이므로, 반드시 메모해 둔다.

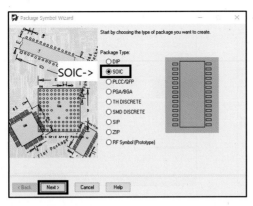

⑥ Package Type을 SOIC로 지정한 후 Next를 클릭한다.

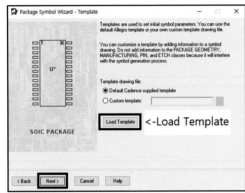

⑦ Load Template를 클릭한 후 Next를 클릭한다.

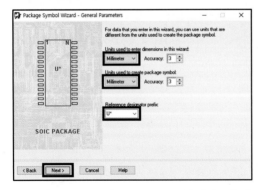

⑧ 단위를 Millimeter로 설정한다. IC이므로 Ref가 U로 되어 있는지 확인한 후 Next를 클릭한다.

### [공개문제에 제시된 ADM101E 데이터 시트]

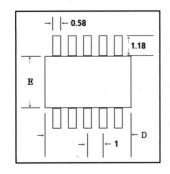

| Dim | Millimeters | |
|-----|-----|-----|
| | Min | Max |
| D | 4.80 | 5.00 |
| E | 3.80 | 4.00 |

※ Min과 Max 사이의 값을 사용한다. 계산의 편의를 위해 Max 값을 사용하였다.

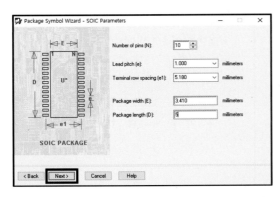

⑨ 공개문제에 제시된 ADM101E의 데이터 시트를 참조하여 다음 요소를 입력한 후 Next를 클릭한다.

- Number of pins(N) : 10 → 핀 수
- Lead pitch(e) : 1 → PAD와 PAD 간격
- Terminal row spacing(e1) : 5.18
- Package width(E) : 3.41
- Package length(D) : 5

### ☼ Tip

Terminal row spacing(e1), Package width(E) 계산방법

$$\text{Terminal row spacing(e1)} = E + \frac{PAD(W)}{2} + \frac{PAD(W)}{2} = E + PAD(W) = 4 + 1.18 = 5.18$$

$$\text{Package width(E)} = E - \frac{PAD(W)}{2} = 4 - \frac{1.18}{2} = 3.41$$

Package width(E)에서 데이터 시트에 있는 E(MAX)를 그대로 쓰지 않는 이유는 다음 그림과 같이 PAD와 심벌의 실크라인이 겹치지 않게 하기 위해서이다.

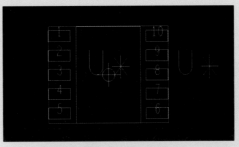

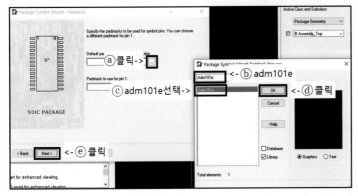

⑩ PAD 설정

ⓐ 검색창 옆에 …을 클릭한다.

ⓑ 검색창에 'adm101e'를 입력한다.

　※ 'adm*'를 입력하면 adm로 시작하는 PAD가 모두 검색된다.

ⓒ adm101e를 선택한다.

ⓓ OK를 클릭한다.

ⓔ Next를 클릭한다.

※ PAD가 검색되지 않으면 PAD가 저장된 폴더에 adm101e.pad 파일이 있는지 확인해 보고, 없으면 다시 만들어야 한다. adm101e.pad가 있는데 검색되지 않으면 PCB Editor에서 padpath와 psmpath의 경로를 설정해야 한다(설정방법은 122쪽 참조).

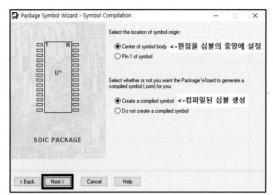

⑪ 원점의 위치를 설정한다.
- DIP 타입 : 1번 핀
- SMD 타입 : 심벌의 중앙
※ 원점의 위치는 부품의 타입에 따라 다르다.
- ADM101E는 SMD 타입이므로 원점을 심벌의 중앙으로 설정한 후 Next를 클릭한다.

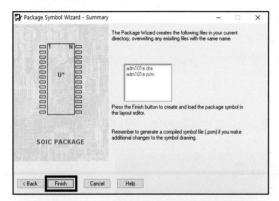

⑫ Finish를 클릭하면 adm101e.dra, adm101e.psm 파일이 생성된다.
※ 저장되는 폴더에 .dra, psm 파일이 있어야 사용할 수 있다.

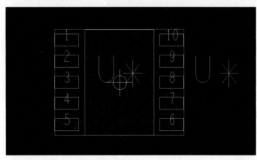

⑬ ADM101E의 Footprint 완성

### (3) 1번 핀의 위치를 나타내는 원 그리기

※ 1번 핀의 위치가 표시되어야 부품을 정확하게 장착할 수 있다.

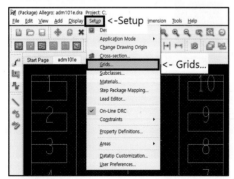

① Menu → Setup → Grids…

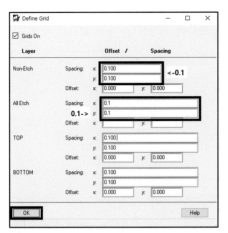

② Non-Etch와 All Etch를 0.1로 지정한다.

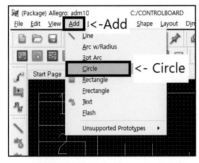

③ Menu → Add → Circle

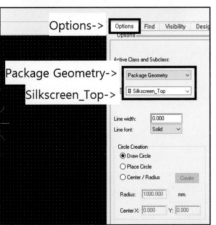

④ Options에서 Active Class and Subclass를 Package Geometry, Silkscreen_Top으로 설정한다.

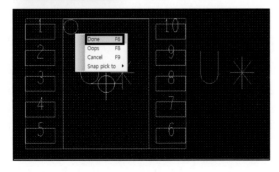

⑤ 1번 핀 옆에 원을 그리고 마우스 우측 버튼을 클릭한 후 Done을 클릭한다.

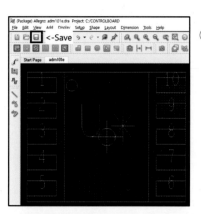

⑥  (Save)를 클릭하여 저장한다. 또는 Menu → File → Save

⑦ 정상적으로 저장되면 Command 창에 왼쪽 그림과 같은 메시지가 뜬다.

⑧ 폴더에 adm101e.dra, adm101e.psm 파일이 저장되었는지 확인한다.

2) D55

(▶ [전자캐드기능사(OrCAD 17.2)] 5. D55 PAD 및 Footprint 만들기 영상 참조)

(1) PAD 만들기(D55)

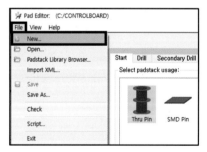

① Padstack Editor 를 실행한다.

② File → New

③ Directory에서 저장되는 경로를 확인한다.

④ Padstack name : D55

⑤ Padstack usage : SMD Pin

⑥ OK를 클릭한다.

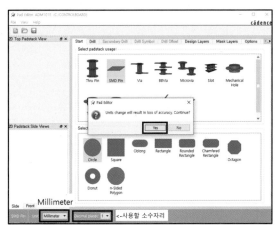

⑦ 화면 좌측 하단부의 Unit을 Millimeter로 변경한다.

⑧ Unit의 변경 여부를 묻는 창이 뜨면 Yes를 클릭한다.

⑨ Unit을 바꾸면 사용할 소수점 자리가 4로 변경된다(수정 가능).

## [공개문제에 제시된 D55 데이터 시트]

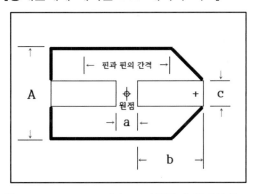

a=1.0, b=2.6, c=1.6,

A(MAX)=A+0.2=4.3+0.2=4.5

Width=b=2.6

Height=c=1.6

⑩ Design Layers 탭으로 이동하여 하단부의 Geometry를 Rectangle로 변경한다.

- Width : 2.6
- Height : 1.6

 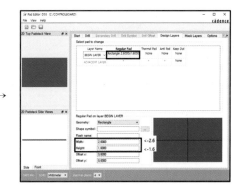

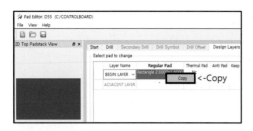

⑪ Rectangle 2.6000×1.6000을 클릭한 후 마우스 우측 버튼을 클릭하여 Copy를 선택한다.

⑫ Mask Layers로 이동하여 다음 그림과 같이 복사한 데이터를 SOLDERMASK_TOP과 PASTMASK_TOP에 붙여넣기를 한다(해당 항목을 선택한 후 마우스 우측 버튼을 클릭한 후 Paste를 선택한다).

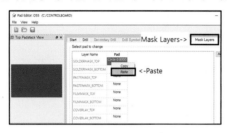 →

⑬ File → Save

⑭ 이상 없이 저장되면 화면 우측 하단에 D55.pad saved 메시지가 생성된다.

 →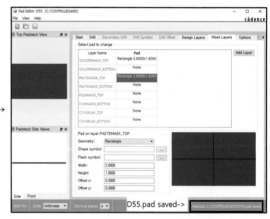

⑮ 저장되는 폴더에 PAD 파일이 생성되었는지 확인한다.

※ PAD가 정상적으로 만들어지면 pad 파일이 생성된다. 파일이 생성되지 않았다면 PAD를 다시 만든다.

## (2) PAD 배치 및 외형 그리기

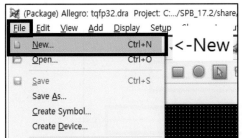

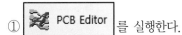

①  를 실행한다.

② File → New

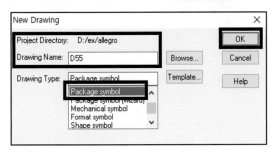

③ 저장되는 경로를 확인한다.

④ Drawing Name : D55

⑤ Drawing Type : Package symbol

※ Drawing Name은 Netlist를 하기 전에 입력해야 할 Footprint이므로, 반드시 메모해 둔다.

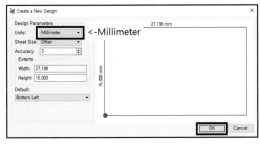

⑥ Units : Millimeter

⑦ OK를 클릭한다(Setup에서 변경 가능하다).

⑧ 초기 설정

• Menu → Setup → Grids...

• Non-Etch와 All Etch를 0.1로 지정한 후 OK를 클릭한다.

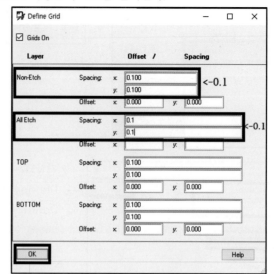

⑨ 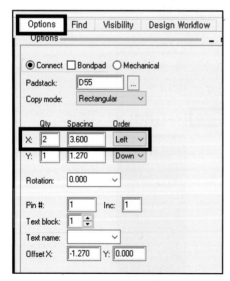 (Add Pin)을 클릭한 후 Options으로 이동한다.

⑩ Padstack 옆에 있는 │···│을 클릭한다.

⑪ Select a padstack 검색창에 'D55'를 입력한 후 Enter를 클릭한다.

⑫ D55를 선택한 후 OK를 클릭한다.

⑬ PAD 배치

|   | Qty | Spacing | Order |
|---|-----|---------|-------|
| X | 2   | 3.6     | Left  |

• X : X축
• Y : Y축
• Qty : 핀의 개수
• Spacing : 핀과 핀의 간격
• Order : 핀 번호 증가 방향

핀과 핀의 간격 계산

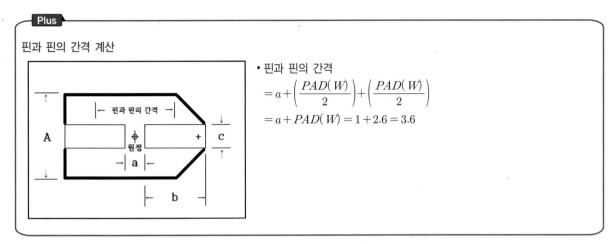

- 핀과 핀의 간격
$$= a + \left(\frac{PAD(W)}{2}\right) + \left(\frac{PAD(W)}{2}\right)$$
$$= a + PAD(W) = 1 + 2.6 = 3.6$$

⑭ Command 창에 1번 핀의 좌표를 입력한다.

(x 1.8 0) → x는 소문자

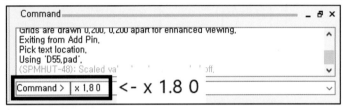

⑮ 다음 그림과 같이 원점을 중심으로 좌우에 1번 핀과 2번 핀이 배치되면 마우스 우측 버튼을 클릭하여 Done을 선택한다.

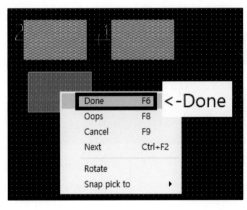

**Plus**

PAD 배치의 좌표 계산

PAD의 중심을 기준으로 좌표를 계산한다. 1번 핀의 x축과 y축의 좌표는 다음과 같다.

• 1번 핀의 x축 좌표 : $\dfrac{a}{2}+\dfrac{b}{2}=\dfrac{1}{2}+\dfrac{2.6}{2}=0.5+1.3=1.8$

• 1번 핀의 y축 좌표 : PAD의 중심이 원점과 같은 선상에 있으므로 y축 좌표는 '0' → 1번 핀 좌표 : x 1.8 0

PCB Editor에서 사용하는 좌표형식

• x로 시작하는 좌표형식

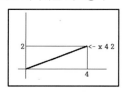

원점에서 떨어진 x축과 y축 만나는 지점으로, 형식은 'x x축 좌표 y축 좌표'이다.

• ix 또는 iy로 시작하는 좌표형식

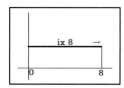 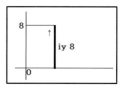

직전의 좌표에서 x축이나 y축으로 이동한 거리를 나타내는 형식이다.
예 1) ix 8 : 직전의 좌표에서 x축으로 8만큼 이동
예 2) iy 8 : 직전의 좌표에서 y축으로 8만큼 이동

※ 위의 두 좌표형식 모두 왼쪽이나 아래쪽으로 이동하면 좌표 부호는 '−'가 된다.

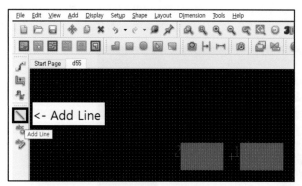

⑯ 심벌의 외형 그리기(위쪽)

• (Add Line)을 클릭한다.

• Options 탭으로 이동하여 Active Class and Subclass를 Package Geometry, Silkscreen_Top으로 설정한다.
• Line width=0.2

• 다음 그림에서 가리키는 곳을 클릭한다.

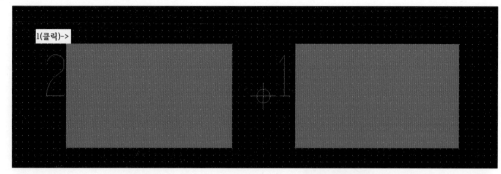

• Command 창에 'iy 1.45'를 입력하면 다음 그림과 같이 위로 1.45만큼의 선이 그려진다.

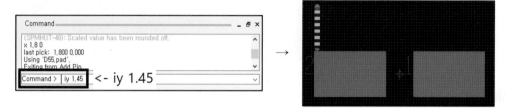

• 선을 대각선으로 내린 상태에서 그대로 1번 핀의 끝까지 이동한다.

 →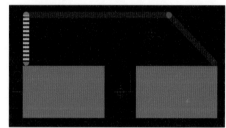

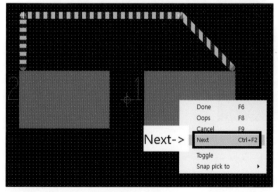

• 1번 핀 끝부분 바로 위쪽 그리드에서 클릭한다.
• 위쪽 라인이 완성되면 마우스 우측 버튼을 클릭하여 Next를 클릭한다.

⑰ 심벌의 외형 그리기(아래쪽)

• 다음 그림에서 가리키는 곳을 클릭한다.

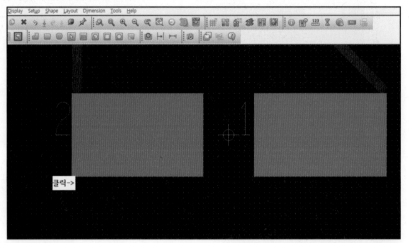

• Command 창에 'iy −1.45'를 입력하면 다음 그림과 같이 아래로 1.45만큼의 선이 그려진다.

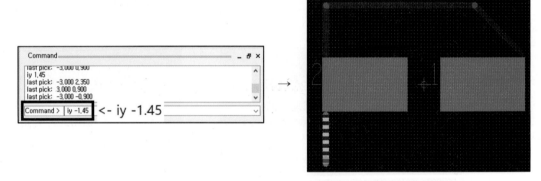

• 선을 대각선으로 올린 상태에서 그대로 1번 핀의 끝까지 이동한다.

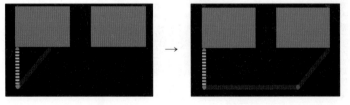

• 1번 핀 끝부분 바로 아래쪽 그리드를 클릭한다. 마우스 우측 버튼을 클릭한 후 Done을 클릭한다.

• 아래쪽 라인이 완성된다.

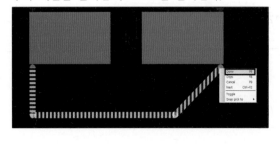

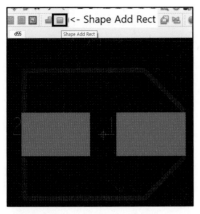

⑱ Place bound TOP을 그린다.

• ▢ (Shape Add Rect)을 클릭한다.

• Options 탭에서 Active Class and Subclass를 Package Geometry, Place_Bound_Top으로 설정한다.
• Shape Fill의 Type을 Static solid로 설정한다.

• 좌측 상단 모서리를 클릭한 후 우측 하단 모서리 부분을 클릭한다.

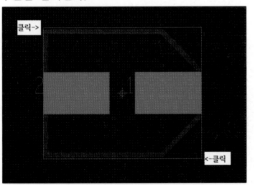

• 마우스 우측 버튼을 클릭한 후 Done을 클릭한다.

→

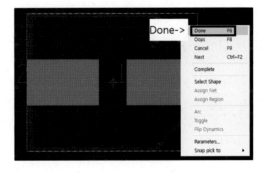

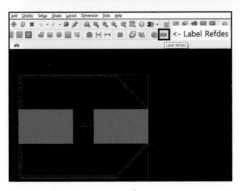

⑲ Reference를 입력한다.

• R1 (Label Refdes)를 클릭한다.

• Options 탭으로 이동하여 Active Class and Subclass를 Ref Des, Silkscreen_Top으로 설정한다.

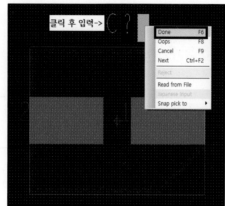

• 심벌 상단을 클릭한 후 'C?'를 입력한다.
• 입력 후 마우스 우측 버튼을 클릭한 후 Done을 클릭한다.

※ Reference를 입력하지 않으면 저장할 때 다음과 같은 에러가 발생한다.

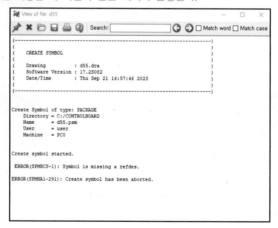

⑳ 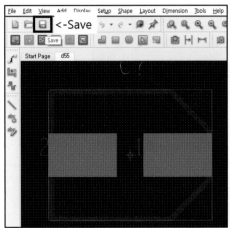 (Save)를 클릭하여 저장한다(Menu → File → Save).

**Tip**

저장되는 폴더에 D55.dra, D55.psm 파일이 있어야 사용할 수 있다. 저장 후 확인해 본다.

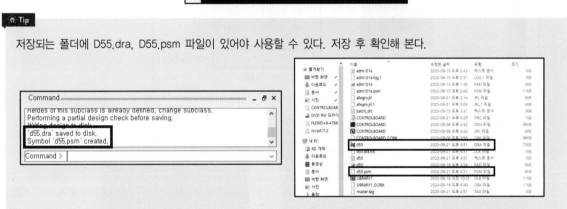

**Plus**

아래쪽 라인은 다음과 같은 방법으로도 그릴 수 있다.

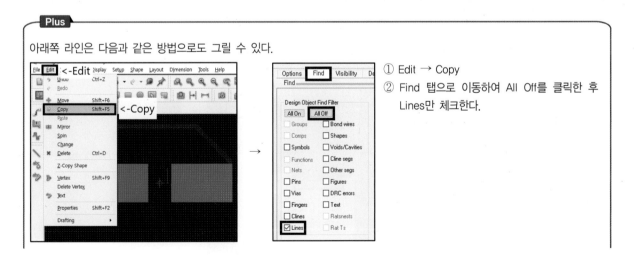

① Edit → Copy
② Find 탭으로 이동하여 All Off를 클릭한 후 Lines만 체크한다.

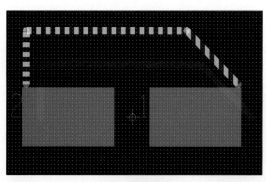

③ 선을 클릭하면 선이 복사된다.

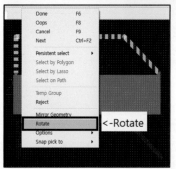

<-Rotate

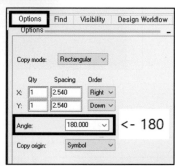

<- 180

④ 마우스 우측 버튼을 클릭한 후 Rotate를 선택한다.

⑤ Options 탭에서 Angle을 180으로 설정한다.

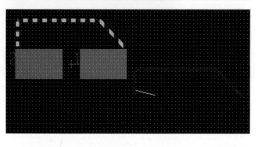

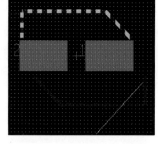

⑥ 커서를 이동시키면 복사한 선이 180° 회전한다.

⑦ 복사한 선이 180° 회전하면 다시 마우스 우측 버튼을 클릭하여 Mirror Geometry를 클릭한다.

⑧ 선이 좌우 대칭으로 회전하면 한 번 더 마우스 우측 버튼을 클릭하여 Done를 클릭한다.

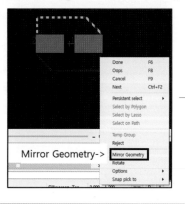

Mirror Geometry->

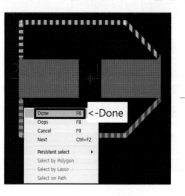

<-Done

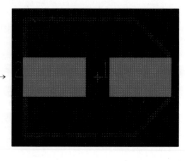

## 3) HEADER10

( [전자캐드기능사(OrCAD 17.2)] 6. HEADER10 PAD 및 Footprint 만들기 영상 참조)

### (1) PAD 만들기(HEADER10)

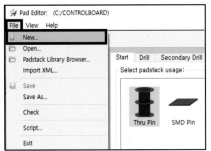

①  를 실행한다.

② File → New

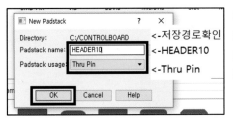

③ Directory에서 저장되는 경로를 확인한다.
④ Padstack name : HEADER10
⑤ Padstack usage : Thru Pin
⑥ OK를 클릭한다.

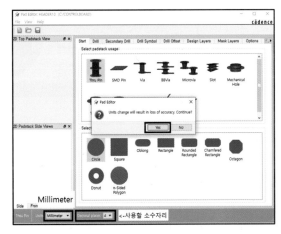

⑦ 화면 좌측 하단부의 Unit을 Millimeter로 변경한다.
⑧ Unit의 변경 여부를 묻는 창이 뜨면 Yes를 클릭한다.
⑨ Unit을 바꾸면 사용할 소수점 자리가 4로 변경된다 (수정 가능하다).

### [공개문제에 제시된 HEADER10 데이터 시트]

PAD 제작을 위한 홀의 크기는 핀의 굵기(0.64)나 Recommand PCB Layout에 있는 값(1.0) 중 하나를 사용해야 한다(실제 PCB 제작은 Recommand PCB Layout 값을 사용한다).

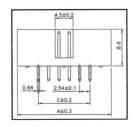

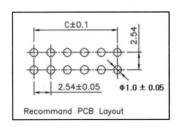

※ 참고로 필자는 Recommand PCB Layout 값을 사용한다.

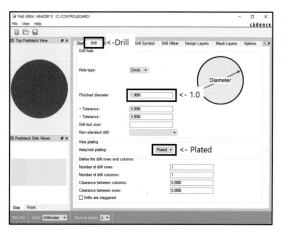

⑩ Drill 탭으로 이동한다.

⑪ Finished diameter : 1

⑫ Hole/slot plating : Plated

⑬ Design Layers 탭 → Geometry(화면 하단) : Circle, Diameter : 1.6

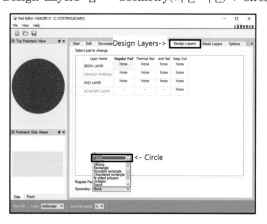 →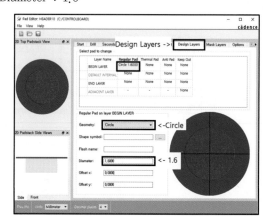

---

**Plus**

**Pad 지름 계산**

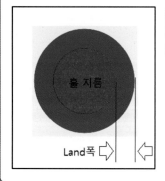

Pad 지름 = 홀 지름 + (2 × Land 폭) = 1 + (2 × 0.3) = 1.6

Land는 납이 묻는 부분으로 필자는 Land 폭을 0.3으로 하였다. 위 계산식에서 Land 폭에 2를 곱하는 이유는 홀을 기준으로 좌우에 Land가 있기 때문이다.

⑭ Circle 1.6000을 클릭한 후 마우스 우측 버튼을 클릭하여 Copy를 선택한다.

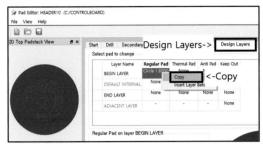

⑮ END LAYER까지 드래그한 후 마우스 우측 버튼 클릭하여 Paste를 선택하면 Circle 1.6000이 입력된다.

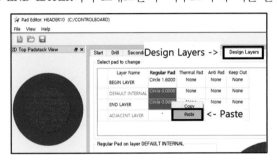 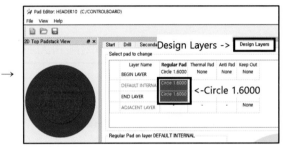

⑯ Mask Layers 탭으로 이동한다.

⑰ SOLDERMASK_TOP과 SOLDERMASK_BOTTOM의 Pad 셀을 드래그한 후 마우스 우측 버튼을 클릭하여 Paste를 선택한다.

⑱ Circle 1.6000이 입력된다.

⑲ File → Save

⑳ Drill symbol이 지정되지 않았다는 에러 메시지가 뜨면 Close를 클릭한다.

㉑ 이 상태로 저장하겠냐고 묻는 창이 뜨면 Yes를 클릭한다.

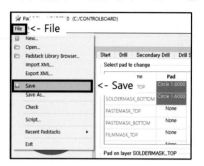 

※ PCB Editor에서 Drill Customization → Auto generate symbols을 실행시키면 Drill symbol이 자동으로 지정되므로 위의 에러는 무시해도 된다.

㉒ 저장되면 화면 우측 하단에 HEADER10.pad saved 메시지가 생성된다.

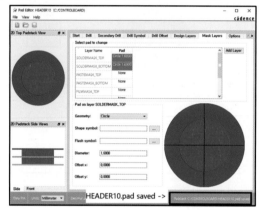

㉓ 저장되는 폴더에 PAD 파일이 생성되었는지 확인한다.

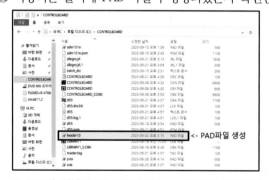

※ PAD가 정상적으로 만들어지면 pad 파일이 생성된다. 파일이 생성되지 않았다면 PAD를 다시 만든다.

## (2) PAD 배치 및 외형 그리기

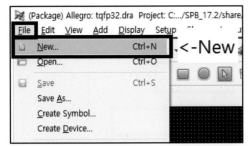

① 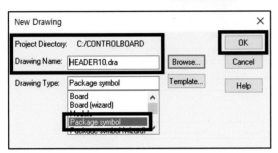 를 실행한다.

② File → New

③ 저장되는 경로를 확인한다.

④ Drawing Name : HEADER10

⑤ Drawing Type : Package symbol

※ Drawing Name은 Netlist를 하기 전에 입력해야 할 Footprint이
   므로, 반드시 메모해 둔다.

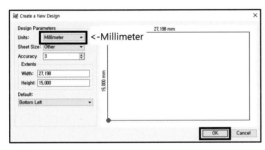

⑥ Units : Millimeter

⑦ OK를 클릭한다(Setup에서 변경 가능하다).

⑧ 초기 설정

• Menu → Setup → Grids...

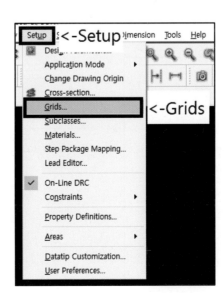

• Non-Etch와 All Etch를 0.1로 지정한 후 OK를 클릭한다.

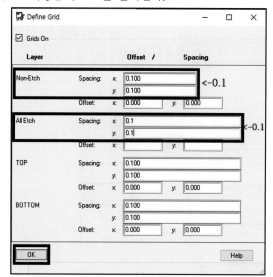

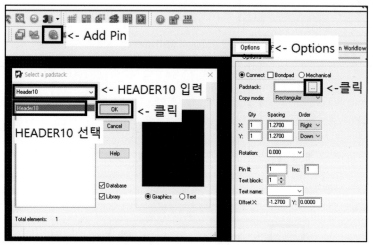

⑨ 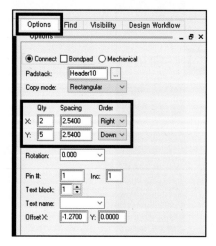 (Add Pin)을 클릭한 후 Options으로 이동한다.

⑩ Padstack 옆에 있는 [...]을 클릭한다.

⑪ Select a padstack 검색창에 'HEADER10'을 입력한 후 Enter를 클릭한다.

⑫ HEADER10을 선택한 후 OK를 클릭한다.

⑬ PAD 배치

|  | Qty | Spacing | Order |
|---|---|---|---|
| X | 2 | 2.54 | Right |
| Y | 5 | 2.54 | Down |

• X : X축
• Y : Y축
• Qty : 핀의 개수
• Spacing : 핀과 핀의 간격
• Order : 핀 번호 증가 방향

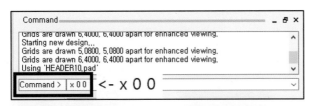

⑭ Command 창에 1번 핀의 좌표 'x 0 0'(x는 소문자)를 입력한다.

 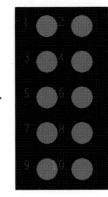

⑮ 10개의 핀이 왼쪽 그림과 같이 배치되면 마우스 우측 버튼을 클릭한 후 Done을 선택한다.

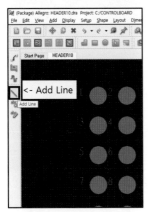 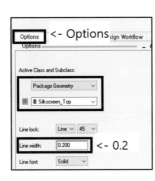

⑯ (Add Line)을 클릭한 후 Options 탭으로 이동한다.

⑰ Active Class and Subclass를 Package Geometry, Silkscreen_Top으로 설정한다.

⑱ Line width=0.2

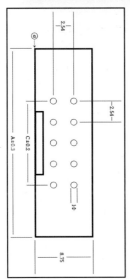

⑲ ⓐ점을 시작점으로 설정한다.

• ⓐ점 좌표 계산

- x축 좌표 : $\dfrac{8.75 - 2.54}{2} = \dfrac{6.21}{2} = 3.105$

- y축 좌표 : $\dfrac{A(MAX) - C}{2} = \dfrac{20.62 - 10.16}{2} = \dfrac{10.46}{2} = 5.23$

$$A(MAX) = 20.32 + 0.3 = 20.62$$

ⓐ점은 원점에서 왼쪽에 위치하므로 x축 좌표는 -3.105이고, 원점에서 위쪽에 위치하므로 y축 좌표는 5.23이다. 따라서 ⓐ점의 좌표는 x -3.105 5.23이다.

⑳ Command 창에 ⓐ점의 좌표 'x -3.105 5.23'를 입력한다.

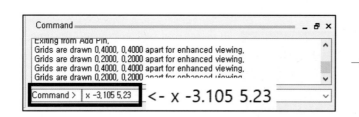 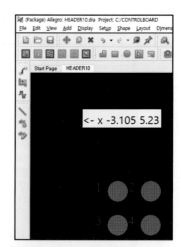

㉑ ⓐ점에서 x축(오른쪽)으로 8.75만큼 선을 그리기 위해 Command 창에 'ix 8.75'를 입력한다.

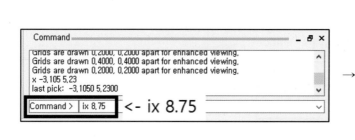 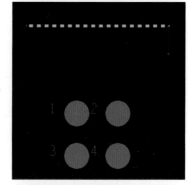

㉒ y축(아래쪽)으로 20.62만큼 선을 그리기 위해 Command 창에 'iy -20.62'를 입력한다.

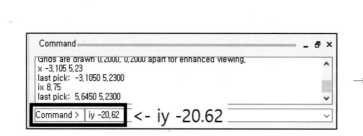 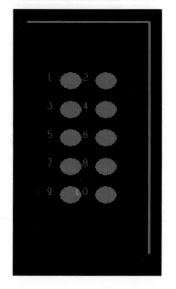

㉓ x축(왼쪽)으로 8.75만큼 선을 그리기 위해 Command 창에 'ix -8.75'를 입력한다.

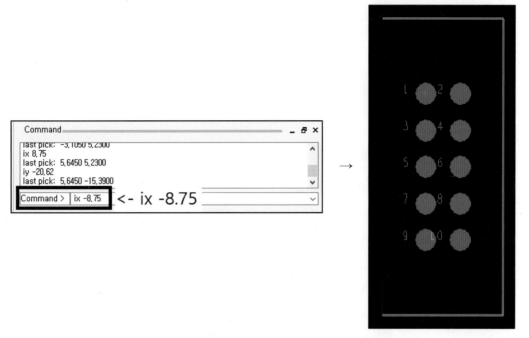

㉔ y축(위쪽)으로 20.62만큼 선을 그리기 위해 Command 창에 'iy 20.62'를 입력한다.
㉕ 외형이 모두 그려지면 마우스 우측 버튼을 클릭하여 Next를 선택한다.

※ Header의 홈은 PCB에 Header를 장착할 때 방향만 나타내므로 큰 의미를 갖지 않는다. 따라서 데이터 시트에 제시된 홈의
치수를 꼭 지키지 않아도 된다.

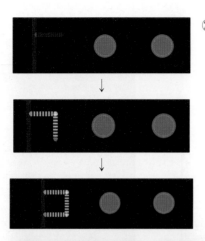

㉖ 왼쪽 그림처럼 5번 핀 앞에 홈을 표시한다.

↓

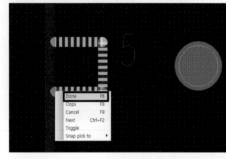

↓

㉗ 홈이 완성되면 마우스 우측 버튼을 클릭
한 후 Done을 클릭한다.

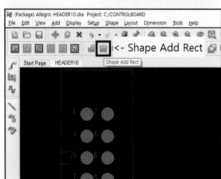 →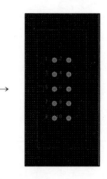

㉘ Place bound TOP을 그린다.

㉙ ▢ (Shape Add Rect)를 클릭한다.

㉚ Options 탭에서 Active Class and Subclass를 Package Geometry,
Place_Bound_Top으로 설정한다.

㉛ Shape Fill Type을 Static solid로 설정한다.

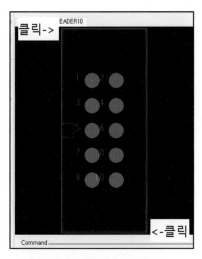

㉜ 좌측 상단 모서리를 클릭한 후 우측 하단 모서리 부분을 클릭한다.

㉝ 마우스 우측 버튼을 클릭한 후 Done을 클릭한다.

㉞ Reference를 입력한다.

• (Label Refdes)를 클릭한다.

㉟ Options 탭으로 이동한 후 Active Class and Subclass를 Ref Des, Silkscreen_Top으로 설정한다.

㊱ 심벌 상단을 클릭한 후 'J?'를 입력한다.

㊲ 입력 후 마우스 우측 버튼을 클릭한 후 Done을 클릭한다.

㊳ (Save)를 클릭하여 저장한다(Menu → File → Save).

**Tip**

저장되는 폴더에 HEADER10.dra, HEADER10.psm 파일이 있어야 사용할 수 있다. 저장 후 확인해 본다.

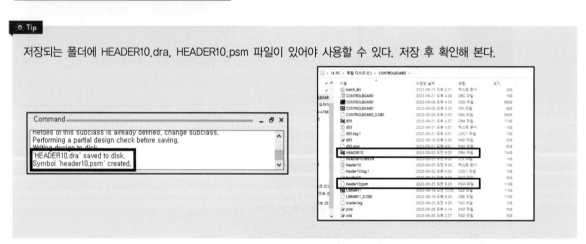

### 4) CRYSTAL

(▶ [전자캐드기능사(OrCAD 17.2)] 7. CRYSTAL PAD 및 Footprint 만들기 영상 참조)

(1) PAD 만들기(CRYSTAL)

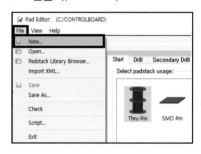

① [Padstack Editor] 를 실행한다.

② File → New

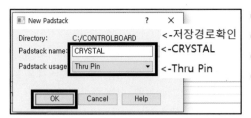

③ Directory에서 저장되는 경로를 확인한다.

④ Padstack name : CRYSTAL

⑤ Padstack usage : Thru Pin

⑥ OK를 클릭한다.

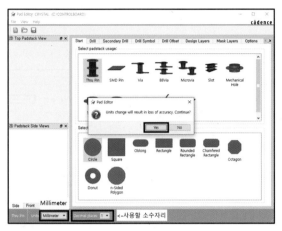

⑦ 화면 좌측 하단부의 Unit을 Millimeter로 변경한다.

⑧ Unit의 변경 여부를 묻는 창이 뜨면 Yes를 클릭한다.

⑨ Unit을 바꾸면 사용할 소수점 자리가 4로 변경된다
   (수정 가능하다).

## [공개문제에 제시된 CRYSTAL 데이터 시트]

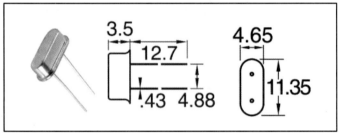

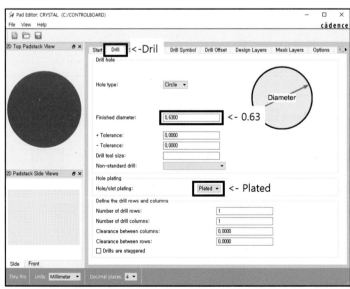

⑩ Drill 탭으로 이동한다.

⑪ Finished diameter : 0.63
   (홀 크기 = 핀의 굵기 + 0.2
   = 0.43 + 0.2 = 0.63)

⑫ Hole/slot plating : Plated

홀 크기＝핀의 굵기＋0.2

홀의 크기가 핀의 굵기와 같으면 부품을 장착할 때 부품이 잘 들어가지 않는다. 그리고 Hole Plating을 Plated로 설정한 경우 홀 주변을 금속으로 도금하는데, 그 두께가 0.1mm 정도 된다. 따라서 실제로 PAD를 제작할 때는 부품 장착의 편의와 홀 주변에 도금하는 금속 두께를 고려하여 홀의 크기는 핀의 굵기에 0.2mm 정도 더해 준 값을 사용한다.

⑬ Design Layers 탭으로 이동한다.

- Geometry(화면 하단) : Circle
- Diameter : 1.23

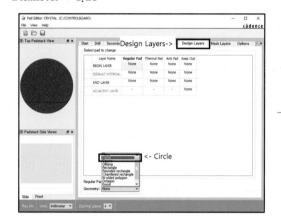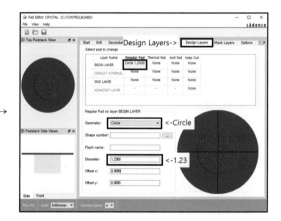

⑭ Circle 1.2300을 클릭한 후 마우스 우측 버튼을 클릭하여 Copy를 선택한다.

⑮ END LAYER까지 드래그한 후 마우스 우측 버튼을 클릭하여 Paste를 선택하면 Circle 1.2300이 입력된다.

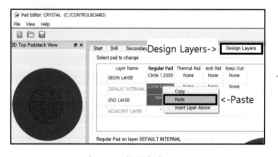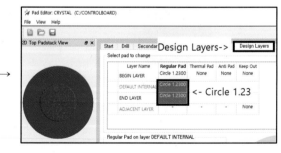

⑯ Mask Layers 탭으로 이동한다.

⑰ SOLDERMASK_TOP과 SOLDERMASK_BOTTOM의 Pad 셀을 드래그한 후 마우스 우측 버튼을 클릭하여 Paste를
선택한다.

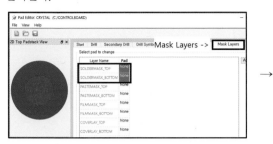 

⑱ Circle 1.2300이 입력된다.

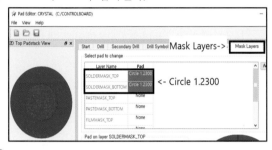

⑲ File → Save

⑳ Drill symbol이 지정되지 않았다는 에러 메시지가 뜨면 Close를 클릭한다.

㉑ 이 상태로 저장하겠냐고 묻는 창이 뜨면 Yes를 클릭한다.

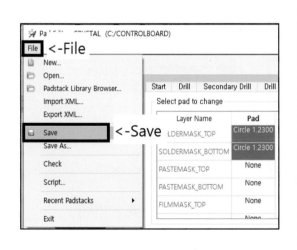 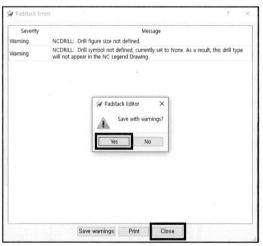

※ PCB Editor에서 Drill Customization → Auto generate symbols을 실행시키면 Drill symbol이 자동으로 지정되므로 위의
에러는 무시해도 된다.

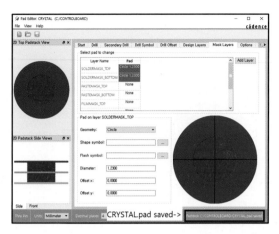

㉒ 저장되면 화면 우측 하단에 CRYSTAL.pad saved 메시지가 생성된다.

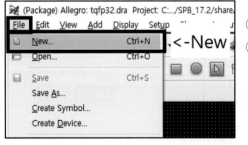

㉓ 저장되는 폴더에 PAD 파일이 생성되었는지 확인한다.

※ PAD가 정상적으로 만들어지면 pad 파일이 생성된다. 파일이 생성되지 않았다면 PAD를 다시 만든다.

## (2) PAD 배치 및 외형 그리기

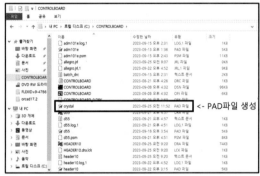

① 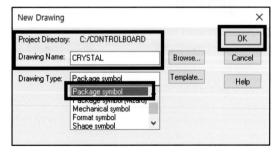 PCB Editor 를 실행한다.

② File → New

③ 저장되는 경로를 확인한다.

④ Drawing Name : CRYSTAL

⑤ Drawing Type : Package symbol

※ Drawing Name은 Netlist를 하기 전에 입력해야 할 Footprint이므로, 반드시 메모해 둔다.

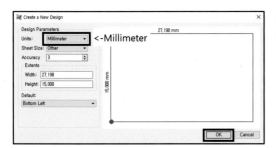

⑥ Units : Millimeter

⑦ OK를 클릭한다(Setup에서 변경 가능하다).

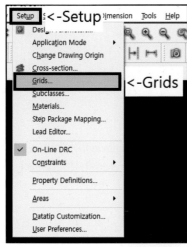

⑧ Menu → Setup → Grids…

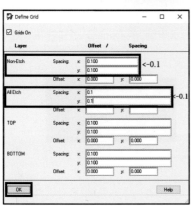

⑨ Non-Etch와 All Etch를 0.1로 지정한 후 OK를 클릭한다.

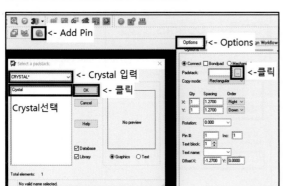

⑩ (Add Pin)을 클릭한 후 Options으로 이동한다.

⑪ Padstack 옆에 있는 │…│을 클릭한다.

⑫ Select a padstack 검색창에 'CRYSTAL'을 입력한 후 Enter를 클릭한다.

⑬ Crystal을 선택한 후 OK를 클릭한다.

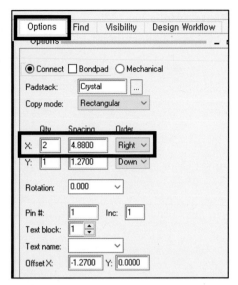

⑭ PAD 배치

| | Qty | Spacing | Order |
|---|---|---|---|
| X | 2 | 4.88 | Right |

• X : X축
• Qty : 핀의 개수
• Spacing : 핀과 핀의 간격
• Order : 핀 번호 증가 방향

※ Spacing은 CRYSTAL 데이터 시트를 참조한다.

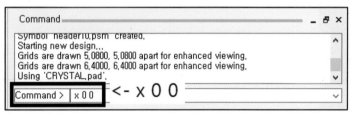

⑮ Command 창에 1번 핀의 좌표 'x 0 0'(x 는 소문자)를 입력한다.

※ DIP type 부품은 원점이 1번 핀에 위치한다.

⑯ 2개의 핀이 다음 그림과 같이 배치되면 마우스 우측 버튼을 클릭한 후 Done을 선택한다.

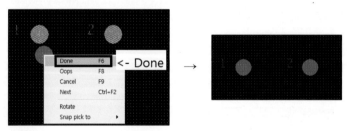

⑰ 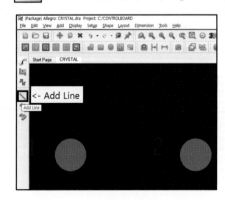 (Add Line)을 클릭한 후 Options 탭으로 이동한다.

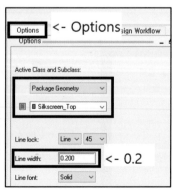

• Active Class and Subclass 를 Package Geometry, Silk-screen_Top으로 설정한다.
• Line width = 0.2

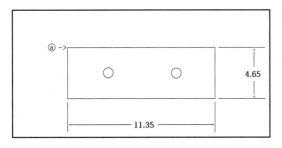

⑱ 왼쪽 그림과 같은 사각형을 그린다. 사각형은 ⓐ점부터 그린다.

- ⓐ점 좌표 계산
  - x축 좌표 : $\dfrac{11.35 - 4.88}{2} = \dfrac{6.47}{2} = 3.235$
  - y축 좌표 : $\dfrac{4.65}{2} = \dfrac{10.46}{2} = 2.325$

ⓐ점은 원점에서 왼쪽에 위치하므로 x축 좌표는 -3.235 이고, ⓐ점은 원점에서 위쪽에 위치하므로 y축 좌표는 2.325이다. 따라서 ⓐ점의 좌표는 x -3.235 2.325이다.

⑲ Command 창에 ⓐ점의 좌표 'x -3.235 2.325'를 입력하면 다음 그림과 같이 ⓐ점이 시작점으로 설정된다.

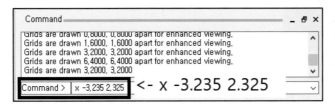
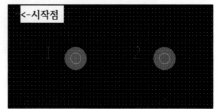

⑳ ⓐ점에서 x축으로 11.35만큼 선을 그리기 위해 Command 창에 'ix 11.35'를 입력한다.

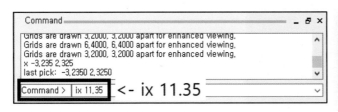
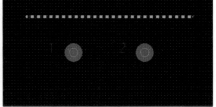

㉑ y축(아래쪽)으로 4.65만큼 선을 그리기 위해 Command 창에 'iy -4.65'를 입력한다.

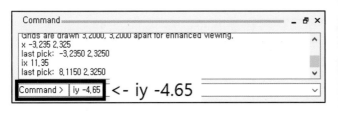
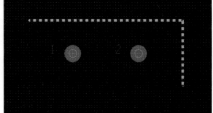

㉒ x축(왼쪽)으로 11.35만큼 선을 그리기 위해 Command 창에 'ix -11.35'를 입력한다.

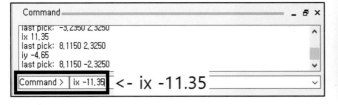

㉓ y축(위쪽)으로 4.65만큼 선을 그리기 위해 Command 창에 'iy 4.65'를 입력하고, 마우스 우측 버튼을 클릭한 후 Done을 클릭한다.

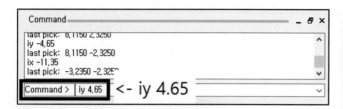 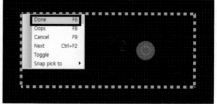

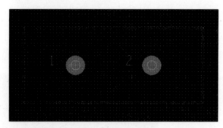

㉔ 사각형이 완성되면 모서리를 곡선으로 깎는다.

　　※ 모서리는 깎지 않아도 된다. 지금 이 모양으로 사용해도 무방하다.

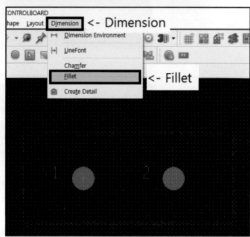

㉕ Menu → Dimension → Fillet

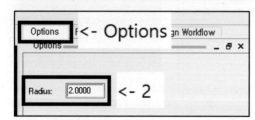

㉖ Options → Radius : 2

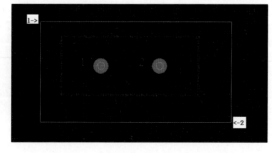

㉗ 마우스 좌측 버튼을 누른 상태에서 1부터 2까지 드래그한다.

㉘ 모서리가 깎였으면 마우스 우측 버튼을 클릭한 후 Done을 클릭한다.

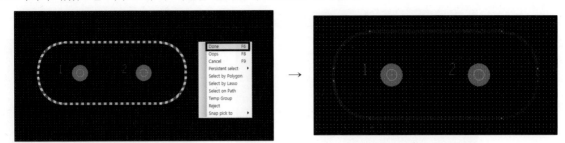

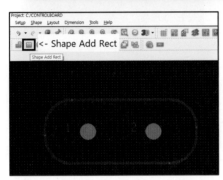

㉙ Place bound TOP을 그린다.

· (Shape Add Rect)을 클릭한다.

㉚ Options 탭에서 Active Class and Subclass를 Package Geometry, Place_Bound_Top으로 설정한다.

㉛ Shape Fill의 Type을 Static solid로 설정한다.

㉜ 대각선상의 두 모서리를 클릭한다.

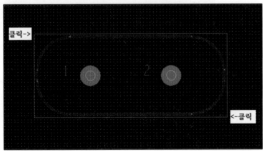

㉝ 마우스 우측 버튼을 클릭한 후 Done을 클릭한다.

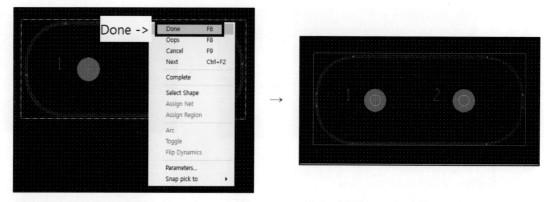

㉞ Reference를 입력한다.

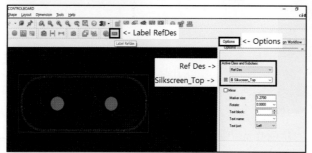

-  (Label Refdes)를 클릭한다.
㉟ 오른쪽의 Options 탭으로 이동하여 Active Class and Subclass를 Ref Des, Silkscreen_Top으로 설정한다.

㊱ 심벌 상단을 클릭한 후 'Y?'를 입력(Reference는 대문자로 입력한다)하고, 마우스 우측 버튼을 클릭한 후 Done을 클릭한다.

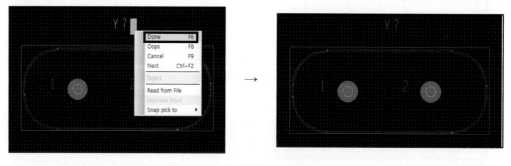

※ Reference를 입력하지 않으면 저장할 때 에러가 발생한다.

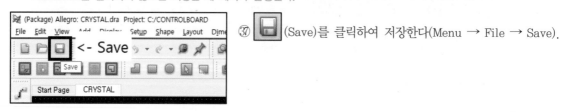

㊲ (Save)를 클릭하여 저장한다(Menu → File → Save).

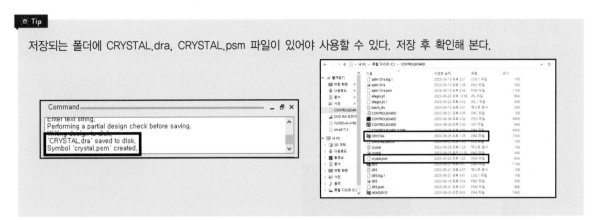

저장되는 폴더에 CRYSTAL.dra, CRYSTAL.psm 파일이 있어야 사용할 수 있다. 저장 후 확인해 본다.

- Footprint 제작이 완료되면 OrCAD Capture에서 작성한 회로도의 Property Editor 창으로 이동하여 'Footprint(Drawing Name)'를 입력한다(Footprint는 49쪽 참조).

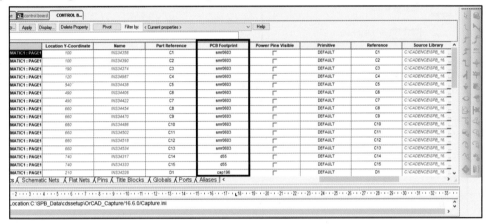

- Footprint 입력이 끝나면 Netlist를 수행한다(52쪽 참조).
- Netlist가 완료되면 PCB Editor가 자동으로 실행된다.

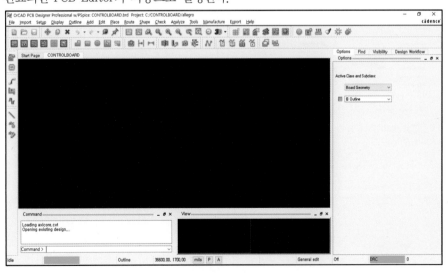

## 4 초기 설정

(▶ [전자캐드기능사(OrCAD 17.2)] 13. PCB Editor 초기 설정 및 보드 아웃라인 그리기 영상 참조)

1) Setup

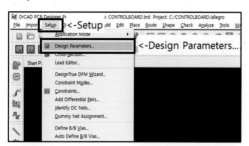

① Menu → Setup → Design Parameters...

② Design 탭
- User units : Millimeter
- Left X : −80
- Lower Y : −80
- Apply를 클릭한다.

③ Display
- Grids on 체크 → [...] (Setup grids)를 클릭한다.

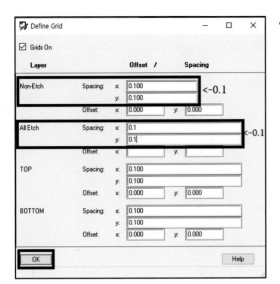

• Non-Etch와 All Etch를 0.1로 지정한 후 OK를 클릭한다.

④ Apply를 클릭한다.

※ Setup → Grids...에서도 변경 가능하다.

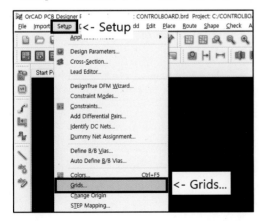

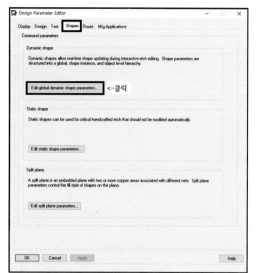

⑤ Shapes
  • Edit global dynamic shape parameters...

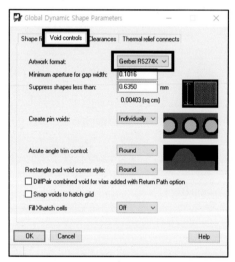

• Void controls 탭
  – Artwork format : Gerber RS274X 확인

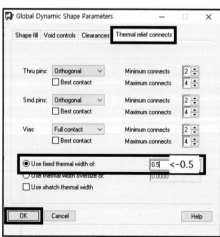

• Thermal relief connects 탭
  – Use fixed thermal width of : 0.5
  – OK를 클릭한다.

※ Use fixed thermal width of : 단열판과 GND 네트 사이 연결선의 두께를 설정한다. 공개문제에서는 0.5mm로 설정한다(공개문제
   9) 카퍼의 설정 참조).

( Line width : 0.25 mm, height : 2mm )

9) 카퍼(Copper Pour)의 설정

가) 보드의 카퍼 설정은 Bottom Layer에만 GND 속성의 카퍼 처리를 하되, 보드 외곽으로부터
    0.1 mm 이격을 두고 실시하며, 모든 네트와 카퍼와의 이격거리(Clearance)는 0.5 mm,
    단열판과 GND 네트 사이 연결선의 두께는 0.5 mm로 설정합니다.

10) HnnfVinol 설정

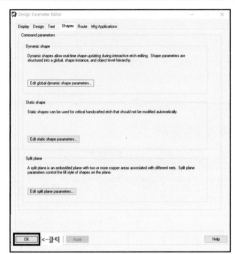

⑥ OK를 클릭한다.

## 2) Constraints Manager

네트의 폭, 여러 요소 간의 간격, VIA의 설정 등과 관련된다.

① Menu → Setup → Constraints 또는 ▦(Cmgr)을 클릭한다.

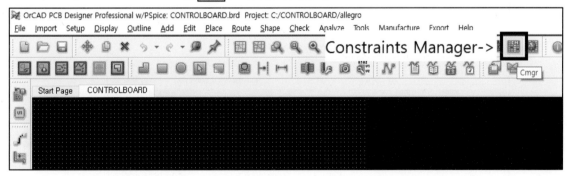

5) 네트(NET)의 폭(두께) 설정

　(가) 정의된 네트의 폭에 따라 설계하시오.

| 네트명 | 두 께 |
|---|---|
| +12V, +5V, GND, X1, X2 | 0.5mm |
| 그 외 일반 선 | 0.3mm |

(1) Physical

　① Physical Constraint Set → All Layers

　② DEFAULT → Line Width → Min : 0.3

　③ VIA 셀을 클릭한다.

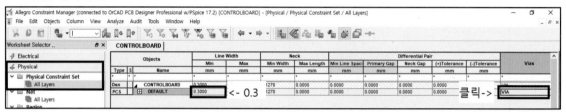

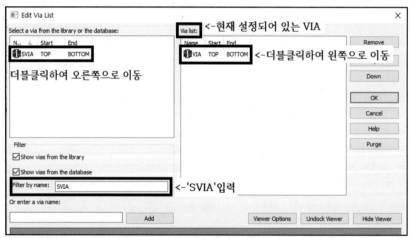

④ Filter by name에 'SVIA'를 입력한다.

⑤ 목록에서 'SVIA'를 더블클릭하여 오른쪽(Via list)으로 이동시킨다.

⑥ Via list에서 'VIA'를 더블클릭하여 왼쪽으로 이동시킨다.

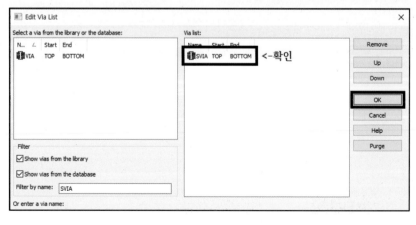

⑦ SVIA가 우측 Via list로 이동하면 OK를 클릭한다.

⑧ DEFAULT의 Vias 셀이 SVIA로 변경된다.

**CONTROLBOARD**

| | | Objects | Width | | Neck | | | Differential Pair | | | | | Vias | N |
|---|---|---|---|---|---|---|---|---|---|---|---|---|---|---|
| | | | | Max | Min Width | Max Length | Min Line Spaci | Primary Gap | Neck Gap | (+)Tolerance | (-)Tolerance | | | |
| Type | S | Name | mm | | mm | mm | mm | mm | mm | mm | mm | | Vias | |
| * | * | * | * | | * | * | * | * | * | * | * | | | |
| Dsn | | CONTROLBOARD | 0.0000 | | 0.1270 | 0.0000 | 0.0000 | 0.0000 | 0.0000 | 0.0000 | | | SVIA | 0.1270 |
| PCS | | ⊞ DEFAULT | 0.0000 | | 0.1270 | 0.0000 | 0.0000 | 0.0000 | 0.0000 | 0.0000 | SVIA -> | | SVIA | 1270 |

⑨ 커서를 DEFAULT로 이동한 후 마우스 우측 버튼을 클릭한다.

⑩ Create → Physical CSet...을 클릭한다.

⑪ Physical CSet에 'POWER'를 입력한 후 OK를 클릭한다.

⑫ POWER → Line Width → Min : 0.5 → Vias : PVIA

**CONTROLBOARD**

| | | Objects | Line Width | | Neck | | | Differential Pair | | | | Vias |
|---|---|---|---|---|---|---|---|---|---|---|---|---|
| | | | Min | Max | Min Width | Max Length | Min Line Spaci | Primary Gap | Neck Gap | (+)Tolerance | (-)Tolerance | |
| Type | S | Name | mm | mm | mm | mm | mm | mm | mm | mm | mm | |
| * | * | * | * | * | * | * | * | * | * | * | * | |
| Dsn | | CONTROLBOARD | 0.3000 | 0.0000 | 0.1270 | 0.0000 | 0.0000 | 0.0000 | 0.0000 | 0.0000 | 0.0000 | SVIA |
| PCS | | ⊞ DEFAULT | 0.3000 | 0.0000 | 270 | 0.0000 | 0.0000 | 0.0000 | 0.0000 | 0.0000 | | SVIA |
| PCS | | ⊞ POWER | 0.5000 <- 0.5 | | 270 | 0.0000 | 0.0000 | 0.0000 | 0.0000 | 0.0000 | PVIA -> | PVIA |

⑬ DEFAULT를 POWER로 변경하면, 다음 그림과 같이 Line Width의 Min이 0.5로 변경되며, Vias도 PVIA로 변경된다.

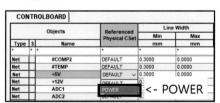

**CONTROLBOARD**

| | | Objects | Pair | | | Vias | |
|---|---|---|---|---|---|---|---|
| | | | Neck Gap | (+)Tolerance | (-)Tolerance | | |
| Type | S | Name | mm | mm | mm | Vias | |
| * | * | * | * | * | * | | |
| Net | | #COMP2 | 0.0000 | 0.0000 | 0.0000 | SVIA | 0. |
| Net | | #TEMP | 0.0000 | 0.0000 | 0.0000 | SVIA | |
| Net | | +5V | 0.0000 | 0.0000 | 0.0000 | PVIA | |
| Net | | +12V | 0.0000 | 0.0000 | 0.0000 | SVIA | |

※ 나머지 네트(+12V, GND, X1, X2)도 위와 같은 방법으로 Line Width의 Min과 Vias를 변경한다.

(2) Spacing

① Spacing Constraint Set → All Layers

② DEFAULT 셀을 클릭하면 모든 항목이 선택된다.

③ Line 셀에 '0.254'를 입력한 후 Enter를 클릭하면 나머지 항목에 자동으로 입력된다.

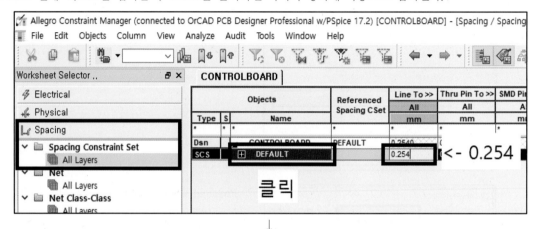

④ Shape에는 '0.5'를 입력한 후 Enter를 클릭한다.

## (3) Properties

① Net → General Properties

② GND의 No Rat → ON(GND 네트는 카퍼로 씌우기 때문에 배선할 필요가 없어 GND Ratnest를 보이지 않게 설정한다)

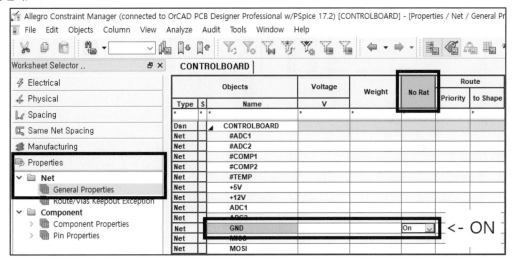

## 3) Color / Visibility

PCB Editor 작업 시 필요한 정보만 선별하여 보이게 하는 기능으로, 네트의 색을 지정한다.

① Menu → Display → Color / Visibility 또는 [ ] (Color192)를 클릭한다.

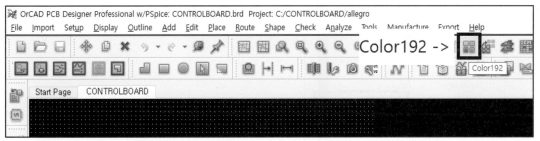

② Global visibility를 Off하면 체크되었던 모든 항목의 체크가 해제된다.

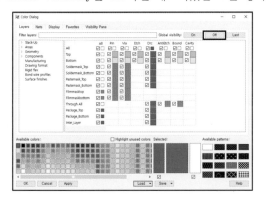 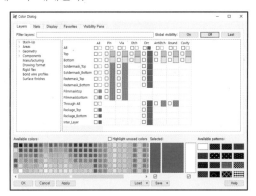

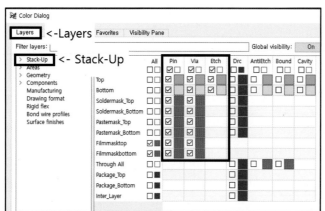

③ Stack-Up : Pin, Via, Etch 체크

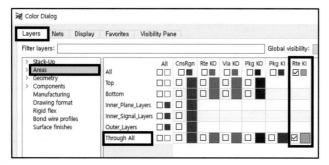

④ Areas : Through All → Rte KI 체크

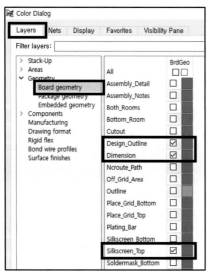

⑤ Board geometry → Dimension, Design_Outline, Silkscreen_TOP

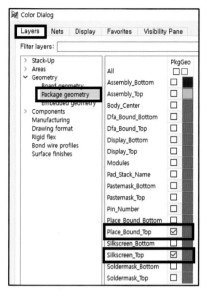

⑥ Package geometry → Place_Bound_Top, Silkscreen_TOP

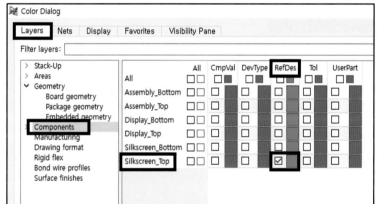

⑦ Components → Silkscreen_TOP → RefDes 체크 → Apply

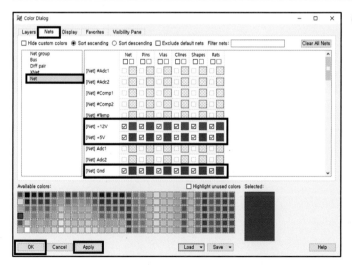

⑧ 네트의 색 지정

- 좌측 상단 Net 탭으로 이동한다.
  - +12V : 분홍색
  - +5V : 빨간색
  - Gnd : 파란색

  ※ 네트의 색을 지정해 주면 작업이 수월해진다. 전원선은 반드시 지정해 준다.

- Apply → OK

## 4) Footprint Library 경로 설정

( ▶ [전자캐드기능사(OrCAD 17.2)] 3. pad 및 psm 파일 라이브러리 경로 설정 영상 참조)

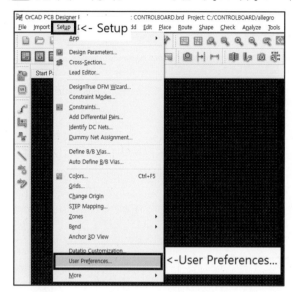

① Menu → Setup → User Preferences…

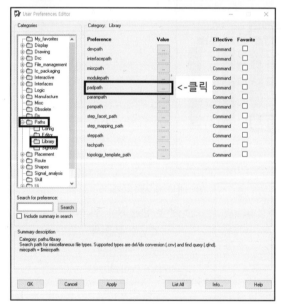

② Paths → Library → padpath → …

③ Directories → ⬚ (New(Insert))

④ 경로 입력창 옆의 ...을 클릭한다.

⑤ .pad 파일이 있는 폴더를 선택한다.

⑥ 선택된 폴더를 확인한 후 OK를 클릭한다.

※ psmpath도 같은 방법으로 Library 경로를 설정해 준다.

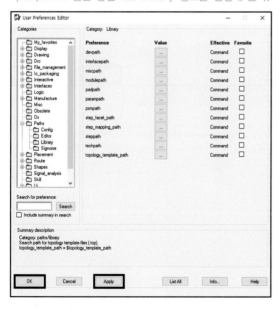

⑦ Apply → OK

## 5) Cross Section

Layer 설정, PCB Editor는 기본적으로 양면(TOP, BOTTOM)으로 설정되어 있기 때문에 생략해도 무방하다.

① Menu → Setup → Cross-Section... 또는 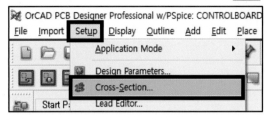 (Xsection) 클릭

② 양면(TOP, BOTTOM) Layer 확인 → Apply → OK

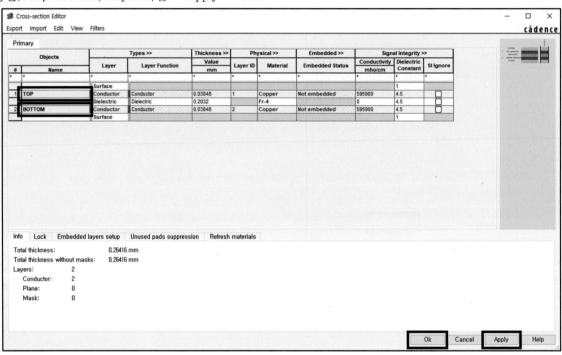

※ 공개문제 요구사항의 설계환경 : 양면 PCB(2-Layer)

## 5 PCB Design

### 1) Board Outline

Board Outline을 그리는 방법은 여러 가지가 있는데, 그중 공개문제에 제시된 Board Outline을 가장 쉽게 그리는 방법으로 그려 본다.

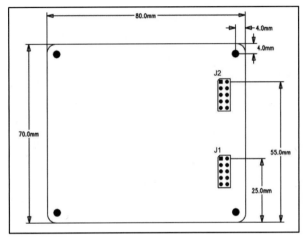

※ 공개문제에 제시된 보드 사이즈 : 80mm(가로)×70mm(세로), 보드 외곽선 모서리는 라운드 처리한다.

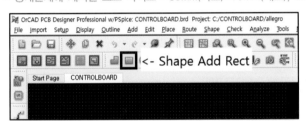

① Menu → Shape → Rectangular 또는 (Shape Add Rect)을 클릭한다.

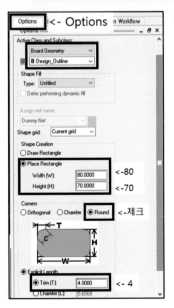

② Options
- Active Class and Subclass
  - Board Geometry → Design_Outline
- Place Rectangle
  - Width(W) : 80
  - Height(H) : 70
- Corners
  - Round 체크
  - Trim(T) : 4

③ 좌표 입력 : x 0 70

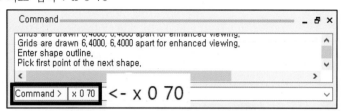

④ Board Outline이 그려지면 마우스 우측 버튼을 클릭한 후 Done을 클릭한다.

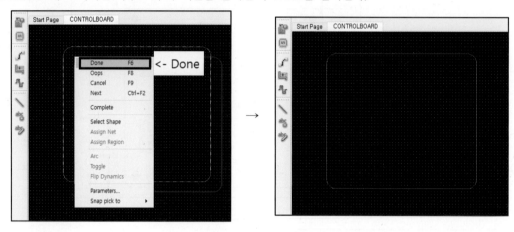

## 2) 부품 배치 및 배선

### (1) 기구 홀 배치

| [공개문제 요구사항] |
| --- |
| 7) 기구 홀의 삽입 |
|    (가) 보드 외곽의 네 모서리에 직경 3Φ의 기구 홀을 삽입하되 각각의 모서리로부터 4mm 떨어진 지점에 배치하고 비전기적 속성으로 정의하며, 기구 홀의 부품 참조값은 삭제한다. |

① 공개문제의 요구사항대로 기구 홀을 삽입한다.

② Menu → Place → Manual... 또는 ![icon] (Place Manual) 클릭

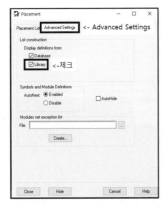

③ Advanced Settings 탭에서 Library를 체크한다.

④ Placement List 탭으로 이동하여 Mechanical symbols로 변경한다.

⑤ MTG125를 체크하고, Command 창에 'x 4 4'를 입력한 후 Enter를 클릭한다.

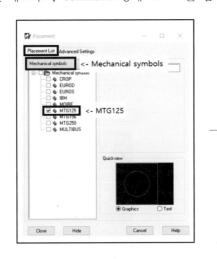 →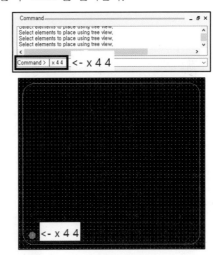

⑥ MTG125를 체크한 후 Command 창으로 이동하고, 'x 76 4'를 입력한 후 Enter를 클릭한다.

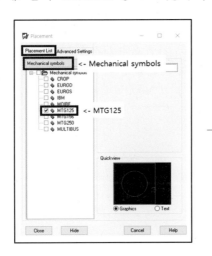 →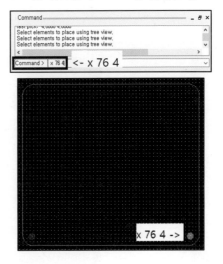

⑦ MTG125를 체크한 후 Command 창으로 이동하고, 'x 4 66'을 입력한 후 Enter를 클릭한다.

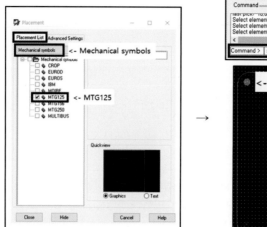 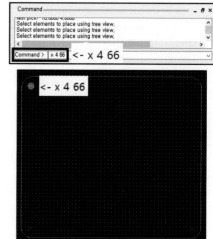

⑧ MTG125를 체크한 후 Command 창으로 이동하고, 'x 76 66'을 입력한 후 Enter를 클릭한다.

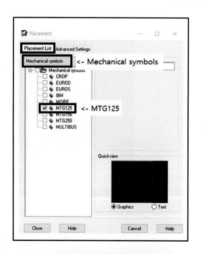 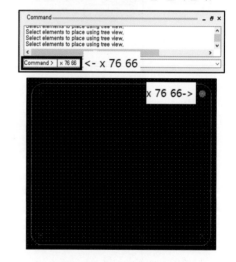

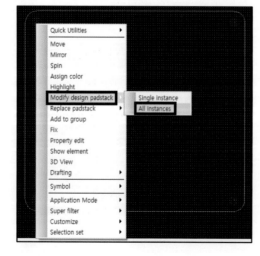

⑨ 기구 홀의 크기를 3Φ로 변경한다.

⑩ 기구 홀 중 하나에 커서 이동 → 마우스 우측 버튼 클릭
   → Modify design padstack → All instances

※ 기구 홀의 크기를 모두 변경하므로 All instances를 선택한다.

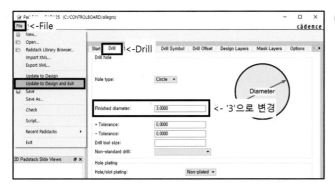

⑪ Drill 탭으로 이동한다.
- Drill hole
  - Finished diameter : 3
- File
  - Update to Design and Exit

⑫ Warning Message는 무시하고 Close를 클릭한다.
⑬ Update 여부를 묻는 창이 뜨면 Yes를 클릭한다.

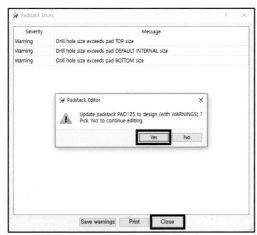

## (2) 고정 부품 배치

(▶ [전자캐드기능사(OrCAD 17.2)] 14. PCB Editor 부품 배치, 배선, 실크데이터 정리 영상 참조)

| [공개문제 요구사항] |
| --- |
| 3) 부품 배치 : 주요 부품은 다음 그림과 같이 배치하고, 그 외는 임의대로 배치한다. |

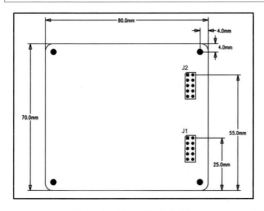

공개문제에서는 J1과 J2의 위치가 y축으로 25.0mm, 55.0mm로 고정되어 있다. x축의 좌표는 제시되지 않았기 때문에 대략 저 위치에 배치하면 되지만, y축의 좌표는 반드시 해당 좌표에 배치해야 한다.

※ Header의 1번 핀이 좌측에 있어야 하므로 Header 중간의 홈이 좌측을 향하도록 배치한다.

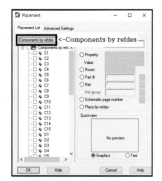

① Placement List 탭에서 Mechanical symbols를 Components by refdes로 변경한다.

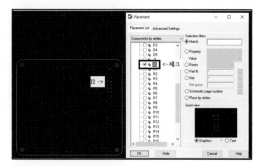

② J2를 체크한 후 커서를 Command 창으로 이동시킨다.

③ Command 창에 J2의 좌표 'x 70 55'를 입력한 후 Enter를 클릭한다.

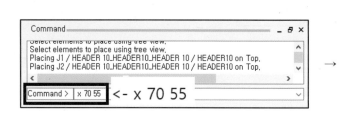 →

④ J1을 체크한 후 커서를 Command 창으로 이동시키고, J1의 좌표 'x 70 25'를 입력한 후 Enter를 클릭한다.

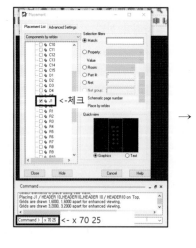 →

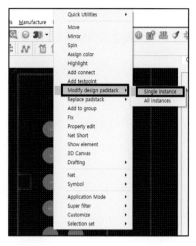

⑤ J2의 1번 핀 모양을 Square로 수정한다.

⑥ J2의 1번 핀에 커서를 이동시킨 후 마우스 우측 버튼을 클릭한다.

⑦ Modify design padstack → Single instance

※ 1번 핀의 모양만 변경하므로 Single instance를 선택한다.

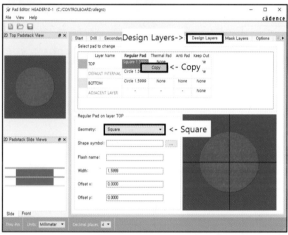

⑧ Design Layers 탭에서 Geometry를 Square로 변경한다.

⑨ Square 1.5999를 선택하여 마우스 우측 버튼 클릭하여 Copy를 선택한다.

⑩ Circle 1.5999를 드래그하여 모두 선택한 후 마우스 우측 버튼을 클릭한다.

⑪ Paste를 클릭하면 Circle이 Square로 변경된다.

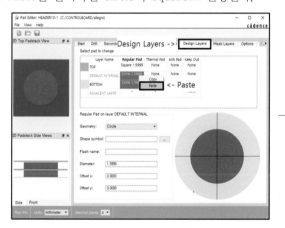 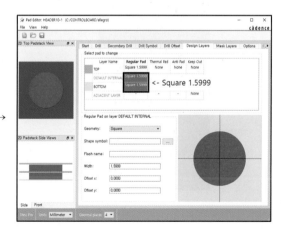

⑫ Mask Layers 탭에서 SOLDERMASK_TOP, SOLDERMASK_BOTTOM도 Square로 변경한다.

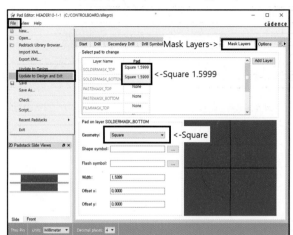

⑬ File → Update to Design and Exit

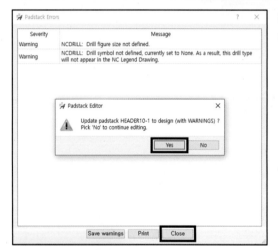

⑭ Warning Message는 무시하고 Close를 클릭한다.
⑮ Update 여부를 묻는 창이 뜨면 Yes를 클릭한다.

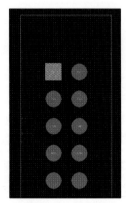

⑯ 1번 핀의 모양이 square로 수정된다.
⑰ 동일한 방법으로 J1의 1번 핀 모양을 Square로 수정한다.

(3) Board에 Text 작성하기

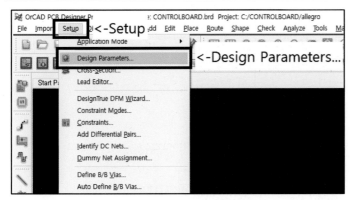

① Menu → Setup → Design Parameters...

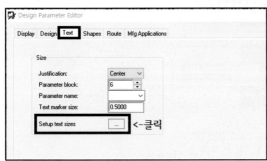

② Text 탭으로 이동한다.

③ Setup text sizes ... 를 클릭한다.

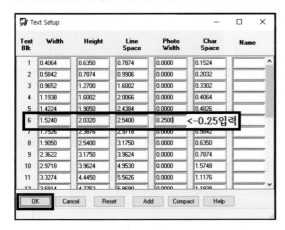

④ 공개문제에서는 Line Width : 0.25mm, Height : 2mm 로 제시한다.

⑤ 공개문제에 제시된 Height에 가장 가까운 값을 갖는 블록을 찾아서 그 블록의 Photo Width에 Line Width 값 '0.25mm'를 입력한 후 OK를 클릭한다.

※ Options 탭에 Text Block 번호(6)를 입력해야 한다. 잘 알아둔다.

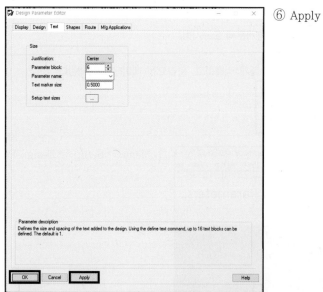

⑥ Apply → OK

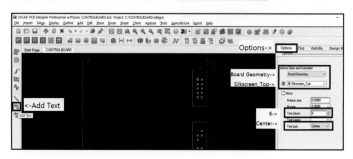

⑦ Menu → Add → Text 또는 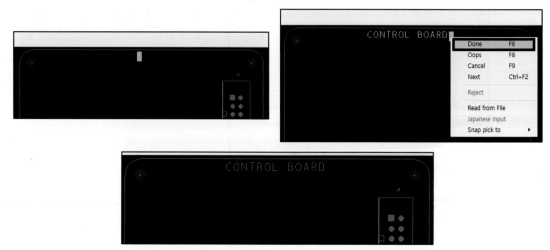 (Add Text) 클릭

⑧ Options 탭의 Active Class and Subclass 를 Board Geometry, Silkscreen_Top으로 설정한다.

⑨ Text block : 6

⑩ Text just : Center

⑪ 커서를 Board 상단으로 이동시켜 클릭 후 'Text'를 입력한다.

⑫ Text 입력이 끝나면 마우스 우측 버튼을 클릭한 후 Done을 클릭한다.

※ Board Outline을 그린 후 바로 'Text'를 입력해도 된다.

**(4) 그 외의 부품 배치**

- IC와 같이 중요한 부품을 먼저 배치한 후에 능동소자, 수동소자 순으로 배치한다.
- 다이오드, 커패시터, LED의 경우 동일한 방향으로 배치하며, 모든 부품은 TOP면에 배치한다.
- 부품은 보드 전체에 고루 퍼지도록 배치하며, 바이패스 커패시터와 같은 특정 부품을 제외한 나머지 부품은 이격거리를 넉넉히 두고 배치한다.

**[공개문제 요구사항]**

3) 부품 배치 : 주요 부품은 다음 그림과 같이 배치하고, 그 외는 임의대로 배치한다.

(가) 특별히 지정하지 않은 사항은 일반적인 PCB 설계 규칙에 준하며, 설계 단위는 mm이다.

(나) 부품은 TOP LAYER에만 실장하며, 부품의 실장 시 IC와 LED 등 극성이 있는 부품은 가급적 동일한 방향으로 배열하도록 하고, 이격거리를 계산하여 배치한다.

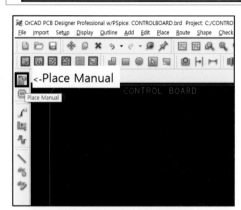

① Menu → Place → Manual… 또는 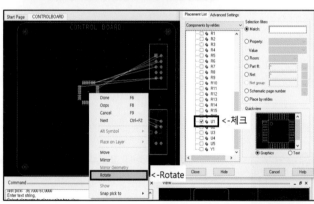(Place Manual) 클릭

② U1(Atmega8)부터 배치한다.

③ U1 체크 후 커서를 작업창으로 이동시키면 심벌이 나온다.

④ 심벌을 원하는 곳에 배치한다(마이크로 컨트롤러는 되도록 중앙에 배치한다).

⑤ 부품을 회전시키려면 마우스 우측 버튼을 클릭한 후 Rotate를 선택한다.

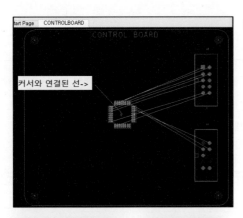

⑥ Rotate를 클릭하면 커서 모양이 +로 바뀌면서 선이 생성된다.

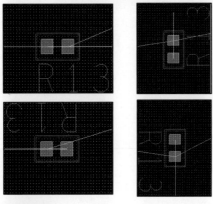

⑦ 커서를 회전시키면 심벌이 왼쪽 그림과 같이 90° 회전한다(부품의 회전은 90°로 설정되어 있다).

⑧ LED는 일렬로 배치한다.

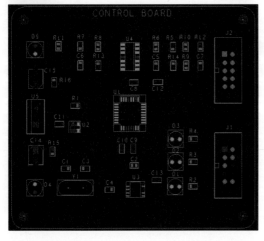

⑨ 보드 전체에 부품이 골고루 분포될 수 있도록 배치하며, 부품과 부품 사이의 이격거리는 되도록 넓게 한다(부품과 부품 사이의 이격거리가 넓을수록 배선이 용이하다).

## (5) 배 선

① Menu → Route → Connect 또는  (Add Connect) 클릭

② Options 탭으로 이동한다.
- Act, Alt : 현재 작업 중인 Layer와 작업할 Layer 설정(Top Layer는 녹색, Bottom Layer는 노란색)
- Via : Net에 설정되어 있는 Via
- Line lock : Line과 Arc의 각도 설정(Line, 45로 설정)
- Miter : Miter Size 지정
- Line width : Net 폭
- Bubble : Off, Hug Only, Hug Preferred, Shove Preferred
  - Bubble Off : 선택한 지점을 무조건 연결한다(DRC Error 무시).
  - Bubble Hug Only, Hug Preferred : 기존의 배선을 우회해서 연결한다 (기존 배선 우선).
  - Bubble Shove Preferred : 기존의 배선을 밀어내고 연결한다(현재 배선 우선).

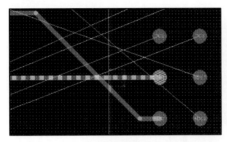

[Bubble Off]

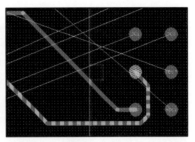

[Bubble Hug Only, Hug Preferred]

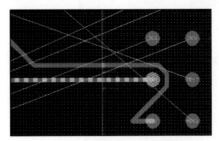

[Bubble Shove Preferred]

## [기본 배선]

① Menu → Route → Connect 또는 (Add Connect) 클릭
② PAD를 클릭한다.

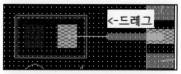

③ PAD와 PAD가 연결된 Ratnest를 따라 드래그한다.

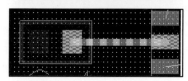

④ PAD를 클릭하면 연결이 완료된다.
⑤ 연결이 완료되면 Ratnest가 사라진다.

## [VIA 생성]

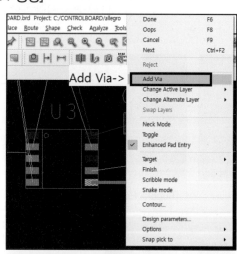

① VIA를 생성하고자 하는 곳에 더블클릭 또는 마우스 우측
   버튼을 클릭한 후 Add Via를 클릭한다.

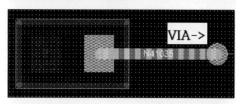

② VIA가 생성된다.

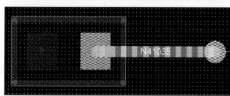

③ ⊞ 키를 누르면 BOTTOM Layer로 변환된다(⊞ 키를 누르면
   Layer 변환)

※ PCB Editor에서는 TOP Layer는 초록색, BOTTOM Layer는 노란색으로 설정되어 있다(사용자 편의에 따라 변경 가능하다).

다음 그림과 같이 Command 창에 +가 계속 입력되는 경우에는 ⊞ 키를 눌러도 Layer가 변환되지 않는다. [Enter↵] 키를
누른 후 다시 ⊞ 키를 누르면 Layer가 변환된다.

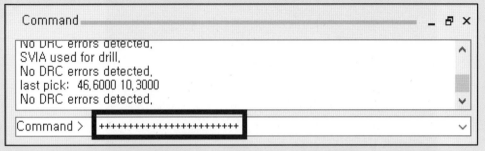

④ Net과 PAD가 다른 Layer에 있으므로 연결되지 않는다(Net :
BOTTOM, PAD : TOP).

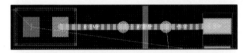

⑤ VIA를 한 번 더 생성하고, Net의 Layer를 TOP으로 변경하여
연결한다(Net : TOP, PAD : TOP).

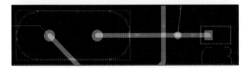

⑥ SMD Type 부품의 PAD와 DIP Type 부품의 PAD 연결 시에는
VIA를 하나만 생성해도 연결 가능하다.

※ DIP Type 부품의 PAD는 TOP Layer와 BOTTOM Layer가 연결되어 있다.

※ 배선은 가장 짧은 Ratnest를 먼저 연결하되 최단 거리로 해 준다(전원선은 나중에 배선한다).

※ TOP Layer를 수직(수평)으로 배선했으면 BOTTOM Layer는 수평(수직)으로 배선한다.

⑦ 배선이 모두 끝나면 마우스 우측 버튼을 클릭한 후 Done을
클릭한다.

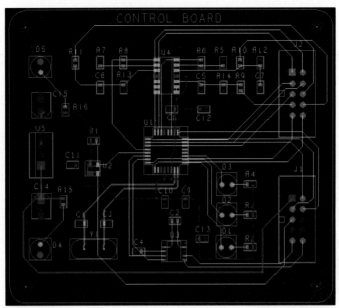

⑧ 배선작업 완료

## 3) Reference 정리

### (1) Reference를 같은 방향으로 회전시키기

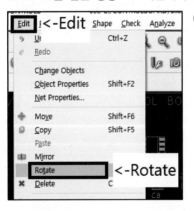

① Menu → Edit → Rotate

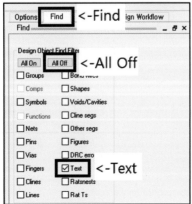

② Find 탭으로 이동한다.

③ All Off를 클릭한다.

④ Text를 체크한다.

※ Text 이외의 다른 요소가 체크되어 있으면 그 요소도 같이 Rotate된다.

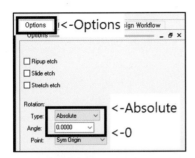

⑤ Options 탭으로 이동한다.

⑥ Type : Absolute

⑦ Angle : 0

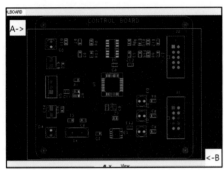

⑧ A를 클릭한 상태에서 B까지 드래그한다.

※ Visibility에서 Etch의 체크를 해제하면 위 그림과 같이 배선은 보이지 않는다.

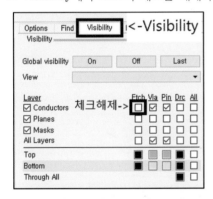

⑨ Reference 회전이 완료되면 마우스 우측 버튼을 클릭한 후 Done을 클릭한다.

 →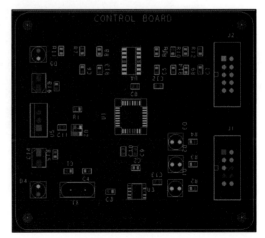

(2) Reference 크기 조정

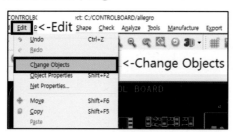

① Menu → Edit → Change Objects

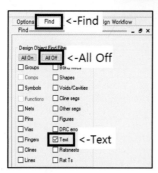

② Find 탭으로 이동한다.
③ All Off를 클릭한다.
④ Text만 체크한다.
※ Text 이외의 다른 요소가 체크되어 있으면 그 요소도 같이 Change된다.

⑤ Options 탭으로 이동한다.
⑥ Text block을 3으로 설정한다(Text block은 2나 3이 적당하다).

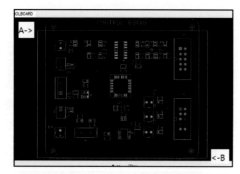

⑦ A를 클릭한 상태에서 B까지 드래그한다.
※ Board 상단에 작성된 CONTROL BOARD가 선택되면 Block 3의 크기로
변하므로 선택되지 않도록 주의한다.

⑧ Reference 크기 변환이 완료되면 마우스 우측 버튼을 클릭한 후 Done을 클릭한다.

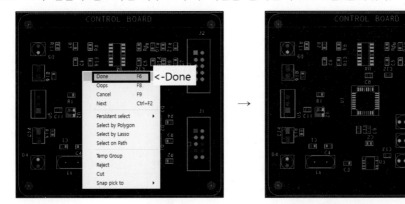

(3) Reference 위치 변경

① Reference를 클릭한 상태에서 위치를 변경한다.

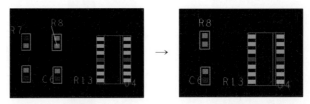

② 다음과 같이 PAD와 겹치지 않게 정리한다.

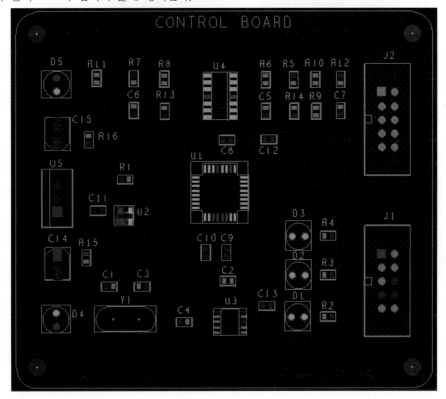

※ Reference와 PAD가 겹치면 실격되므로 주의한다.

## 4) 카퍼(Copper Pour) 설정

**[공개문제 요구사항]**

9) 카퍼(Copper Pour) 설정

   (가) <u>보드의 카퍼 설정은 Bottom Layer에만 GND 속성의 카퍼 처리를 하되, 보드 외곽으로부터 0.1mm 이격을 두고 실시하며,</u>
      모든 네트와 카퍼의 이격거리(Clearance)는 0.5mm, 단열판과 GND 네트 사이 연결선의 두께는 0.5mm로 설정한다.

① Menu → Shape → Rectangular 또는 ▣ (Shape Add Rect) 클릭

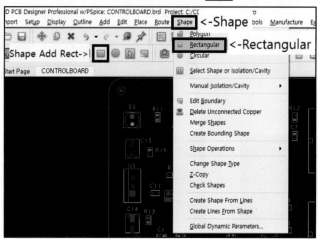

② Options 탭으로 이동한다.

③ Active Class and Subclass를 Etch, Bottom으로 설정한다.

④ Assign net name의 ⋯ 을 클릭한다.

⑤ Select a net : Gnd → OK

⑥ Corners

   • Round 체크

   • Trim : 4

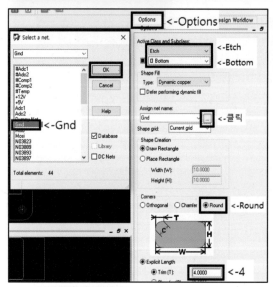

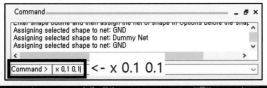

⑦ 커서를 Command 창으로 이동하고, 시작 좌표 'x 0.1 0.1'을 입력한다.

⑧ 커서를 Command 창으로 이동하고, 끝 좌표 'x 79.9 69.9'를 입력한다.

⑨ 카퍼가 씌워지면 마우스 우측 버튼을 클릭한 후 Done을 클릭한다.

 →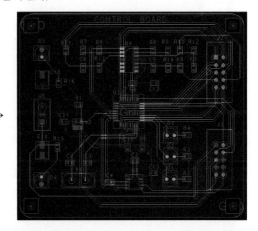

⑩ 카퍼가 BOTTOM Layer에 씌워져 있으므로 TOP Layer에서 GND와 연결되는 SMD PAD는 카퍼와 연결되지 않는다. 다음 그림과 같이 PAD에서 선을 조금 뺀 후 VIA를 이용하여 BOTTOM Layer의 카퍼와 연결한다.

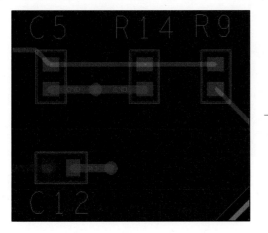 →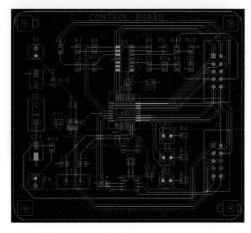

Z-Copy를 이용하여 카퍼 씌우기

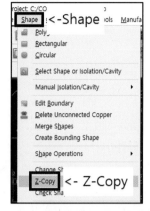

→

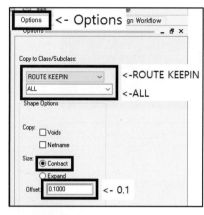

① Menu → Shape → Z-Copy
② Options 탭으로 이동한다.
  • Copy to Class / Subclass
    - ROUTE KEEPIN
    - ALL
  • Shape Options
    - Size : Contract
    - Offset : 0.1

※ ROUTE KEEPIN : 해당 영역 안쪽에서만 배선이 가능하게 하는 기능

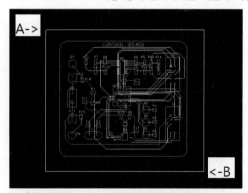

③ A를 클릭한 상태에서 B까지 드래그한다.

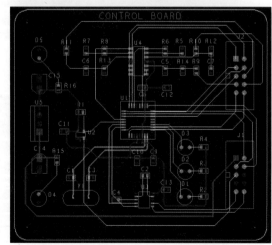

④ Board Outline 안쪽에 새로운 Outline이 생성된다.

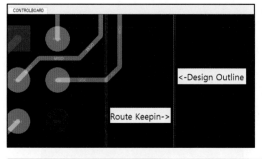

⑤ Board Outline 부분을 확대하면 왼쪽 그림과 같이 두 개의 Outline이 생성되어 있는 것을 확인할 수 있다.

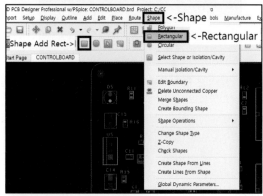

⑥ Menu → Shape → Rectangular 또는 (Shape Add Rect) 클릭

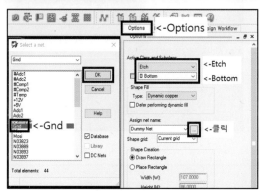

⑦ Options 탭으로 이동한다.
⑧ Active Class and Subclass를 Etch, Bottom으로 설정한다.
⑨ Assign net name의 □를 클릭한다.
⑩ Select a net : Gnd → OK

⑪ A를 클릭한 상태에서 B까지 드래그하면 다음 그림과 같이 카퍼가 씌워진다.

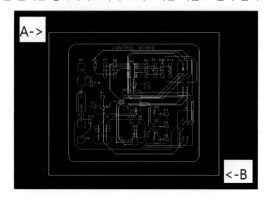

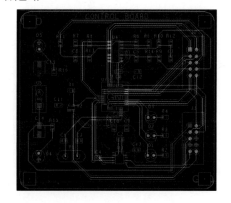

⑫ 카퍼가 씌워지면 마우스 우측 버튼을 클릭한 후 Done을 클릭한다.

 →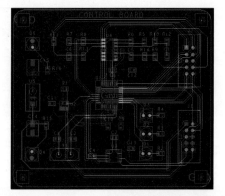

⑬ 카퍼가 BOTTOM Layer에 씌워져 있으므로 TOP Layer에서 GND와 연결되는 SMD PAD는 카퍼와 연결되지 않는다. 다음 그림과 같이 PAD에서 선을 조금 뺀 후 VIA를 이용하여 BOTTOM Layer의 카퍼와 연결한다.

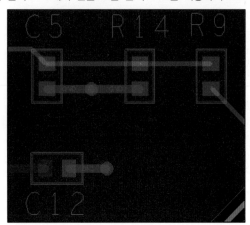 →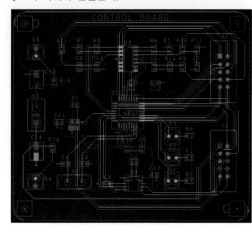

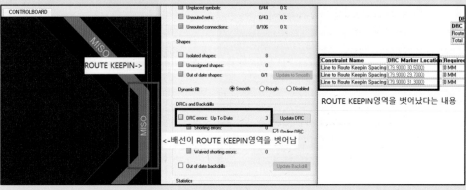

## 5) Dimension(치수보조선)

( ▶ [전자캐드기능사(OrCAD 17.2)] 13. PCB Editor 치수보조선, NC 드릴, 거버파일 생성 및 출력 설정 영상 참조)

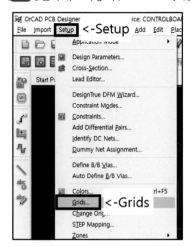

① Menu → Setup → Grids...

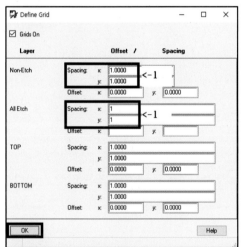

② Non-Etch와 All Etch를 모두 1로 설정한다.

③ Menu → Manufacture → Dimension Environment 또는 ⊢⊣ (Dimension Edit) 클릭

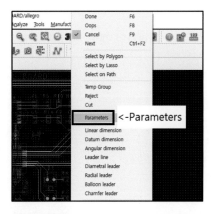

④ 커서를 작업창으로 이동하고, 마우스 우측 버튼을 클릭한 후 Parameters를 클릭한다.

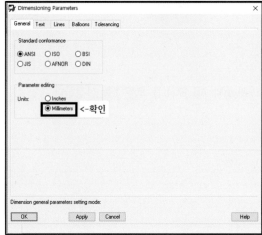

⑤ Units가 Millimeters인지 확인한다.

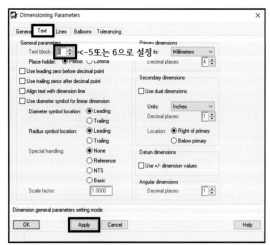

⑥ Text 탭 → Text block : 5 또는 6 → Apply

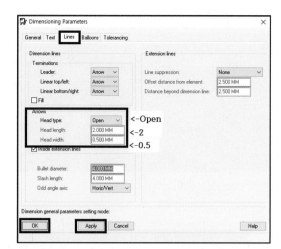

⑦ Lines 탭으로 이동한다.

⑧ Arrows
- Head type : Open(필자는 Open 형태가 보기 좋아 이와 같이 하였다. 다른 형태로 해도 무방하다)
  - Head length : 2MM
  - Head width : 0.5MM

⑨ Apply → OK

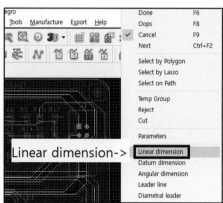

⑩ 다시 커서를 작업창으로 이동하고, 마우스 우측 버튼을 클릭한 후 Linear dimension을 클릭한다.

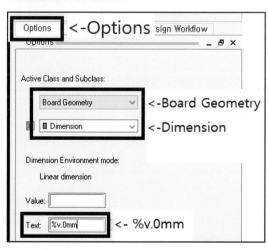

⑪ Options 탭으로 이동한다.

⑫ Active Class and Subclass를 Board Geometry, Dimension 으로 설정한다.

⑬ Text에 '%v.0mm'를 입력한다.

⑭ Board 상단의 좌측과 우측 모서리 부분의 Dot를 클릭한 후 커서를 위쪽으로 이동한다.

⑮ 적당한 위치로 이동시킨 후 클릭한다.

⑯ Dimension 작업이 끝나면 마우스 우측 버튼을 클릭한 후 Done을 클릭한다.

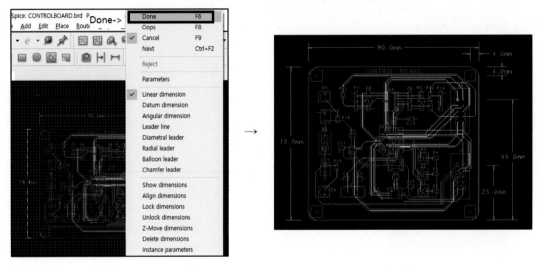

⑰ Dimension 삭제 시 Delete dimensions을 클릭한 후 삭제할 Dimension을 클릭한다.

## 6 Design Rule Check

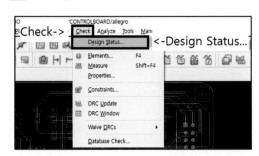

① Menu → Check → Design Status

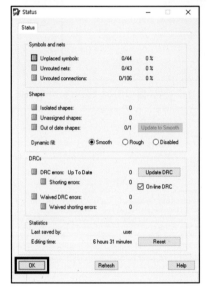

② Design Status
- Unplaced symbols : 배치되지 않은 symbol 수
- Unrouted nets : 연결되지 않은 Net 수
- Unrouted connections : 연결되지 않은 핀 수
- Isolated shapes : Net와 연결되지 않은 카퍼 수
- Unassigned shapes : Net 이름이 없는 카퍼 수
- Out of date shapes : 이격거리가 계산되지 않은 카퍼 수(Update to Smooth 클릭 시 제거)
- DRC errors Up To Date : 에러 수(0인데 녹색이 아닌 경우 Update DRC를 클릭한다)

※ 위의 화면을 반드시 감독관에게 확인받아야 한다.

### 1) Isolated shapes 삭제

① Menu → Shape → [아이콘] Delete Unconnected Copper 클릭
② Board 전체를 드래그하거나 Isoland를 개별적으로 클릭하여 제거한다.
③ Isoland가 모두 제거되면 마우스 우측 버튼을 클릭한 후 Done을 클릭한다.

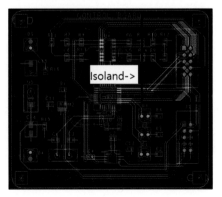

→

## 2) DRC 에러 내역 확인

① 노란색 버튼을 클릭하면 DRC Report가 생성된다.

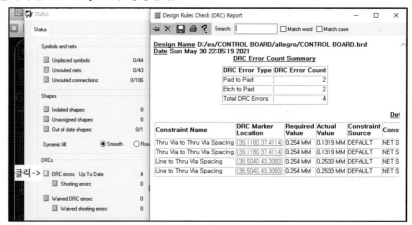

② DRC Report를 전체 화면으로 하여 에러 내용, 위치 에러와 관련된 요소들을 확인하여 에러를 수정한다.

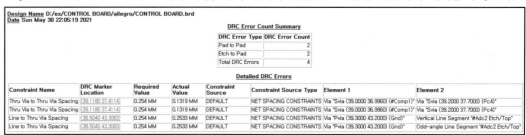

**Plus**

■ 아래와 같은 에러가 발생한 경우에는 다음과 같이 해 본다.

① Out of date shapes에서 에러가 발생한 경우 Update to Smooth를 클릭한다.

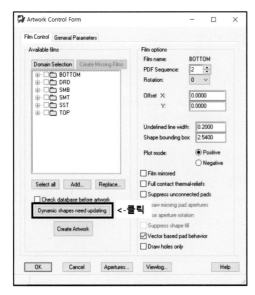

② Update to Smooth를 클릭해도 에러가 수정되지 않을 경우 :

Menu → Export → Gerber 또는 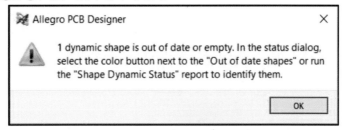(Artwork) → Dynamic shapes need updating

■ 아래와 같은 에러가 발생한 경우에는 다음과 같이 해 본다.

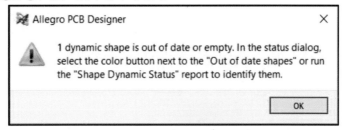

Menu → Check → Database Check... → Update all DRC(including Batch), Check shape outlines 체크 → Check

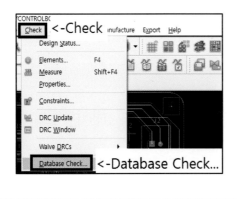 →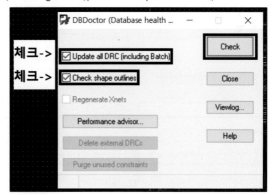

## 7 NC

### 1) Drill Customization

드릴 홀의 심벌을 자동으로 설정해 주는 기능이다.

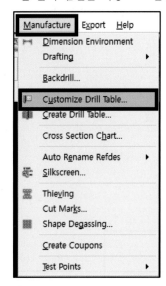

① Menu → Manufacture → Customize Drill Table…

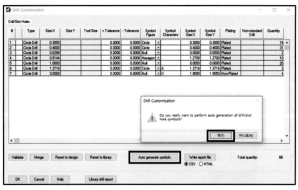

② Auto generate symbols → 예(Y)

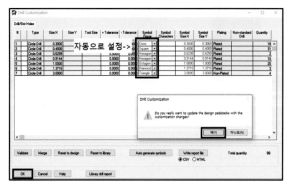

③ Drill Symbol 자동 설정(기구 홀 Size : 3.0 확인)

④ 예(Y) → OK

## 2) Drill Legend

드릴 차트를 생성해 주는 기능이다.

① Menu → Manufacture → Create Drill Table... 또는 ▦ (NcDrill Legend) 클릭

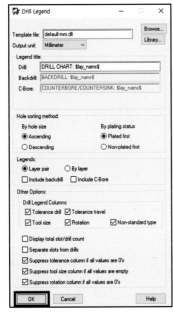

② OK를 클릭한다.

③ Board Outline과 겹치지 않게 아래쪽에 배치한다(기구 홀 Size : 3.0 확인)

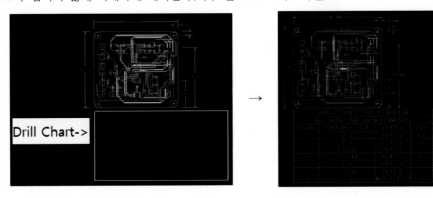

## 3) NC Parameters

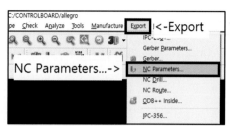

① Menu → Export → NC Parameters... 또는 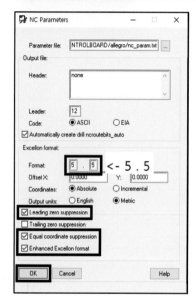 (NcDrill Param)

② Format : 5. 5

※ Format은 초기 설정값을 그대로 사용해도 무방하지만, NC Drill 시 가끔씩 에러가 발생하는 경우가 있다. 필자의 경험상 Format을 5. 5로 설정했을 때 에러가 한 번도 발생하지 않았다.

③ Leading zero suppression, Equal coordinate suppression, Enhanced Excellon format 체크

④ OK를 클릭한다.

## 4) NC Drill

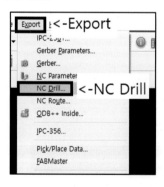

① Menu → Export → NC Drill

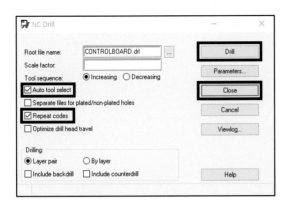

② Auto tool select, Repeat codes 체크

③ Drill을 클릭한다.

④ 진행창에서 Successfully Completed를 확인한 후 Close를 클릭한다.

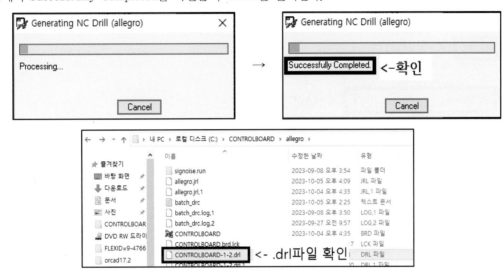

※ 프로젝트가 저장되는 폴더에 .drl 파일이 생성되었는지 확인한다.

## 5) NC Route

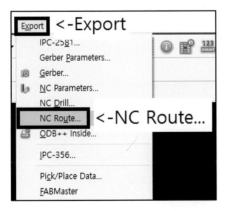

① Menu → Export → NC Route...

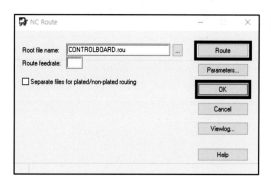

② Route를 클릭한 후 OK를 클릭한다.

## 8  Artwork

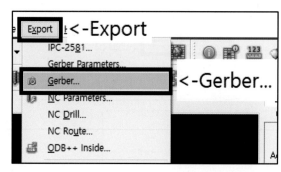

① Menu → Export → Gerber... 또는 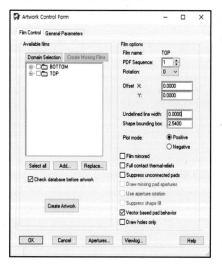 (Artwork)

※ TOP, BOTTOM, SMT(Solder_Mask_Top), SMB(Solder_Mask_Bottom), DRD(Drill Draw), SST(Silk_Screen_Top) 총 6개의 필름을 만들어야 한다. 이 6개의 필름에는 Board Geometry Outline이 공통으로 들어간다(누락 시 실격). 그리고 SST 필름에는 Dimension을 반드시 추가해 주어야 한다.

② BOTTOM, TOP 필름은 기본적으로 생성되어 있다.
③ 이 두 필름에 Board Geometry Design Outline을 추가한다.

## 1) BOTTOM 필름

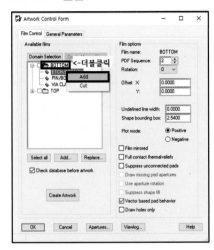

① BOTTOM 필름 제작
- BOTTOM 폴더를 더블클릭한다.
- BOTTOM 폴더의 하위 요소 중 하나를 선택한다.
- 마우스 우측 버튼을 클릭한 후 Add를 클릭한다.

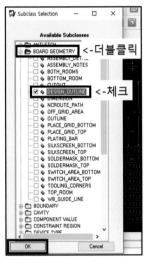

② BOARD GEOMETRY를 더블클릭한다.
③ DESIGN_OUTLINE 체크 → OK

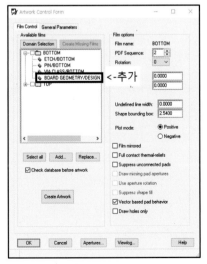

④ BOARD GEOMETRY/DESIGN_OUTLINE이 추가되었는지 확인한다.

⑤ BOTTOM 폴더를 선택한다.

⑥ 마우스 우측 버튼을 클릭한 후 Display for Visibillity를 클릭하면 필름 확인이 가능하다.

 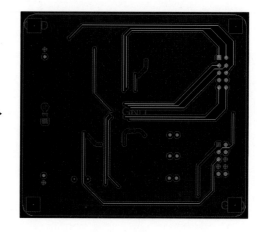

## 2) TOP 필름

① TOP 필름 제작
- TOP 폴더를 더블클릭한다.
- TOP 폴더의 하위 요소 중 하나를 선택힌다.
- 마우스 우측 버튼을 클릭한 후 Add를 클릭한다.

② BOARD GEOMETRY를 더블클릭한다.

③ DESIGN_OUTLINE 체크 → OK

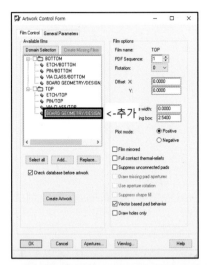

④ BOARD GEOMETRY/DESIGN_OUTLINE이 추가되었는지 확인한다.

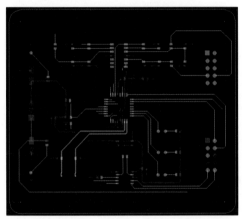

⑤ Display for Visibillity로 필름을 확인한다.

※ SMT, SMB, SST, DRD 필름은 Color192를 이용한다. Stack-Up부터 확인하여 만들고자 하는 필름의 이름이 있으면 체크한다(Board Geometry Design_outline은 모든 필름에 공통으로 들어가므로 반드시 체크한다).

## 3) Solder Mask Top 필름(SMT)

① Menu → Setup → Colors... 또는  (Color192)

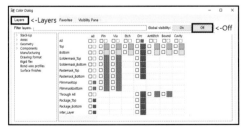

② Layers 탭으로 이동한다.
③ Global visibillity → off

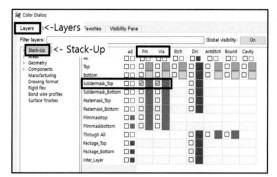

④ Stack-Up → Soldermask_Top → Pin, Via 체크

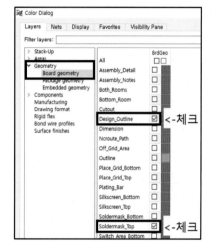

⑤ Board geometry → Design_Outline, Soldermask_Top 체크

⑥ Package geometry → Soldermask_Top 체크 → Apply

⑦ 작업창이 Soldermask_Top으로 바뀐다.

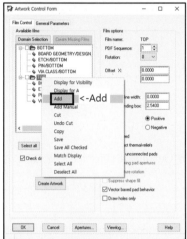

⑧ 여러 폴더 중 하나를 선택한다.

⑨ 마우스 우측 버튼을 클릭한 후 Add를 클릭한다.

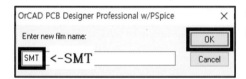

⑩ Enter new film name : SMT

⑪ OK를 클릭한다.

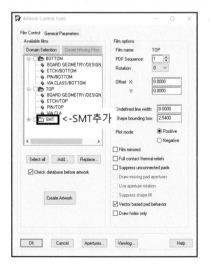

⑫ SMT 폴더가 추가되었는지 확인한다.

## 4) Solder Mask Bottom 필름(SMB)

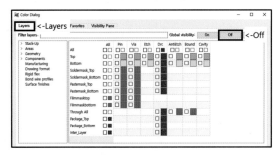

① Layers 탭으로 이동한다.
② Global visibillity → off

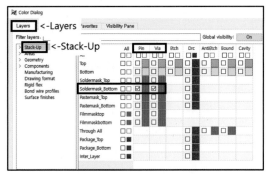

③ Stack-Up → Soldermask_Bottom → Pin, Via 체크

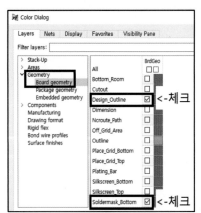

④ Board geometry → Design_Outline, Soldermask_Bottom 체크

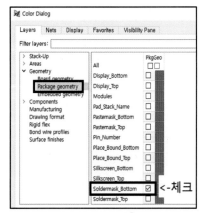

⑤ Package geometry → Soldermask_Bottom 체크 → Apply

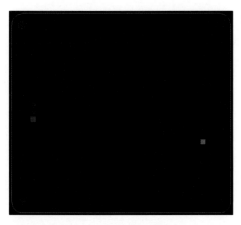

⑥ 작업창이 Soldermask_Bottom으로 바뀐다.

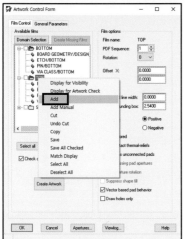

⑦ 여러 폴더 중 하나를 선택한다.

⑧ 마우스 우측 버튼을 클릭한 후 Add를 클릭한다.

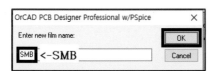

⑨ Enter new film name : SMB

⑩ OK를 클릭한다.

⑪ SMB 폴더가 추가되었는지 확인한다.

## 5) Silk Screen Top

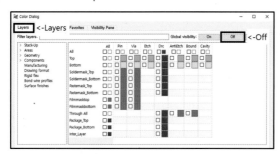

① Layers 탭으로 이동한다.

② Global visibillity → off

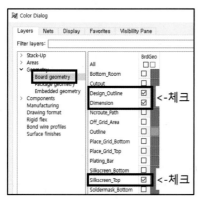

③ Board geometry → Design_Outline, Dimension, Silkscreen_Top 체크

<-체크

<-체크

④ Package geometry → Silkscreen_Top 체크

<-체크

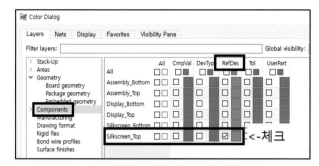

⑤ Components → Silkscreen_Top → RefDes 체크
   → Apply

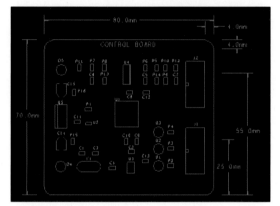

⑥ 작업창이 Silkscreen_Top으로 바뀐다.

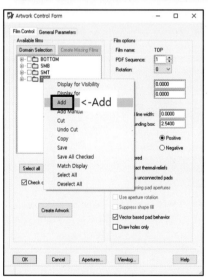

⑦ 여러 폴더 중 하나를 선택한다.
⑧ 마우스 우측 버튼을 클릭한 후 Add를 클릭한다.

⑨ Enter new film name : SST
⑩ OK를 클릭한다.

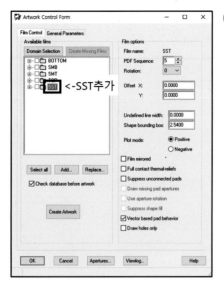 ⑪ SST 폴더가 추가되었는지 확인한다.

## 6) Drill Draw필름(DRD)

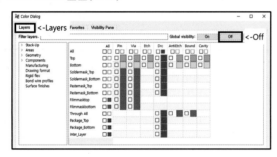 ① Layers 탭으로 이동한다.
② Global visibillity → off

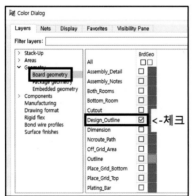 ③ Board geometry → Design_Outline 체크

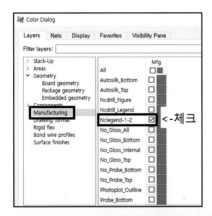

④ Manufacturing → Nclegend-1-2 체크 → Apply → OK

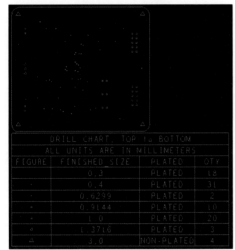

⑤ 작업창이 Drill_draw로 바뀐다.

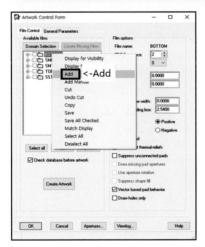

⑥ 여러 폴더 중 하나를 선택한다.
⑦ 마우스 우측 버튼을 클릭한 후 Add를 클릭한다.

⑧ Enter new film name : DRD
⑨ OK를 클릭한다.

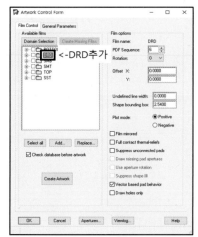

⑩ DRD 폴더가 추가되었는지 확인한다.

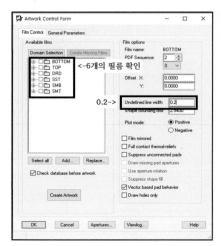

⑪ 6개의 필름을 확인한다.
⑫ 6개 필름의 Undefined line width를 0.2로 설정한다.

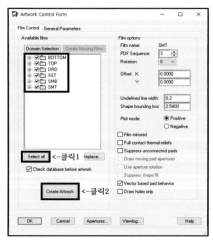

⑬ Select all을 클릭하여 6개의 필름 모두 선택한다.
⑭ Create Artwork를 클릭한다.

※ Create Artwork 시 발생한 에러는 무시해도 된다.

# 9 출력

## 1) 회로도 출력

① OrCAD Capture를 실행한다.

② File Open → Project → 저장된 폴더 → CONTROL BOARD 실행 → PAGE1

③ Menu → File → Print Setup

④ 프린터 이름을 확인한 후 확인을 클릭한다.
- 방향 : 가로

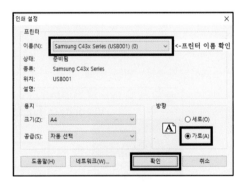

⑤ Menu → File → Print Preview

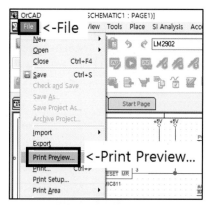

⑥ OK를 클릭한 후 회로가 가로로 표시되면 Print를 클릭하여 출력한다.

 →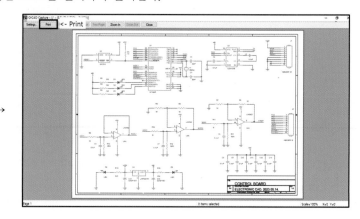

2) Artwork 필름 출력

① Visibility → Views → 출력하고자 하는 필름 선택

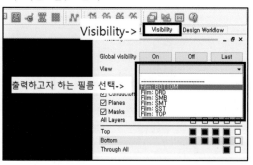

② Menu → File → Plot Setup

- Scaling factor : 1
- Default line weight : 1
- Auto center 체크
- Black and white 체크
- Sheet contents 체크

• 위의 항목을 체크한 후 OK를 클릭한다.

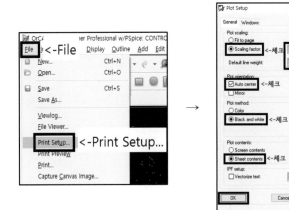

③ Menu → File → Plot Preview

④ 필름이 중앙에 있으면 출력한다.

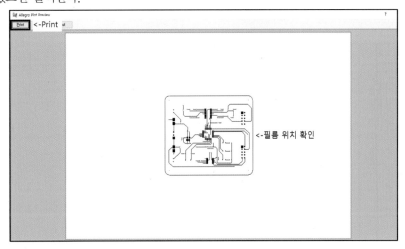

※ 용지의 방향은 가로, 세로 상관없다.

※ 동일한 방법으로 나머지 필름도 모두 출력한다.

※ 회로 도면, 실크면, TOP면, BOTTOM면, Solder Mask TOP면, Solder Mask BOTTOM면, Drill Draw 순으로 정리하여 제출한다.

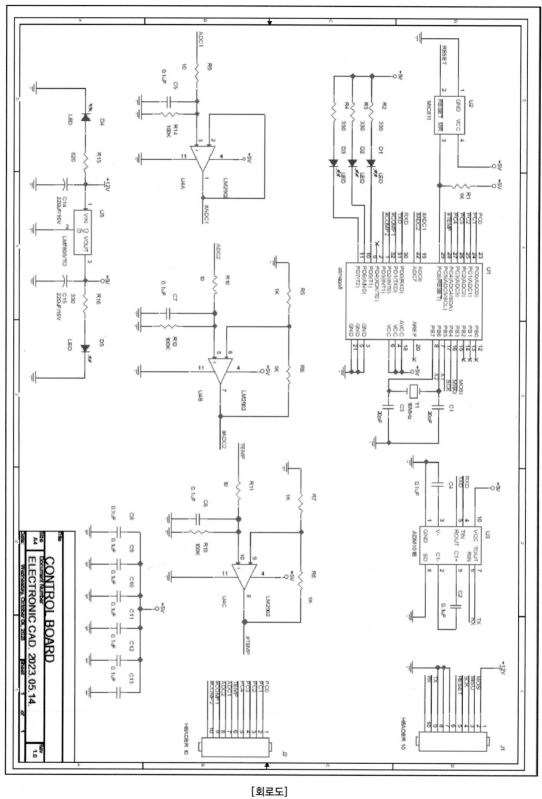

[회로도]

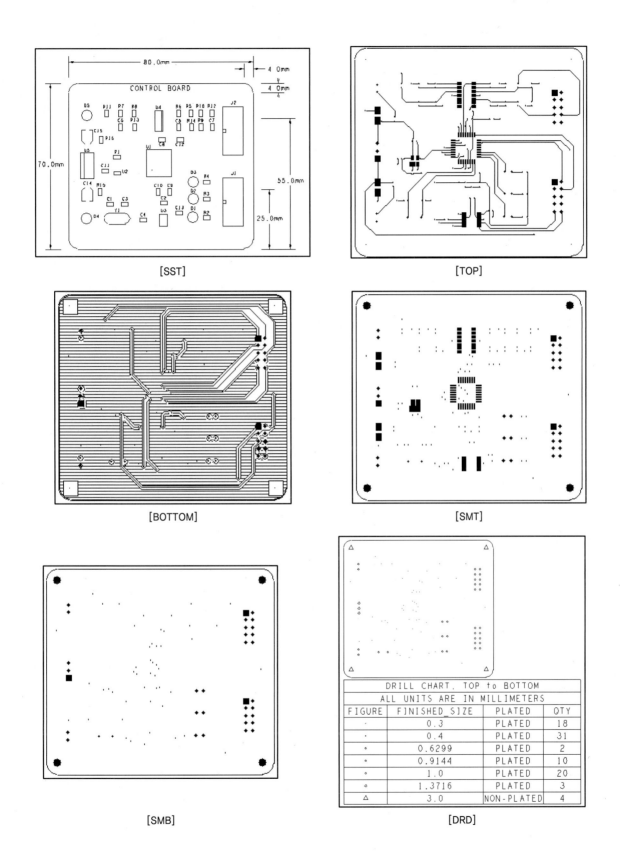

[SST]

[TOP]

[BOTTOM]

[SMT]

[SMB]

| DRILL CHART, TOP to BOTTOM | | | |
|---|---|---|---|
| ALL UNITS ARE IN MILLIMETERS | | | |
| FIGURE | FINISHED_SIZE | PLATED | QTY |
| · | 0.3 | PLATED | 18 |
| · | 0.4 | PLATED | 31 |
| ○ | 0.6299 | PLATED | 2 |
| ○ | 0.9144 | PLATED | 10 |
| ○ | 1.0 | PLATED | 20 |
| ○ | 1.3716 | PLATED | 3 |
| △ | 3.0 | NON-PLATED | 4 |

[DRD]

# Win- Q^

## 전자캐드기능사[실기]

PART

2

# OrCAD 16.6
# 기본 사용법

# OrCAD Capture

## 1 OrCAD Capture 시작

시작 → Cadence → OrCAD Capture 실행 또는 바탕화면의 ▦(OrCAD Capture)를 클릭한다.

## 2 OrCAD Capture 화면 구성

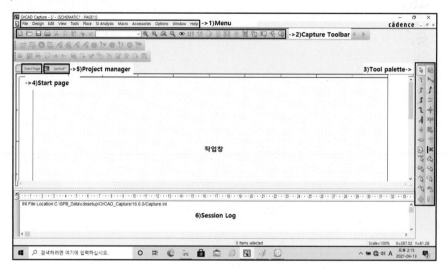

### 1) Menu

프로그램 실행 및 설정에 관한 메뉴들로 구성되어 있다.

### 2) Capture Toolbar

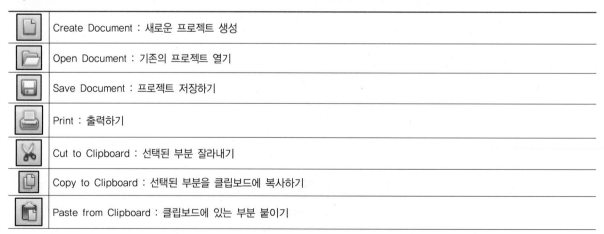

| | |
|---|---|
| | Create Document : 새로운 프로젝트 생성 |
| | Open Document : 기존의 프로젝트 열기 |
| | Save Document : 프로젝트 저장하기 |
| | Print : 출력하기 |
| | Cut to Clipboard : 선택된 부분 잘라내기 |
| | Copy to Clipboard : 선택된 부분을 클립보드에 복사하기 |
| | Paste from Clipboard : 클립보드에 있는 부분 붙이기 |

| | |
|---|---|
| | Undo : 이전 작업 취소하기 |
| | Redo : 취소된 작업 다시 실행하기 |
| | Zoom In : 화면 확대 |
| | Zoom Out : 화면 축소 |
| | Zoom to Region : 특정 영역 확대 |
| | Zoom to All : 작업창 안에 도면 전체 표시 |
| | Fish Eye : 특정 영역 볼록하게 확대 |
| | Annotate : 부품 참조 번호 정렬 |
| | Back Annotate : 보드에서 변경된 내용을 회로에 적용 |
| | Design Rules Check : 도면의 설계 규칙 검사 |
| | Create Netlist : 도면의 Netlist 생성 |
| | Cross Reference Part : 사용된 부품 심벌 경로 목록 생성 |
| | Bill of Materials : 사용된 부품의 목록 생성 |
| | Snap to Grid : Grid에 고정되어 작업 |
| | Snap to Grid : Grid에 고정되지 않고 작업(위쪽 아이콘( ) 클릭 시 이렇게 변함) |
| | Area Select : 부품과 배선도 선택 |
| | Area Select : 부품만 선택(위쪽 아이콘( ) 클릭 시 이렇게 변함) |
| | Drag Connected Object : 부품 연결방법 설정 |
| | Drag Connected Object : 위쪽 아이콘( ) 클릭 시 이렇게 변함 |
| | Project Manager : 프로젝트 매니저창으로 이동 |
| | Help : 도움말 |

**ộ Tip**

Capture Toolbar가 사라졌을 경우 다음과 같이 해 본다.
Menu → View → Toolbar → Capture 체크

## 3) Tool Palette

| | |
|---|---|
| Select : 선택 시 사용 | |
| Place Part : 부품 선택 시 사용 | |
| Place Wire : 부품과 Net 연결 시 사용 | |
| Place Net Group : Net의 그룹 관리 | |
| Auto Connect Two Points : 한 개의 핀과 핀을 자동으로 연결 | |
| Auto Connect Multi Points : 여러 개의 핀과 핀을 자동으로 연결 | |
| Auto Connect to Bus : 핀과 버스를 자동으로 생성하여 연결 | |
| Place Net Alias : Net 이름 설정 시 사용 | |
| Place Bus : Bus Line 생성 시 사용 | |
| Place Junction : Net와 Net 접속점 표시 | |
| Place Bus Entry : Bus와 Net 연결 시 사용 | |
| Place Power : Power 심벌 표시 | |
| Place Ground : Ground 심벌 표시 | |
| Place Hierarchical Block : 계층회로 작성 시 사용 | |
| Place Port : 각종 포트 표시 | |
| Place Pin : 파트에 Pin을 추가할 때 사용 | |
| Place Off Page Connector : 서로 다른 페이지의 Net 연결 시 사용 | |
| Place No Connect : 사용하지 않는 핀 표시 | |
| Place Line : Line을 그릴 때 사용 | |
| Place Polyline : 다각형을 그릴 때 사용 | |
| Place Rectangle : 사각형을 그릴 때 사용 | |
| Place Ellipse : 완성된 타원을 그릴 때 사용 | |

| | |
|---|---|
|  | Place Arc : 호를 그릴 때 사용 |
| | Place Elliptical Arc : 완성되지 않은 타원을 그릴 때 사용 |
| | Place Bezier : 곡선을 그릴 때 사용 |
| | Place Text : 도면에 글자를 추가할 때 사용 |
| | Place IEEE Symbol : 부품의 심벌을 그릴 때 사용 |
| | Place Pin Array : 여러 개의 핀을 설정할 때 사용 |

> **☼ Tip**
>
> Capture Tool Palette가 사라졌을 경우 다음과 같이 해 본다.
> Menu → View → Toolbar → Draw 체크

## 4) Start Page

(1) 인터넷이 연결되어 있으면 자동으로 열리는 페이지(ⓐ)로, 새로운 디자인이나 프로젝트를 실행시킬 수 있으며(ⓑ) 기존에 작업했던 내역이 표시(ⓒ)되어 이어서 작업할 수 있다.

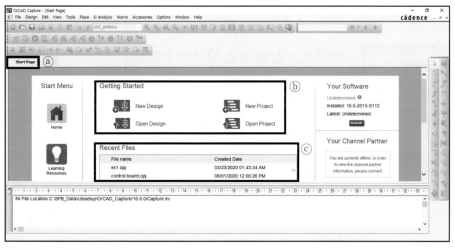

(2) Start Page를 닫을 때

Start Page 탭으로 커서를 이동한 후 마우스 우측 버튼을 클릭한 후 Close를 클릭한다.

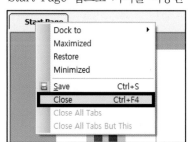

## 5) Project Manager

회로도와 출력 파일을 관리하는 창이다.

## 6) Session Log

① 회로 설계와 관련된 정보가 기록되는 창으로, DRC 및 Netlist 실행 시 발생한 에러 내용을 표시한다.

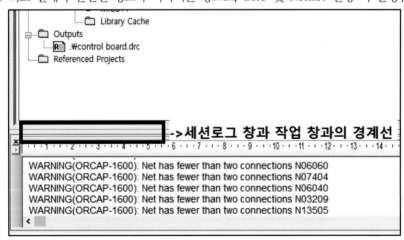

② 위의 그림에 표시된 부분(세션 로그창과 작업창의 경계선)에 커서를 위치시키면 커서가 변한다. 이 상태에서 드래그하면 세션 로그창을 더 크게 할 수 있다.

> **Tip**
>
> 세션 로그창이 사라진 경우 다음과 같이 해 본다.
> Menu → Window → Session Log 체크

## 3 New Project 생성

( ▶ [전자캐드기능사] 공개문제 풀이 7. OrCAD Capture를 이용한 회로도 작성 영상 참조(00:00~01:29))

① Start page에서 New Project 또는 File → New → Project를 클릭한다.

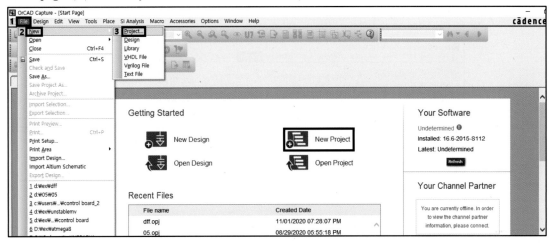

② 새로운 프로젝트가 생성되면 프로젝트 이름과 프로젝트 유형, 저장할 위치를 지정한다.

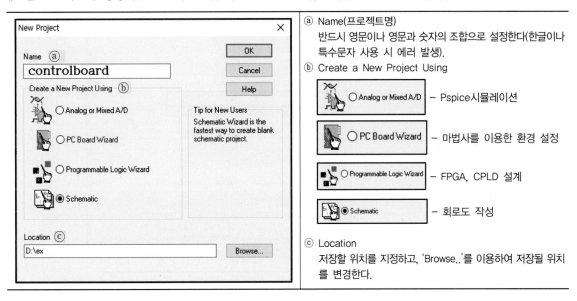

ⓐ Name(프로젝트명)
반드시 영문이나 영문과 숫자의 조합으로 설정한다(한글이나 특수문자 사용 시 에러 발생).

ⓑ Create a New Project Using

- Pspice시뮬레이션

- 마법사를 이용한 환경 설정

- FPGA, CPLD 설계

- 회로도 작성

ⓒ Location
저장할 위치를 지정하고, 'Browse..'를 이용하여 저장될 위치를 변경한다.

③ 모든 설정이 끝나면 OK를 클릭한다.

※ C 드라이브나 D 드라이브에 폴더를 생성하고, 이 폴더에 작업한 모든 내용을 저장한다.

## 4 회로도 작성

### 1) CONTROL BOARD(2020년 3, 4회 공개문제)

#### (1) Page Size 설정

① Menu → Options → Schematic Page Properties

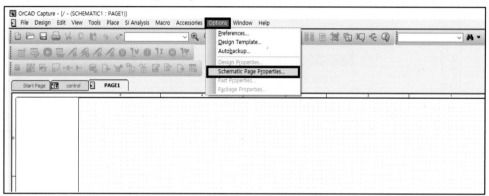

② Page Size Units : Millimeters, A4를 선택한 후 확인을 클릭한다.

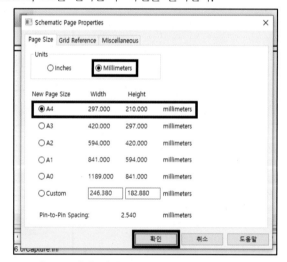

③ 변경된 Page Size는 Title block의 Size에서 확인할 수 있다.

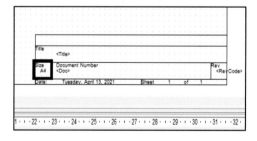

> **Tip**
>
> 전자캐드기능사 실기시험에서 Page Size는 A4로 지정되어 있다.

(2) Title Block 작성

Title Block의 Title의 〈Title〉을 더블클릭하면 다음과 같은 창이 생성된다.

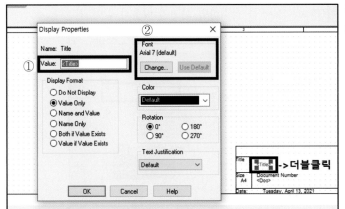

① Value : Title명을 입력한다.
② Font의 Change...을 클릭한다.

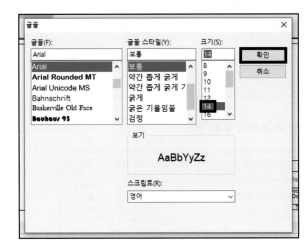

③ Font의 Change...를 클릭하여 글꼴과 글꼴 스타일, 크기를 변경한다.

④ Document Number 및 Rev도 〈Doc〉, 〈RevCode〉를 클릭 후 위와 같은 방법으로 변경할 수 있다.

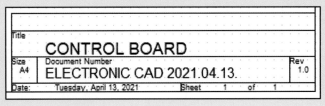

Tip

전자캐드기능사 실기시험에서 Title Block 작성은 다음과 같다.
• Title : 작품명 기재(CONTROL BOARD), 크기 : 14
• Document Number : ELECTRONIC CAD와 시행 일자 기입, 크기 : 12
• Revision : 1.0, 크기 : 7

## 2) 부품 배치 및 배선

### (1) 부품 불러오기

① Capture Tool Palette에서 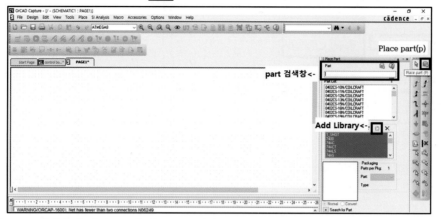(Place Part)를 클릭하면 화면이 다음과 같이 변한다.

② Part 검색창에 불러오고자 하는 부품명을 입력한다.

③ 부품이 검색되지 않으면 (Add Library)를 클릭하여 다음과 같이 Library를 추가한다.

- 내 PC → 로컬디스크(C:) → Cadence → SPB_16.6 → Tools → Capture → Library

- 그림 (a)처럼 특정 라이브러리만 선택되어 있으면 그 라이브러리 안에 있는 부품만 검색한다. 반드시 그림 (b)처럼 모든 라이브러리가 선택되어야 한다(Ctrl+a).

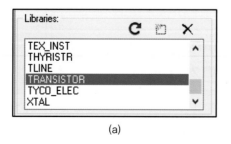
(a)

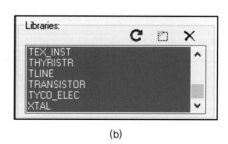
(b)

전자캐드기능사 실기 공개문제(CONTROL BOARD) 회로도 작성 시 사용되는 Part 및 전원 심벌은 다음과 같다.

| Part명 | Part 심벌 | Part명 | Part 심벌 |
|---|---|---|---|
| R | R1 R | LM2902(수정) | |
| CAP | C1 CAP | LM7805(수정) | VIN VOUT |
| CAD NP | C9 CAP NP | MIC811(제작) | U? GND VCC RESET MR \<Value\> |
| HEADER10 | J1 HEADER 10 | ADM101E(제작) | U? VCC TOUT RIN TIN C+ ROUT V- C- GND SD \<Value\> |
| LED | D5 LED | ATMEGA8(제작) | U? \<Value\> |
| CRYSTAL | Y1 CRYSTAL | VCC | **VCC_BAR** (VCC/BAR) **VCC** (VCC/CAPSYM) |
| | | GND | (GND/CAPSYM) |

GND 심벌은 (GND/CAPSYM)으로 통일해서 작성한다. 여러 가지를 혼용해서 사용할 경우 에러가 발생할 수 있다.

**(2) 새로운 부품 만들기(Atmega8, ADM101E, MIC811)**

① Atmega8

(  ▶  [전자캐드기능사] Place Pin Array를 이용한 Atmega8 만들기 영상 참조)

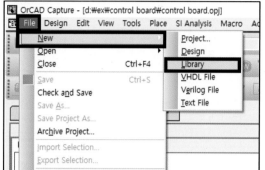

• 새로운 라이브러리 생성 : File → New → Library

• 새로운 라이브러리가 생성되면 프로젝트 매니저창에 library1.olb 파일이 생성된다.
• library1.olb 파일을 선택한 후 마우스 우측 버튼을 클릭해서 New Part를 실행한다.

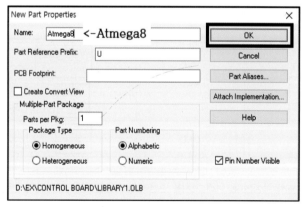

• Part 이름만 입력하고 OK를 클릭하면 다음과 같이 Part 만드는 작업창이 생성된다.

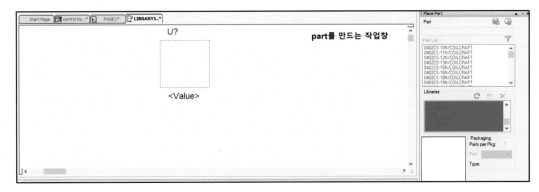

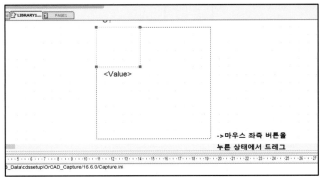

- 마우스 좌측 버튼을 클릭한 상태에서 드래
그하여 크기를 조절한다.

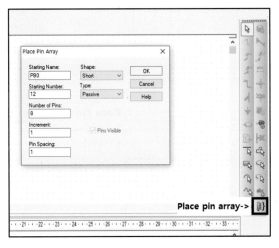

- Place Pin Array를 이용한 7번 핀, 8번 핀, 12~17번
핀을 배치한다.
  - Starting Name : 시작되는 핀 이름(PB0)
  - Starting Number : 시작되는 핀 번호(12)
  - Number of Pins : 배열할 핀의 개수(8개 : 7번,
    8번(2개), 12~17번(6개))
  - Increment : 증가할 핀의 개수(1씩 증가하므로 1)
  - Pin Spacing: 핀과 핀 사이의 간격(1)
  - Shape(핀의 모양) : Short
  - Type(핀의 속성) : Passive

- 위와 같이 설정한 후 OK를 클릭한다.
- 배치하고자 하는 곳에 핀을 배치하면, 8개의 핀이 한 번에 배치된다.

• 위 그림에서 18번 핀은 7번으로, 19번 핀은 8번으로 수정한다.
  – 18번 핀을 더블클릭하면 Pin Properties 창이 뜬다. 이 창에서 Number를 7로 수정한 후 OK를 클릭한다.
    19번 핀도 같은 방법으로 수정한다(19 → 8).

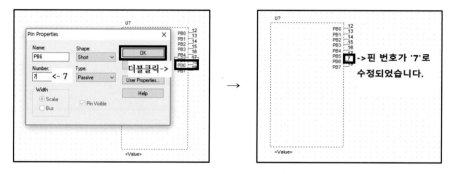

• 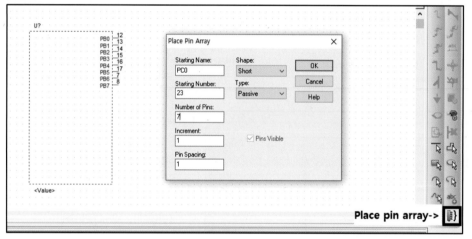(Place Pin Array)를 이용하여 23~29번 핀을 배치한다.

• Place Pin Array 창에 위와 같이 입력하고 OK를 클릭한 후 핀을 배치한다.

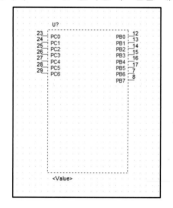

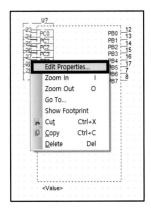

- Edit Properties를 이용하여 핀 이름을 수정한다.
- 23~29번 핀을 드래그해서 선택한다(반드시 핀만 선택한다).
- 선택된 부분에 커서를 위치시키고 마우스 우측 버튼을 클릭해서 Edit Properties를 선택한다.

- Edit Properties를 선택하면 다음과 같은 창이 생성된다. Name 부분을 더블클릭하여 수정한다.

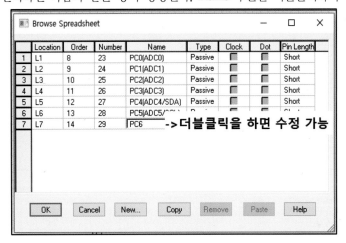

29번 핀의 이름은 $\overline{RESET}$이다. 핀 이름에 다음과 같이 R\E\S\E\T\를 입력한다. \는 키보드에서 ₩을 누른다.

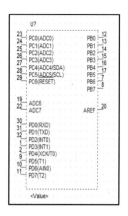

• 위와 같은 방법으로 나머지 핀도 배치한다.

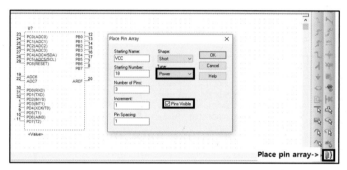

• AVCC, VCC, GND를 배치한다. AVCC, VCC, GND는 전원이므로 Type을 Power로 설정한다.

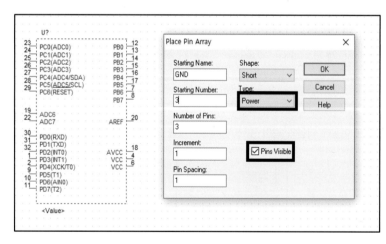

• 18번 핀의 이름은 AVCC로 수정한다.

---

**⚙ Tip**

AVCC, VCC, GND와 같이 전원과 관련된 핀은 반드시 Type을 Power로 한다(핀 이름이 같으면 에러가 발생한다. Type이 Power인 경우는 예외). 그리고 Pin Visible을 체크한다. 체크하지 않으면 핀만 보이고 핀 이름과 번호는 표시되지 않는다.

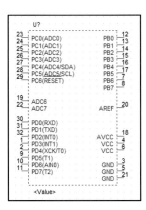

• 핀 배치가 완료되면 (Place Rectangle)을 이용하여 Part의 외형을 그린다.

• Capture Tool Palette에서 (Place Rectangle)을 선택한다.

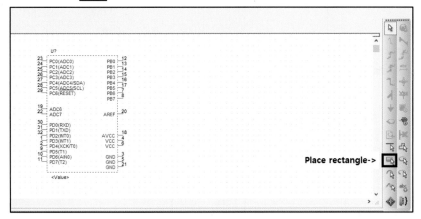

Place rectangle->

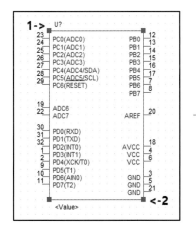 →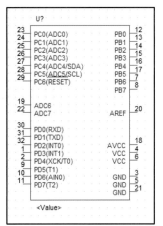

• 1부터 2까지 드래그한다.

- 외형 그리기가 완료되면 커서를 LIBRARY1 탭으로 이동시킨 후 마우스 우측 버튼을 클릭해서 Save한 후 Close를 클릭한다.

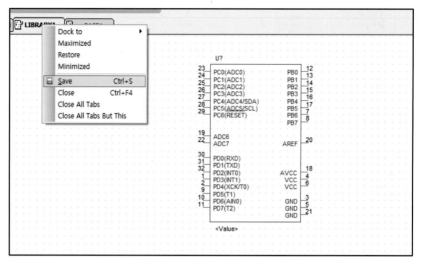

- Page1 탭으로 이동하여 Atmega8을 배치한다.

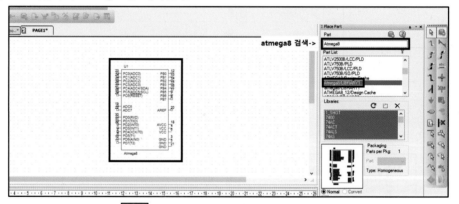

- Atmega8이 검색되지 않을 경우 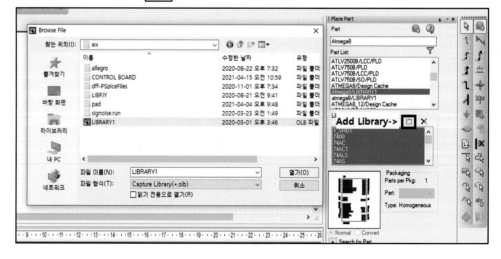(Add Library)를 이용하여 Library1을 추가한다.

다음과 같은 에러가 발생한 경우

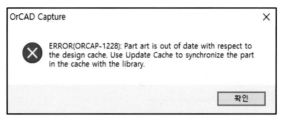

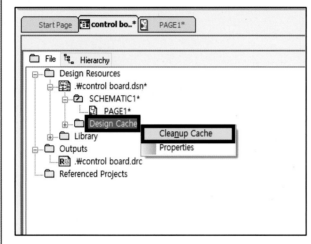

- 프로젝트 매니저창으로 이동한다.
- Design Cache 선택 후 마우스 우측 버튼을 클릭한다.
- Cleanup Cache를 클릭한다.

핀 배치 시 주의점

반드시 핀과 도트가 일치해야 한다. 핀과 도트가 일치하지 않으면 배선이 연결되지 않기 때문에 Edit Part를 이용하여 핀과 도트를 일치시켜 준다.

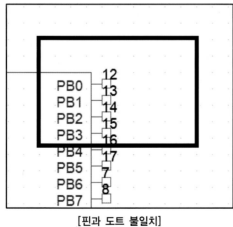

[핀과 도트 불일치]          [핀과 도트 일치]

② ADM101E

( ▶ [전자캐드기능사] 공개문제 풀이 8. Place Pin Array를 이용한 ADM101E, MIC811 만들기 영상 참조)

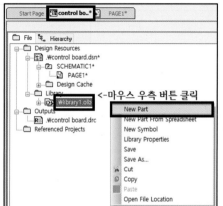

• 프로젝트 매니저창으로 이동하여 library1.olb 파일을 클릭한다.
• 마우스 우측 버튼 클릭 → New Part
※ 새로운 Part를 만들 때마다 library 파일을 만들지 말고, 기존에 만들어 두었던 library1.olb를 위와 같은 방법으로 추가해서 만든다.

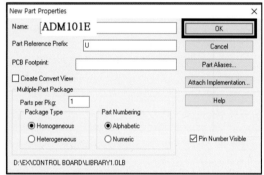

• Name에 'ADM101E'를 입력하고 OK를 클릭한다.

• Part 만드는 작업창을 생성한다.

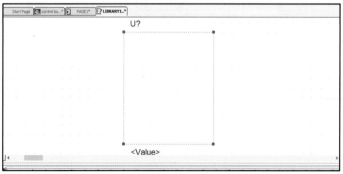

• 드래그하여 크기를 조절한다.

• Place Pin Array에 다음과 같이 입력한 후 OK를 클릭한다.

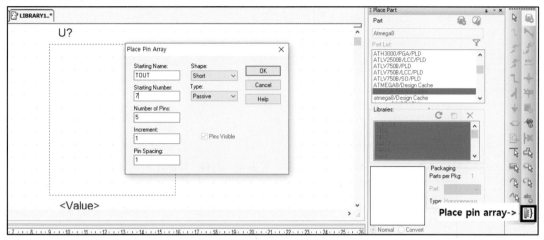

• 7, 8, 9, 10, 11번 핀을 다음과 같이 배치한다.

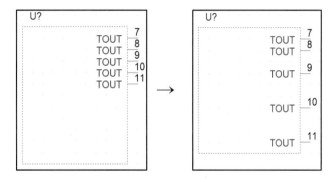

• 드래그하여 핀을 선택하고 마우스 우측 버튼을 클릭한 후 Edit Properties를 클릭한다.
• Browse Spreadsheet 창에서 핀 번호와 핀 이름을 수정한다.

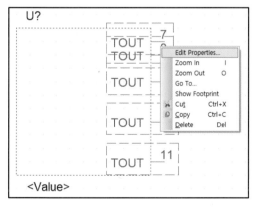

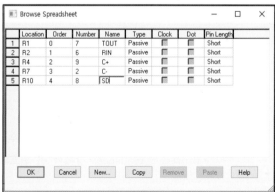

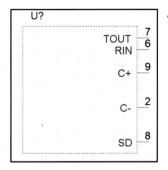

• OK를 클릭하면 핀 이름이 수정된다.

• Place Pin Array를 이용하여 나머지 핀을 배치한다. 다음과 같이 입력한 후 OK를 클릭하여 핀을 배치한다.

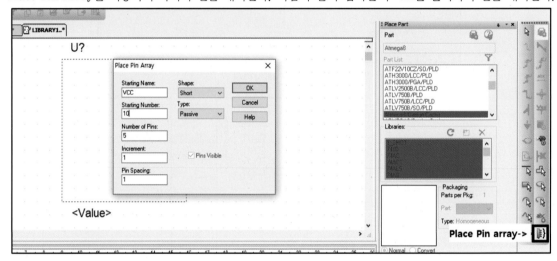

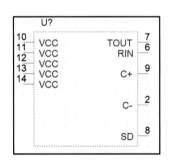 →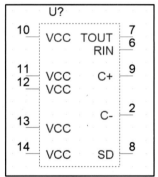

• 드래그하여 핀을 선택하고, 마우스 우측 버튼을 클릭한 후 Edit Properties를 클릭한다.
• Browse Spreadsheet 창에서 핀 번호와 핀 이름을 수정한다.

• VCC와 GND는 전원과 관련된 핀이므로 Type을 Power로 변경한다.

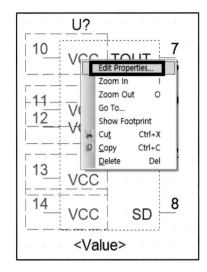

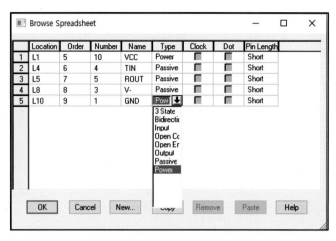

• (Place Rectangle)을 이용하여 외형을 그린다.

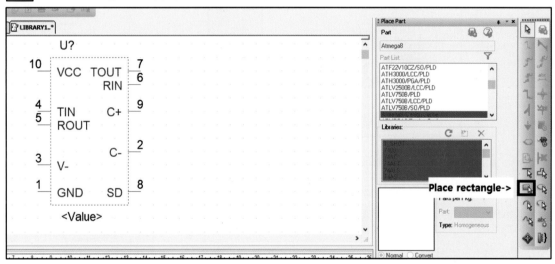

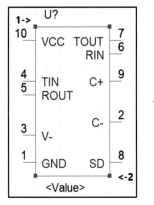

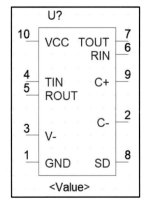

• 1부터 2까지 드래그한다.

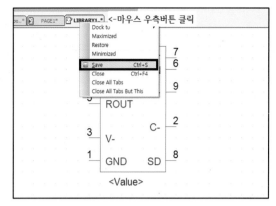

- 외형 그리기가 완료되면 LIBRARY1 탭으로 커서를 이동한다.
- 마우스 우측 버튼을 클릭해서 Save한 후 Close를 클릭한다.

- Page1 탭으로 이동하여 ADM101E를 배치한다.

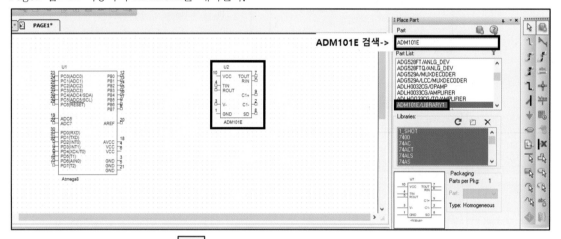

- ADM101E가 검색되지 않을 경우 (Add Library)를 이용하여 Library1을 추가한다.

③ MIC811

(▶️ [전자캐드기능사] 공개문제 풀이 8. Place Pin Array를 이용한 ADM101E, MIC811 만들기 영상 참조)

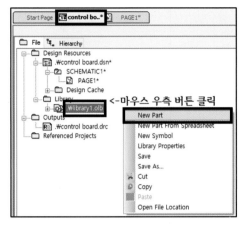

- 프로젝트 매니저 탭으로 이동하여 library1.olb 파일을 선택한다.
- 마우스 우측 버튼을 클릭하여 New Part를 선택한다.

※ 새로운 Part를 만들 때마다 library 파일을 만들지 말고, 기존에 만들어 두었던 library1.olb를 위와 같은 방법으로 추가해서 만든다.

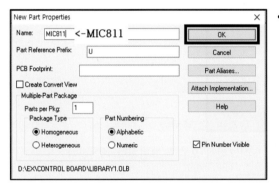

- Name에 'MIC811'을 입력하고 OK를 클릭한다.

- OK를 클릭하면 다음과 같이 Part를 만들 수 있는 창이 생성된다. Place Pin Array를 이용하여 핀을 배치한 후 다음과 같이 입력하고 OK를 클릭한다.

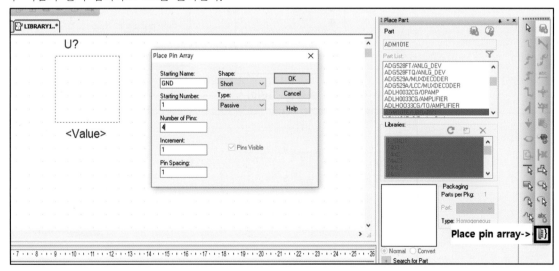

• 다음과 같이 핀을 배치한다.

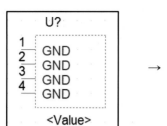

• 드래그하여 전체 핀을 선택하고, 마우스 우측 버튼 클릭 후 Edit Properties를 클릭한다.

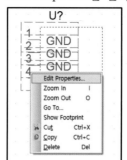

• 핀 이름, Type을 수정한다(VCC, GND : POWER).

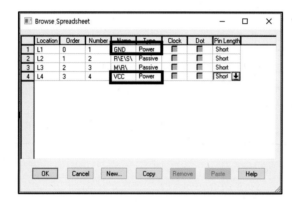

• OK를 누르면 핀 이름이 변경되고, 핀을 드래그해서 오른쪽 그림처럼 배치한다.

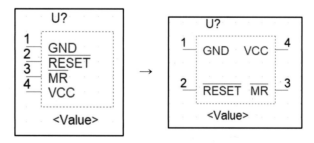

• Place Rectangle을 이용하여 외형을 그린다.

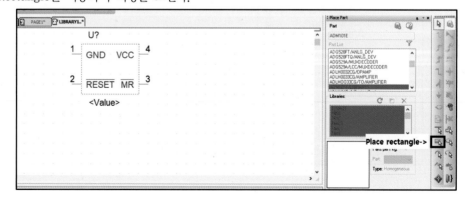

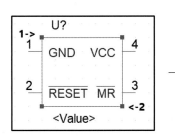 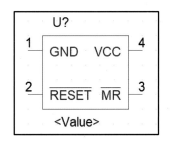

• 1부터 2까지 드래그한다.

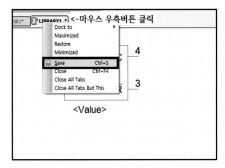

• 외형 그리기가 완료되면 LIBRARY1 탭으로 커서를 이동시킨 후 마우스 우측 버튼을 클릭한다.
• Save한 후 Close를 클릭한다.

• Page1 탭으로 이동하여 MIC811을 배치한다.

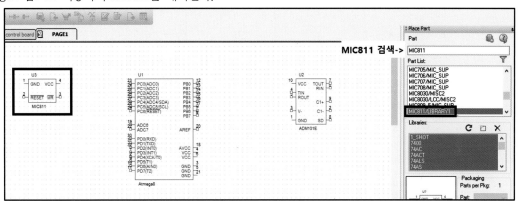

• MIC811이 검색되지 않을 경우 ⬚(Add Library)를 이용하여 Library1을 추가한다.

저자 유튜브 채널에 있는 영상은 핀을 Short가 아닌 Line으로 만들었는데, Line으로 만들어도 무방하다.

## (3) 부품 배치

부품을 배치할 때는 먼저 IC를 배치한다. 가장 적게 사용하는 부품 순서로 배치한다(IC → CRYSTAL → HEADER 10 → CAP → LED → CAP NP → R → VCC, GND).

반드시 모든 부품과 전원 심벌을 배치한 후에 배선한다. 학생들을 지도하다 보면 부품 배치가 끝나면 바로 배선하면서 심벌을 추가하는데, 이때 전원 심벌을 빠뜨리는 경우가 많다. 전원 심벌이 빠지면 실격에 해당하므로, 반드시 부품과 전원 심벌을 모두 배치한 후에 배선작업을 한다.

① 부품의 회전(Rotate)

  • 부품이 시계 반대 방향으로 90° 회전한다(단축키 : R).

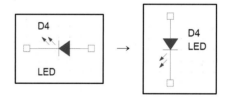

② 부품의 대칭 이동

  • Mirror Horizontally : 부품이 좌우 대칭(수평)으로 바뀐다(단축키 : H).

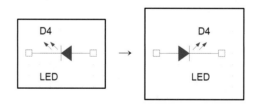

  • Mirror Vertically : 부품이 상하 대칭(수직)으로 바뀐다(단축키 : V).

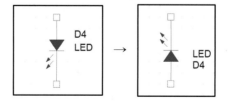

③ Edit Part를 이용한 부품 수정(LM2902, LM7805)

## [LM2902 수정]

( ▶ [전자캐드기능사] 공개문제 풀이 6. Edit Part를 이용한 LM2902 편집 영상 참조)
• LM2902의 연산증폭기를 다음 그림과 같이 수정한다.

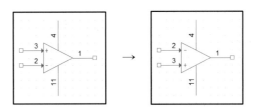

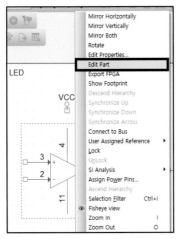

• 수정하고자 할 연산증폭기를 클릭한 후 마우스 우측 버튼을 클릭한다.
• Edit Part를 클릭한다.

• 부품을 수정할 수 있는 창이 생성된다.

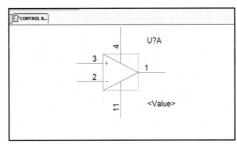

• 4번 핀을 아래로 이동한다.

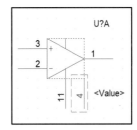

• 11번 핀을 위쪽으로 이동한다.

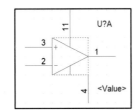

• 4번 핀을 11번 핀이 있던 곳으로 이동시킨다.

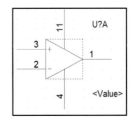

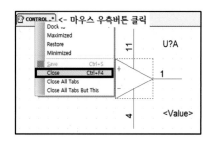

• 부품 수정창 탭에 커서를 위치시킨 후 마우스 우측 버튼을 클릭하여 Close를 클릭한다.

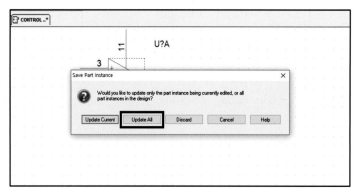

• Update All을 클릭한다.

- Update Current : 편집한 부품 한 개만 수정
- Update All : 편집한 부품과 같은 부품을 모두 수정
- Discard : 편집 취소
- Cancel : 다시 편집

※ LM2902에 있는 연산증폭기를 모두 수정해야 하므로 Update All을 선택하였다.

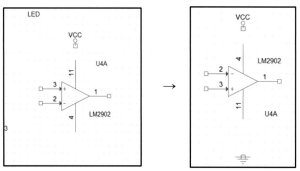

• 연산증폭기를 선택한 후 단축키 V를 이용하여 상하 대칭으로 변환한다.

## [LM7805 수정]

(▶ [전자캐드기능사] 공개문제 풀이 7. OrCAD Capture를 이용한 회로도 영상 참조(03:00))

• LM7805를 다음과 같이 수정한다.

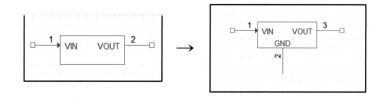

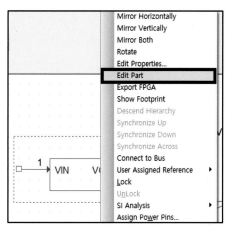

• LM7805를 배치한 후 클릭한다.
• 마우스 우측 버튼을 클릭한 후 Edit Part를 클릭한다.

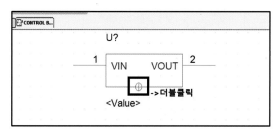

• 부품 편집창이 생성되면 ⊕ 더블클릭한다.

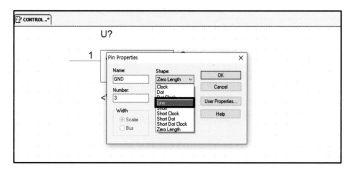

• Pin Properties 창이 생성된다.
• Shape를 Line으로 설정한다(Short로 설정해도 무방하다).

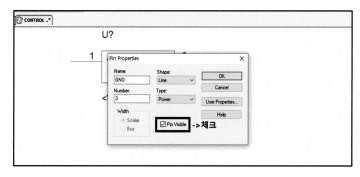

• Pin Visble을 체크한 후 OK를 클릭한다(Pin Visble이 체크되어 있지 않으면 핀 번호와 이름이 보이지 않는다).

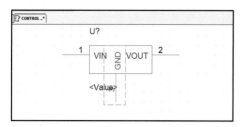

• OK를 클릭하면 GND 핀이 생성된다.

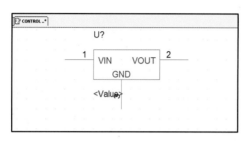

• 핀 이름 GND를 선택한 후 단축키 R을 이용하여 왼쪽과 같이 수정한다.

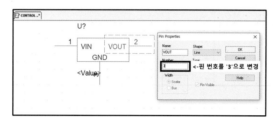

• 2번 핀을 더블클릭하면 Pin Properties 창이 생성된다.
• Number를 3으로 변경한다.

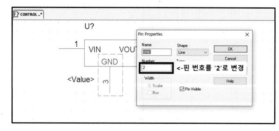

• 3번 핀을 더블클릭하여 Number를 2로 변경한다.

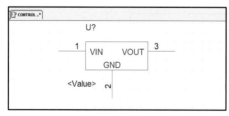

• 핀 번호가 변경된다.

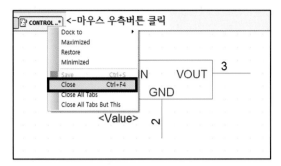

• 커서를 부품 편집창의 탭으로 이동한다.
• 마우스 우측 버튼을 클릭한 후 Close를 클릭한다.

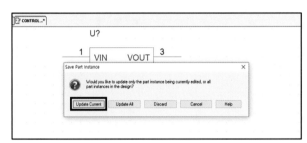

• Update Current를 클릭한다(LM7805는 한 개만 사용되기 때문에 Update All을 클릭해도 무방하다).

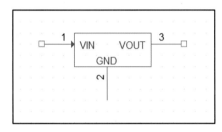

• LM7805 수정 완료

• 다음과 같이 부품과 전원 심벌을 배치한다.

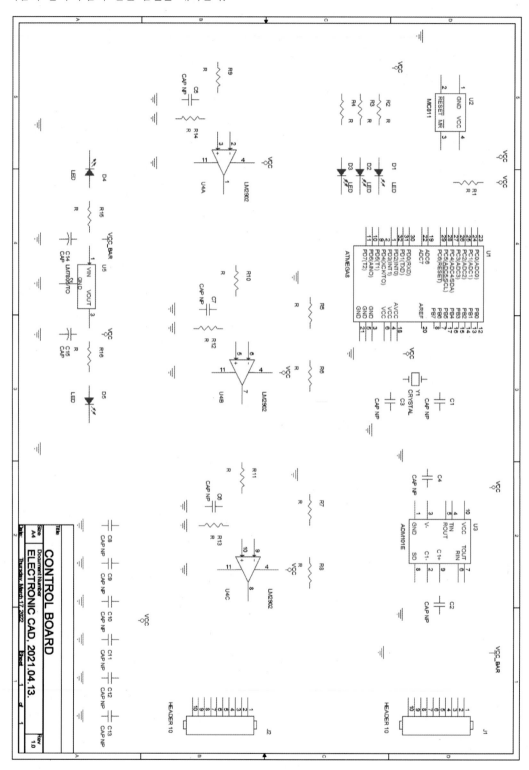

## (4) 배선하기

① Capture Tool Palette에서 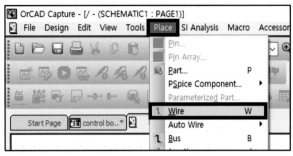 (Place Wire(W))를 클릭하거나 다음과 같이 Menu → Place → Wire를 클릭하면 커서가 +로 변경된다.

② 커서를 연결하고자 하는 곳으로 이동시켜 클릭하면 다음과 같이 선이 연결된다.

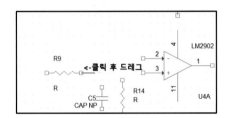 →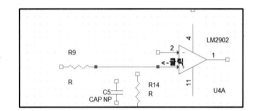

---

**☼ Tip**

**배선 시 주의할 점**

• Junction(접속점)은 선이 3개 이상 접속되는 부분에만 생긴다.

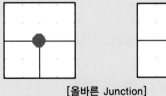

[올바른 Junction]　　　　　　　　　　　　　　　　[잘못된 Junction]

(선이 직선 위에 중첩되어서 Junction이 생기므로, 중첩된 선을 모두 지우고 다시 연결한다)

• Junction은 선과 선이 연결될 때만 생긴다.

※ 회로도에서 Junction이 생겨야 할 부분에 Junction이 생기지 않으면 실격이므로, 주의해야 한다.

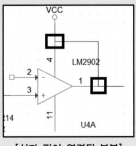 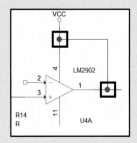

[선과 핀이 연결된 부분]　　　　　　　　[선과 선이 연결된 부분]

Junction 크기 지정하는 방법

• Menu → Options → Preferences → Miscellaneous → Schematic Page Editor → Junction Dot Size

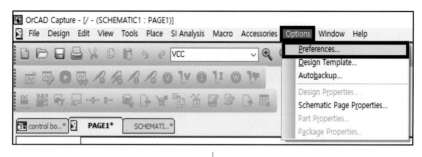

↓

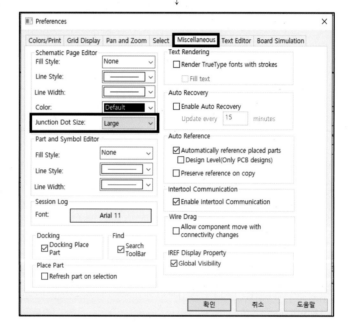

• 다음과 같이 배선한다.

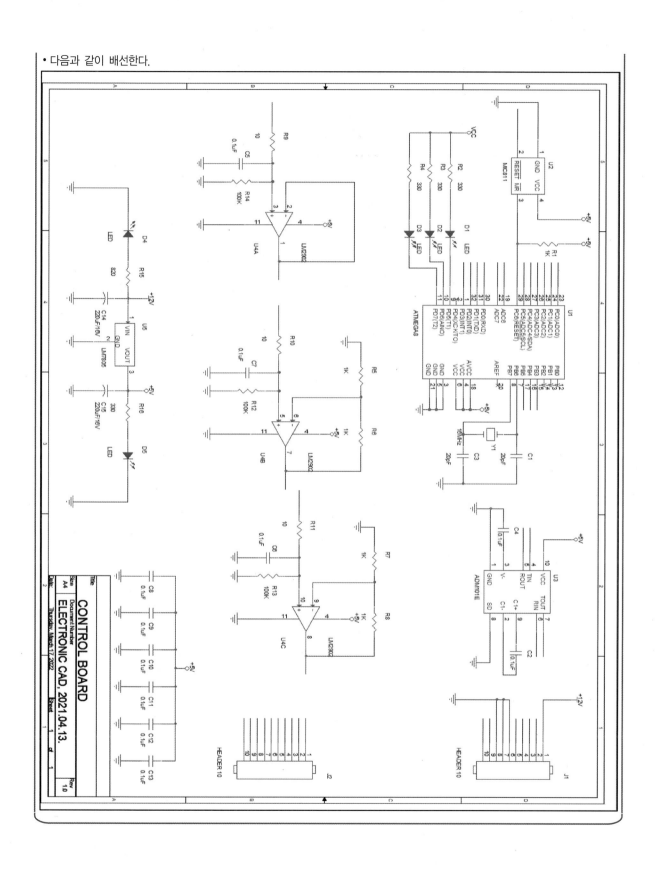

## 3) Value 값 입력

Part Name(R)을 더블클릭하면 Display Properties 창이 생성된다. Value에 값을 입력한 후 OK를 클릭한다.

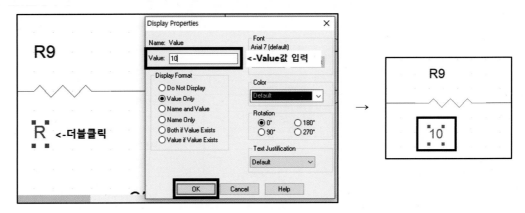

※ VCC 심벌의 Value 값도 위와 같은 방법으로 입력한다.

( ▶ [전자캐드기능사] 공개문제 풀이 7. OrCAD Capture를 이용한 회로도 작성 영상 참조(19:37))

같은 Value 값을 갖는 Part는 다음과 같이 입력해 본다.

① 같은 Value 값을 갖는 Part를 모두 선택한다(Ctrl 키를 누른 상태에서 선택한다).

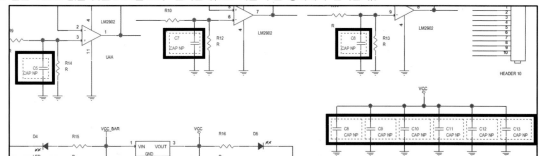

② 선택된 Part 중 하나를 더블클릭한다. Property Editor 창의 Value에 입력한다.

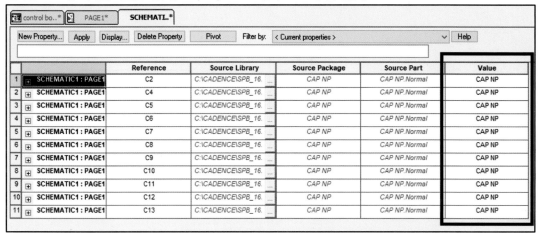

③ 첫 번째 셀에 Value 값을 입력한 후 마우스 좌측 버튼을 클릭한 상태에서 아래로 드래그하면 입력한 Value 값이 오른쪽과 같이 복사된다.

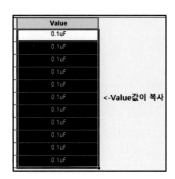

## 4) Place No Connect(단축키 : x)

사용하지 않는 핀을 정의하는 기능으로, Tool Palette 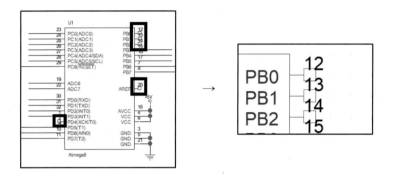 (Place No Connect(x))를 클릭한다. 또는 Menu → Place → No Connect를 클릭하여 해당 핀을 클릭한다(Atmega8의 2, 12, 13, 14, 15, 20번 핀).

(1) Place No Connect 전

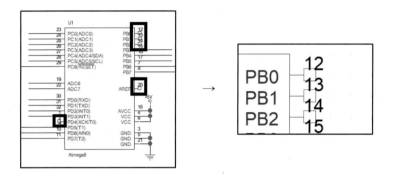

(2) Place No Connect 후

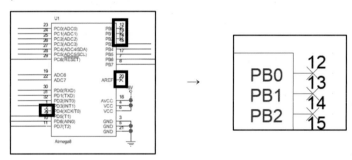

---

**💡 Tip**

**잘못 체크했을 때 수정하는 방법**

① 수정하고자 하는 핀을 더블클릭하면 다음과 같이 Property Editor 창이 생성된다.

② Pins 탭(화면 아래)을 클릭한 후, Is No Connect를 클릭하여 체크를 해제한다(반대로 이 방법을 이용하여 Place No Connect 를 할 수 있다).

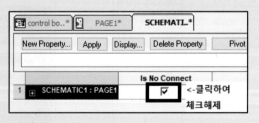

## 5) 네트 이름 설정(단축키 : n)

① 물리적으로 연결되지 않은 곳은 네트 이름을 이용하여 연결한다. Tool Palette에서 abc (Place Net Alias) 또는 Menu → Place Alias를 클릭하여 네트 이름을 설정한다.

- 전자캐드기능사 공개문제(CONTROL BOARD)에서는 다음과 같이 네트 이름을 설정하게 되어 있다.

| 부품의 지정 핀 | 네트의 이름 | 부품의 지정 핀 | 네트의 이름 |
|---|---|---|---|
| U1의 1번 연결부 | #COMP2 | U1의 27번 연결부 | PC4 |
| U1의 7번 연결부 | X1 | U1의 28번 연결부 | #TEMP |
| U1의 8번 연결부 | X2 | U1의 30번 연결부 | RXD |
| U1의 15번 연결부 | MOSI | U1의 31번 연결부 | TXD |
| U1의 16번 연결부 | MISO | U1의 32번 연결부 | #COMP1 |
| U1의 17번 연결부 | SCK | U2의 2번 연결부 | RESET |
| U1의 19번 연결부,<br>U4의 1번, 2번 연결부 | #ADC1 | U3의 4번 연결부 | RXD |
| U1의 22번 연결부,<br>U4의 7번, R6 연결부 | #ADC2 | U3의 5번 연결부 | TXD |
| U1의 23번 연결부 | PC0 | U3의 6번 연결부 | RX |
| U1의 24번 연결부 | PC1 | U3의 7번 연결부 | TX |
| U1의 25번 연결부 | PC2 | U4의 8번, R8 연결부 | #TEMP |
| U1의 26번 연결부 | PC3 | J2의 1번 연결부 | PC0 |
| R9의 좌측 연결부 | ADC1 | J2의 2번 연결부 | PC1 |
| R10의 좌측 연결부 | ADC2 | J2의 3번 연결부 | PC2 |
| R11의 좌측 연결부 | TEMP | J2의 4번 연결부 | PC3 |
| J1의 2번 연결부 | MOSI | J2의 5번 연결부 | PC4 |
| J1의 3번 연결부 | MISO | J2의 6번 연결부 | TEMP |
| J1의 4번 연결부 | SCK | J2의 7번 연결부 | ADC1 |
| J1의 5번 연결부 | RESET | J2의 8번 연결부 | ADC2 |
| J1의 9번 연결부 | TX | J2의 9번 연결부 | #COMP1 |
| J1의 10번 연결부 | RX | J2의 10번 연결부 | #COMP2 |

② U1(Atmega8)의 23번 핀에 네트 이름(PC0)을 설정한다.

- abc (Place Net Alias) 클릭하면 Place Net Alias 창이 생성된다. Alias에 네트 이름 'PC0'를 입력한 후 OK를 클릭한다.

- OK를 클릭한 후 해당 네트 위에 네트 이름을 올려놓고 클릭하면 네트 이름이 설정된다.

네트 이름이 잘못 설정되었을 때 발생하는 에러

WARNING(ORCAP-1600) : Net Has Fewer Than Two Connections 네트 이름

SCHEMATIC1, PAGE1  (274.32, 127.00) → 네트의 좌표

→ 네트가 1개만 있어서 개방된 상태, 즉 연결되어 있지 않다. 네트 이름을 확인하여 빠진 부분에 네트 이름을 지정한다.

③ 네트 이름까지 설정하여 회로도를 완성한다.

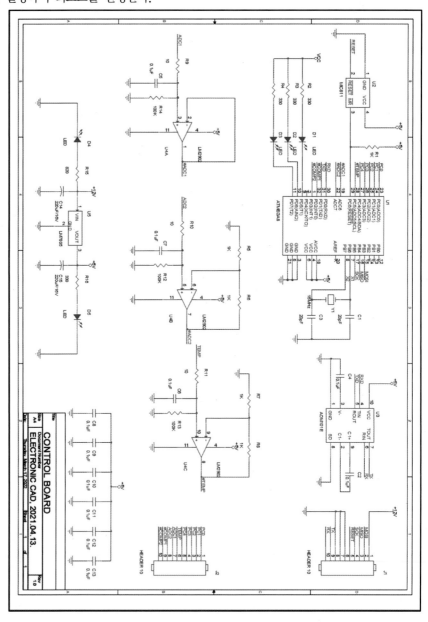

## 6) Annotate(부품 참조 번호 자동 부여)

부품의 참조 번호를 자동으로 부여하는 기능이다.

① 프로젝트 매니저창에서 Control Board.dsn, SCHEMATIC1, PAGE1 중 하나를 선택하고, Capture Toolbar를 활성화시킨다.

② Capture Toolbar가 활성화되면 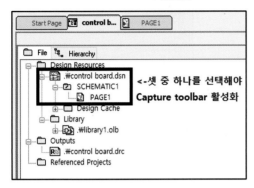(Annotate) 또는 Menu → Tools → Annotate를 클릭한다.

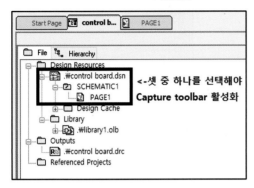

→

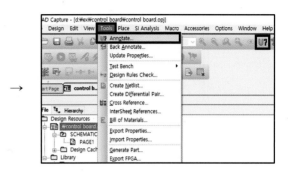

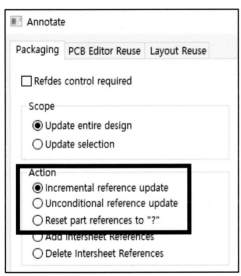

- Incremental reference update : ?로 된 참조 번호만 업데이트되고, 입력된 마지막 참조 번호 이후의 번호가 입력된다.
- Unconditional reference update : 참조 번호를 1부터 다시 업데이트한다.
- Reset part references to "?" : 참조 번호를 "?"로 변경한다.
- Reset part references to "?"를 실행하여 참조 번호를 "?"로 변경한 후 Incremental reference update를 실행한다.

※ Annotate 실행 후 문제에 제시된 회로도와 작성한 회로도의 참조 번호가 일치하는지 확인한다.

## 7) Design Rules Check

( ▶ [전자캐드기능사] 공개문제 풀이 7. OrCAD Capture를 이용한 회로도 작성 영상 참조(21:00))

작성한 도면의 전기적·물리적 오류 발생 여부를 확인하는 기능이다.

① 프로젝트 매니저창에서 control board.dsn, SCHEMATIC1, PAGE1 중 하나를 선택하여 Capture Toolbar를 활성화시킨다.

② Capture Toolbar가 활성화되면  (Design Rules Check) 또는 Menu → Tools → Design Rules Check를 클릭한다.

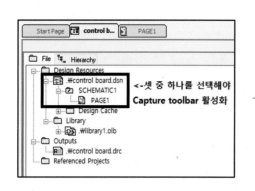

③ Design Rules Check를 실행시키면 다음과 같은 창이 생성된다.

• Design Rules Options

| | |
|---|---|
| **Scope** | Check entrie design : 설계된 전체 도면의 DRC 검사 |
| | Check selection : Project Manager에서 선택된 회로만 DRC 검사 |
| **Mode** | Use occurrences : 계층 도면의 모드 DRC 검사 |
| | Use instances : 회로 도면의 DRC 검사 |
| **Action** | Check design rules : 회로도 설계 규칙 검사 |
| | Delete existing DRC markers : 회로도에서 DRC Marker 삭제 |
| | Check DRC markers for warnings : 에러 발생 시 DRC Marker 표시 |
| | Ignore DRC Warnings : 무시할 Warning 입력 |
| **Design Rules** | Run Electrical Rules : Electrical Rules에서 설정된 검사 수행 |
| | Run Physical Rules : Physical Rules에서 설정된 검사 수행 |
| | Report File : DRC 수행결과의 저장경로 설정 및 파일명 설정 |
| | View Output : DRC 수행결과를 메모장으로 출력 |

• Electrical Rules(전기적 규칙 검사)

| | |
|---|---|
| Electrical Rules | Check single node nets : 연결되지 않는 Wire 검사 |
| | Check no driving source and Pin type conflicts : ERC Matrix에 따른 검사 |
| | Check Duplicate net names : 네트 이름 중복 검사 |
| | Check offpage connector connections : Off Page Connector 사용 시 페이지 연결 여부 검사 |
| | Check hierarchical port connections : 계층구조 도면 연결 검사 |
| | Check unconnected bus nets : 네트와 버스에 미연결 네트 검사 |
| | Check unconnected pins : 배선에 연결되지 않은 핀 검사 |
| | Check SDT compatibility : SDT 형식 변환 시 오류 검사 |
| Reports | Report all net names : 회로도에 있는 모든 네트 이름 출력 |
| | Report offgrid objects : Grid를 무시한 설계 요소 출력 |
| | Report hierarchical port and off page connectors : 계층 도면 Port와 Off Page Connector 출력 |
| | Report misleading tap connections : 버스에 연결된 네트 이름과 비교 후 잘못된 네트 이름 출력 |

④ ERC Matrix

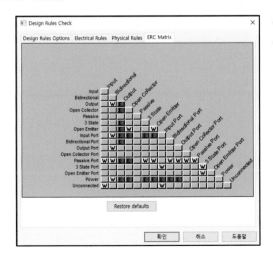

• W(Wrong) : 경고
• E(Error) : 오류(클릭하여 변경 가능하다)

⑤ 앞에서 작성한 회로의 DRC를 수행한다.

- 오류가 생긴 부분이 Marker로 표시된다(Check DRC markers for warnings).
- 결과가 메모장으로 출력되게 설정한다(View Output).

- DRC 결과가 메모장으로 출력된다.
- 에러 내용 : Power 속성의 핀과 Output 속성의 핀이 연결되었다.

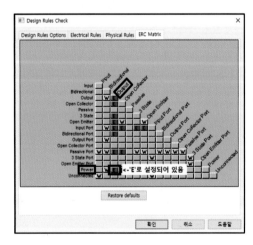

- 위와 같은 에러가 발생한 이유는 다음과 같다.
  - ERC Matrix에서 Output과 Power가 만나는 부분이 E로 설정되어 있기 때문이다.
  - 이 부분을 클릭해서 E를 해제하고 DRC를 다시 하면 에러가 없어진다.

> **Tip**
> 위의 에러를 없애는 또 다른 방법은 회로도에서 Output 속성을 갖는 핀(LM7805 3번 핀)의 Pin Type을 Edit Part에서 Passive로 바꿔 준다.

- 위와 같이 수정하고 다시 DRC를 실행한다.

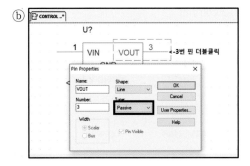

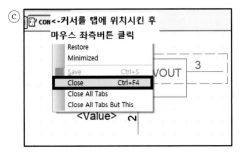

- 에러가 없으면 다음과 같은 메시지가 출력된다.

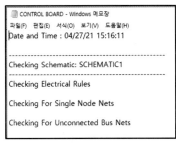

※ 전자캐드기능사 실기시험 시 반드시 DRC 확인을 받아야 한다. DRC 확인을 받지 않은 경우 또는 DRC를 통과하지 못한 경우에는 실격으로 처리된다(실제 문제에는 ERC로 표기되어 있다).

- DRC 결과는 다음과 같은 방법으로도 확인이 가능하다. DRC 결과 확인은 두 가지 방법 중 하나로 받으면 된다.

  - 프로젝트 매니저 탭에서 control board.drc를 더블클릭     - 새로운 탭이 생기면서 DRC 결과가 표시된다.
    한다.

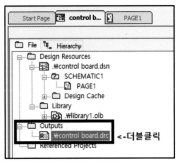

→

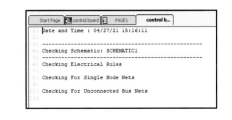

## 8) Footprint 입력

### (1) Footprint

PCB Editor에서 사용하는 부품의 심벌로, 실제 부품의 크기와 같기 때문에 정확한 Footprint를 사용한다. 전자캐드기능사 공개문제(CONTROL BOARD)에서 사용하는 Footprint는 다음과 같다.

| PART명 | Footprint | 심 벌 | PART명 | Footprint | 심 벌 |
|---|---|---|---|---|---|
| ATMEGA8 | TQFP32 | | LM2902 | SOIC14 | |
| MIC811 | SOT143 | | LM7805 | TO220AB | |
| R,<br>CAP NP<br>(C1~C13) | SMR0603 | | LED | CAP196<br>(SMD용 Footprint<br>사용 가능) | |
| CRYSTAL | CRYSTAL<br>(제작) | | HEADER10 | HEADER10<br>(제작) | |
| ADM101E | ADM101E<br>(제작) | | CAP<br>(C14~C15) | D55<br>(제작) | |

※ ADM101E, HEADER10, CRYSTAL, D55는 OrCAD에서 제공하지 않기 때문에 직접 만들어야 한다(만드는 방법은 251~309 쪽 참조).

① PART 중 하나를 선택한다.

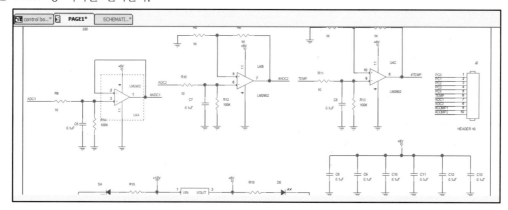

② Ctrl+A를 이용하여 모든 PART를 선택한다.

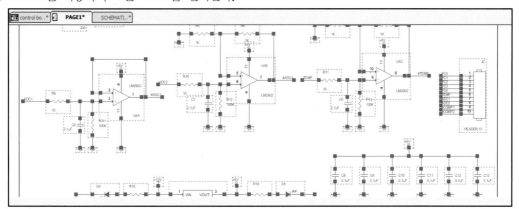

③ 더블클릭하거나 마우스 우측 버튼을 클릭한 후 Edit Properties를 클릭하면 Property Editor 창이 생성된다. 화면의 좌측 하단부에 Parts 탭을 클릭한다.

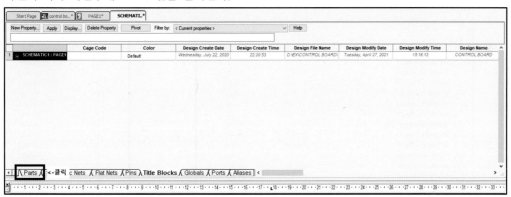

④ PCB Footprint에 'Footprint'를 입력한다(띄어쓰기 안 됨).

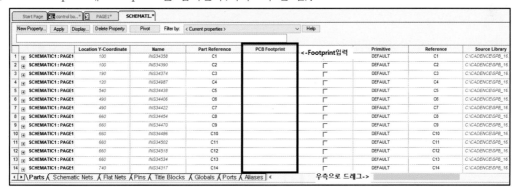

• 다음과 같은 방법으로도 Footprint 입력이 가능하다.

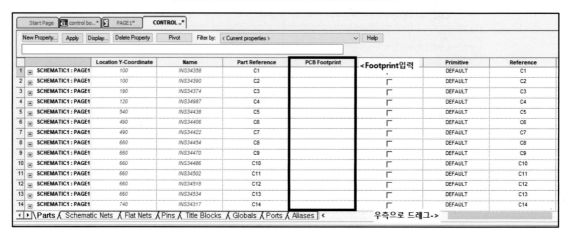

9) Netlist

OrCAD Capture에서 작성한 도면을 PCB Editor에서 작업할 수 있도록 보드파일(.brd)로 만들어 주는 과정이다.

① 프로젝트 매니저창에서 control board.dsn, SCHEMATIC1, PAGE1 중 하나를 선택한 후 Capture Toolbar를 활성화한다.

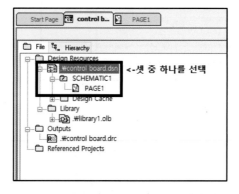

② Capture Toolbar가 활성화되면 다음과 같이 Menu → Tools → Create Netlist 또는 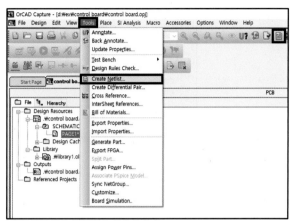(Create Netlist)를 클릭한다.

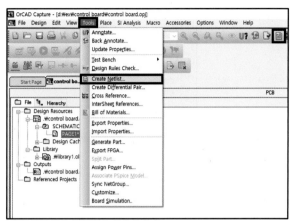

③ Create Netlist 창에서 Create or Update PCB Editor Board(Netrev)를 체크한 후 Open Board in OrCAD PCB Editor를 체크한 후 확인을 클릭한다.

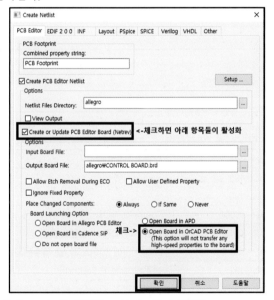

　※ 반드시 Footprint 심벌을 그린 후 Footprint를 입력하고, Netlist를 수행한다.

　※ PCB Editor가 실행되고 있는 상태에서 Netlist를 실행하면 에러가 발생할 수 있다.

④ 확인을 클릭하면 Netlist가 진행된다.

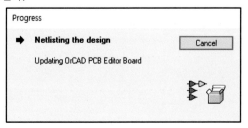

⑤ 이상이 없으면 PCB Editor가 실행되고, Capture의 세션 로그창에는 다음과 같은 메시지가 표시된다.

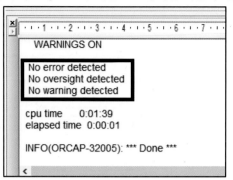

⑥ Netlist 수행 중 에러가 발생할 경우, 세션 로그창에 다음과 같이 메시지가 표시된다. 이 메시지를 확인한 후 잘못된 부분을 수정한다.

※ Netlist에서 에러가 발생하는 이유는 대부분 Footprint를 잘못 입력(오기입, 공백 발생, 특수문자 사용)하거나 Footprint가 있는 라이브러리가 등록되지 않은 경우이다.

**Plus**

Netlist 시 자주 발생하는 ERROR 및 WARNING

| | | |
|---|---|---|
| **ERROR** | SPMHNI–191 | 잘못된 Footprint 사용 |
| | SPMHNI–195 | Part 핀 수와 Footprint 핀 수 불일치 |
| | SPMHNI–196 | |
| | ORCAP–36002 | Footprint 누락 |
| | ORCAP–36040 | 핀의 NC 설정이 잘못되었을 경우 |
| | ORCAP–36071 | Footprint에 띄어쓰기 및 특수문자 사용 |
| **WARNING** | SPMHNI–192 | 잘못된 속성의 Footprint |
| | ORCAP–36006 | Device명이 긴 경우 발생(변경하지 않아도 됨) |
| | ORCAP–36042 | 같은 핀 이름의 변경(변경하지 않아도 됨) |

## 1 Pad Designer 시작

Pad Designer란 Footprint에 사용되는 패드를 만들 때 사용하는 프로그램이다.

바탕화면의 Pad Designer를 더블클릭 또는 시작 → Cadence → Pad Designer를 실행한다.

## 2 Pad Designer 화면 구성

Menu와 두 개의 탭(Parameters, Layers)으로 구성되어 있다.

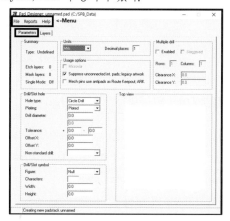

### 1) Parameters

Hole의 모양과 크기를 설정한다.

## 2) Layers

PAD의 모양과 크기를 설정한다.

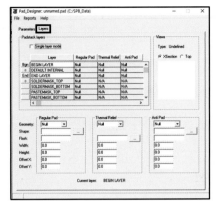

※ PAD : 부품을 회로에 고정시키기 위해서 납땜하는 부분으로, SMD 타입 부품의 PAD는 TOP이나 BOTTOM 한 면에만 있지만, DIP 타입 부품의 PAD는 TOP, BOTTOM 양면에 있다.

## 3 VIA 만들기

( ▶ [전자캐드기능사] 공개문제풀이 1.VIA 만들기 영상 참조)

### 1) VIA

PCB에 있는 Hole의 일종으로 이 Hole의 내부는 금속으로 도금되어 있어 Layer와 Layer가 연결된다. VIA의 이런 특성을 이용하여 서로 다른 Layer에 있는 패턴을 연결한다.

■ 전자캐드기능사 공개문제에 제시된 VIA의 설정

| VIA의 종류 | 속 성 | |
|---|---|---|
| | 드릴 홀 크기(Hole Size) | 패드 크기(Pad Size) |
| Power VIA(전원선 연결) | 0.4mm | 0.8mm |
| Standard VIA(그 외 연결) | 0.3mm | 0.6mm |

### 2) Standard VIA 만들기

① ▨ (PAD Designer)를 실행한다.

② File → New

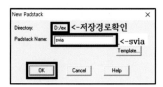

③ 저장경로를 확인한다.

④ Padstack Name : svia

⑤ OK를 클릭한다.

⑥ Units(단위) 설정 : Millimeter

⑦ Units의 수정 여부를 묻는 팝업창이 뜨면 예(Y)를 클릭한다.

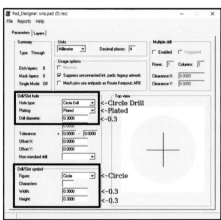

⑧ Drill/Slot hole
  • Hole type : Circle Drill
  • Plating : Plated
  • Drill diameter : 0.3

⑨ Drill/Slot symbol
  • Width : 0.3
  • Height : 0.3

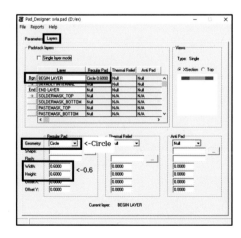

⑩ Layers 탭으로 이동한다.

⑪ DIP형 PAD이므로 Single layer mode는 체크하지 않는다.

⑫ Regular Pad의 Geometry, Width, Height를 입력한다.
  • Geometry : Circle
  • Width : 0.6
  • Height : 0.6

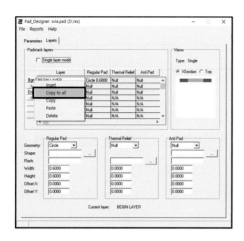

⑬ 커서를 Bgn으로 이동한 후 마우스 우측 버튼을 클릭하여 Copy to all을 클릭한다.

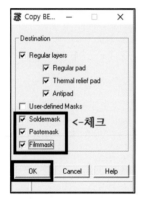

⑭ Copy 범위를 설정한다.
  • Soldermask, Pastemask, Filmmask를 체크한다.
⑮ OK를 클릭한다.

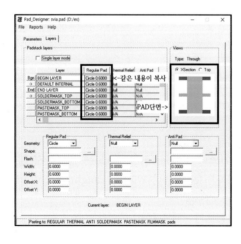

⑯ BEGIN LAYER에 입력된 값이 Soldermask, Pastemask, Filmmask에 복사된다.
⑰ 정상적으로 복사되면 PAD 단면이 왼쪽과 같이 변한다.

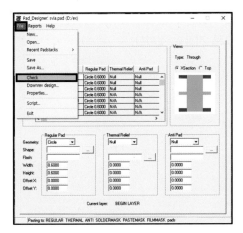

⑱ File → Check

⑲ PAD Designer 창 아래에 Pad stack has no problems 메시지가
표시되면 정상이다.

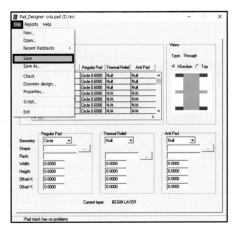

⑳ File → Save

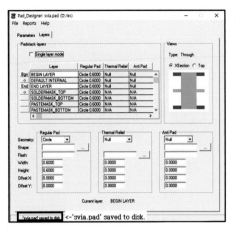

㉑ PAD Designer 하단에 'svia.pad' saved to disk라는 메시지가 표시
되면 정상적으로 저장된 것이다.

## 3) Power VIA 만들기

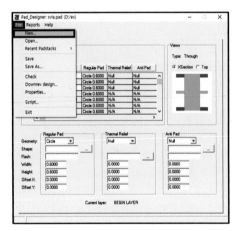

① 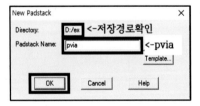(PAD Designer)를 실행한다.

② File → New

③ 저장경로를 확인한다.

④ Padstack Name : pvia

⑤ OK를 클릭한다.

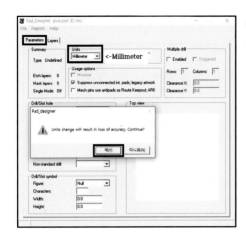

⑥ Units(단위) 설정 : Millimeter
⑦ Units의 수정 여부를 묻는 팝업창이 뜨면 예(Y)를 클릭한다.

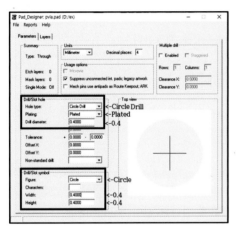

⑧ Drill/Slot hole
  • Hole type : Circle Drill
  • Plating : Plated
  • Drill diameter : 0.4
⑨ Drill/Slot symbol
  • Width : 0.4
  • Height : 0.4

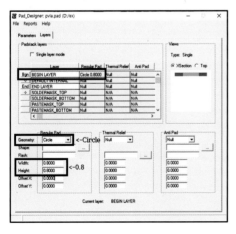

⑩ Layers 탭으로 이동한다.
⑪ DIP형 PAD이므로 Single layer mode는 체크하지 않는다.
⑫ Regular Pad의 Geometry, Width, Height를 입력한다.
  • Geometry : Circle
  • Width : 0.8
  • Height : 0.8

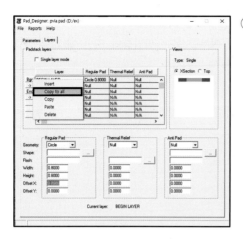

⑬ 커서를 Bgn으로 이동하고, 마우스 우측 버튼을 클릭한 후 Copy to all을 클릭한다.

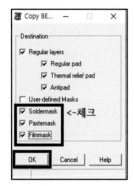

⑭ Copy 범위를 설정한다.
  • Soldermask, Pastemask, Filmmask를 체크한다.
⑮ OK를 클릭한다.

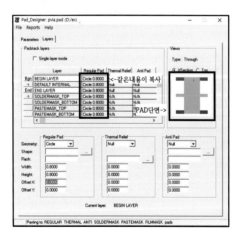

⑯ BEGIN LAYER에 입력된 값이 Soldermask, Pastemask, Film mask에 복사된다. 정상적으로 복사되면 PAD 단면이 왼쪽과 같이 변한다.

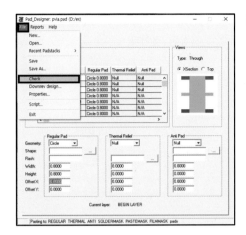

⑰ File → Check

⑱ PAD Designer 창 아래에 Pad stack has no problems 메시지가 뜨면 정상이다.

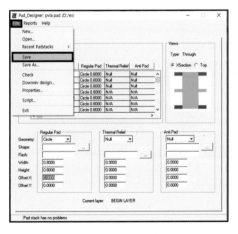

⑲ File → Save

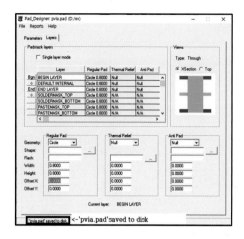

⑳ PAD Designer 하단에 'pvia.pad' saved to disk라는 메시지가
뜨면 정상적으로 저장된 것이다.

## 1 OrCAD PCB Editor 시작

바탕화면의 ![](OrCAD PCB Editor) 실행 또는 시작 → Cadence → OrCAD PCB Editor를 실행한다.

## 2 OrCAD PCB Editor 화면 구성

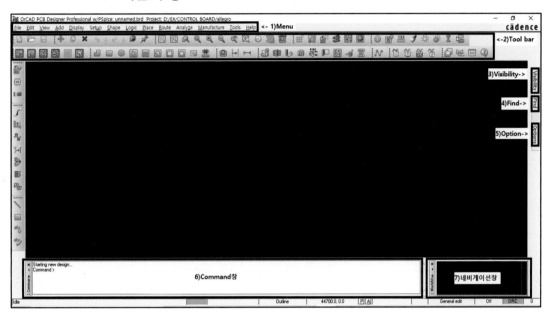

### 1) Menu

프로그램 실행 및 설정에 관한 메뉴로 구성되어 있다.

### 2) Toolbar

#### (1) File Toolbar

| | |
|---|---|
| | New : 새로운 작업 실행 |
| | Open : 기존의 작업 실행 |
| | Save : 현재 작업 저장 |

(2) Edit Toolbar

| | |
|---|---|
| | Move : 이동 |
| | Copy : 복사 |
| | Delete : 삭제 |
| | Undo : 작업 취소 |
| | Redo : 취소된 작업 다시 실행 |
| | Fix : 개체의 고정 속성 설정 |
| | Unfix : 개체의 고정 속성 해제 |

(3) View Toolbar

| | |
|---|---|
| | Unrats All : 모든 Rat 숨김 |
| | Rats All : 모든 Rat 보임 |
| | Zoom Point : 확대할 영역 지정 |
| | Zoom Fit : 보드 전체를 작업창에 보여 줌 |
| | Zoom In : 화면 확대 |
| | Zoom Out : 화면 축소 |
| | Zoom Previous : 이전 크기로 보여 줌 |
| | Zoom Selection : 선택한 부품을 화면 중앙으로 이동 |
| | Redraw : 화면 갱신 |
| | 3D Viewer : PCB 보드를 3D로 보여 줌 |
| | FlipDesign : 현재 화면을 Bottom면으로 보여 줌 |

(4) Analysis Toolbar

| | |
|---|---|
| | Signal Library : SI 해석 모델 설정 |
| | Signal Model : 부품의 SI 모델 설정 |

(5) Setup Toolbar

| | |
|---|---|
| | Grid Toggle : Grid On/Off |
| | Color192 : Color 지정 |
| | Shadow Toggle : Shadow 모드 On/Off |
| | Xsection : 적층 구조 편집 |
| | Cmrg : Constraints Manager 설정 |
| | Prmed : PCB 설계 환경 설정 |

(6) Dimension Toolbar

| | |
|---|---|
| | Create Detail : 선택한 영역을 설정된 비율에 맞게 생성 |
| | Linefont : Line 속성 설정 |
| | Dimension Edit : Dimension(치수보조선) 생성 및 편집 |

(7) Display Toolbar

| | |
|---|---|
| | Show Element : 구성요소 속성 확인 |
| | Cns Show : 개체의 Constraints 속성 확인 |
| | Show Measure : 선택한 지점의 길이 측정 |
| | Assign Color : 개체의 색 설정 |
| | Highlight : 개체의 하이라이트 |
| | Dehighlight : 개체의 하이라이트 제거 |
| | Waive DR C : DRC Marker 제거 |
| | Datatips Toggle : Datatip On/Off |

(8) AppMode Toolbar

| | |
|---|---|
| | GeneralEdit : 편집 모드 실행 |
| | PlacementEdit : 배치 모드 실행 |
| | EtchEdit : Etch 편집 모드 실행 |
| | Signalintegrity : SI 편집 모드 실행 |

(9) Shape Toolbar

| | |
|---|---|
| | Shape Add : 다각형 Shape |
| | Shape Add Rect : 사각형 Shape |
| | Shape Add Circle : 원형 Shape |
| | Shape Select : Shape 선택 |
| | Shape Void Element : 임의의 모양으로 Shape 외곽의 Etch 제거 |
| | Shape Void Polygon : Shape를 다각형으로 제거 |
| | Shape Void Rectangle : Shape를 사각형으로 제거 |
| | Shape Void Circle : Shape를 원형으로 제거 |
| | Shape Edit Boundary : Shape의 외곽선 수정 |
| | Island Delete : Island(불필요한 Shape) 제거 |

(10) Menufacture Toolbar

| | |
|---|---|
| | ODB Out : Allegro Board 파일을 ODB 파일로 출력(Export) |
| | Ncdrill Legend : Drill 차트 생성 |
| | Ncdrill Param : Drill 파일 생성 시 필요한 파라미터 설정 |
| | Artwork : Artwork 파일 생성 |
| | Silkscreen Param : Silkscreen 속성 설정 |
| | Ncdrill Customization : Drill 종류에 따른 심벌 설정 |
| | Testprep Automatic : Testpoint 자동 생성 |
| | Testprep Menual : Testpoint 수동 생성 |
| | Thieving : Thieving 생성 |

(11) Misc Toolbar

| | |
|---|---|
| | Reports : Report 생성 |
| | DRC Update : DRC 업데이트 |
| | Help : 도움말 제공 |

## (12) Place Toolbar

| | |
|---|---|
| | Place Menual : 부품을 직접 선택해서 배치 |
| | Place Menual -H : 배치된 부품 이동 |

## (13) Route Toolbar

| | |
|---|---|
| | Add Connect : 핀과 핀 사이 배선 |
| | Slide : 기존에 연결된 배선을 슬라이드 |
| | Delay Tune : 배선 길이 맞춤 |
| | Custom Smooth : 배선을 직선으로 수정 |
| | Vertex : 꼭짓점을 이용하여 기존의 배선 수정 |
| | Create Fanout : SMD 소자의 핀 Fanout |
| | Auto Route : 자동 배선 |

## (14) Add Toolbar

| | |
|---|---|
| | Add Line : 비전기적인 속성의 선 그리기 |
| | Add Rect : 비전기적인 속성의 사각형 그리기 |
| | Add Text : 텍스트 입력 |
| | Text Edit : 텍스트 수정 |

### Tip

Toolbar가 삭제된 경우 다음과 같이 해 본다.

Menu → View → Customize Toolbar → Toolbars에서 삭제된 부분을 체크한다.

### 3) Visibility

PCB 설계 시 특정 부분을 보이게 하거나 숨긴다.

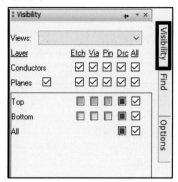

### 4) Find

명령 실행 시 실행 대상을 선택한다.

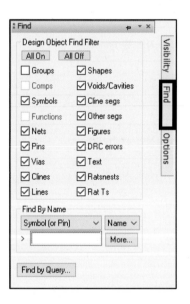

### 5) Options

명령 실행 시 세부 내용을 설정하고, 사용하는 명령에 따라 내용을 변경한다.

[Add Line]

[Add Connect]

[Add Text]

[Add Pin]

## 6) Command 창

명령어의 입력 및 실행 상태를 표시하는 창이다.

## 7) 내비게이션창

작업창에서 현재 보이는 영역을 나타내는 창이다.

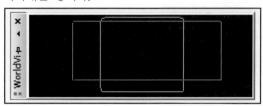

> **☼ Tip**
>
> 위의 요소가 사라진 경우 다음과 같이 해 본다.
> Menu → View → Windows → 사라진 요소 체크

## 8) TQFP32 Reference 입력하기

( ▶ [전자캐드기능사 실기 수정된 공개문제 PCB Editor 작업 영상 참조(9:19)])

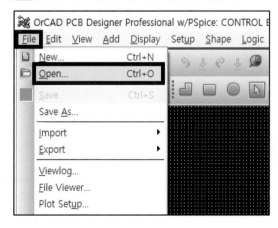

① Menu → Open → 로컬디스크(C:) → Cadence → SPB_16.6 → share → pcb → pcb_lib → symbols → 파일형식을 Symbol Drawing(*.dra)으로 변경한 후 tqpf32.dra를 선택한 후 열기를 클릭한다.

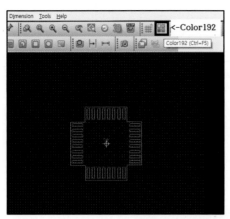

② Display → Color/Visibility 또는 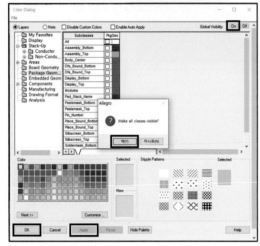(Color192)를 클릭한다.

③ Global Visibility → ON → 예(Y) → Apply → OK

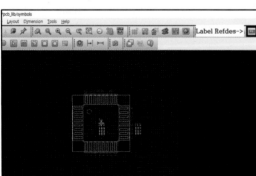

④ ![R1] (Label Refdes)를 클릭한다.

⑤ Options로 이동한다.
⑥ Active Class and Subclass를 Ref Des, Silkscreen_Top으로
　설정한다.

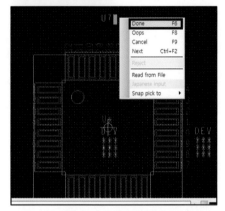

⑦ 심벌의 윗부분을 클릭한 후 'U?'를 입력한다(Reference는 대문자로
　입력).
⑧ 입력이 끝나면 마우스 우측 버튼을 클릭한 후 Done을 클릭한다.

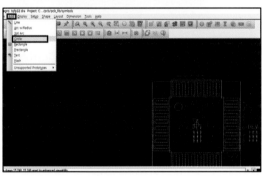

⑨ 1번 핀이 위치를 나타내는 'Circle'을 그린다.
⑩ Menu → Add → Circle(　◯　 (Shape Add Circle)을 이용하
　여 그려도 무방하다)

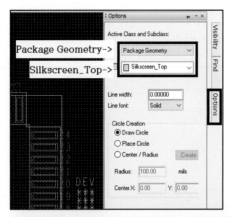

⑪ Options로 이동한다.

⑫ Active Class and Subclass를 Package Geometry, Silkscreen_Top 으로 설정한다.

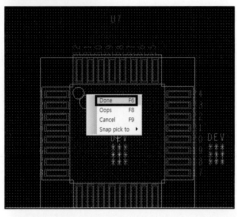

⑬ 1번 핀 옆에 Circle을 그린 후 마우스 우측 버튼을 클릭한 후 Done 을 클릭한다.

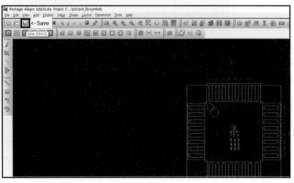

⑭ Menu → File → Save 또는 (Save)

## 3 Footprint 만들기

- 2020년 제3회 시험부터 적용된 전자캐드기능사 공개문제에서는 4개(ADM101E, D55, HEADER10, CRYSTAL)의 Footprint를 직접 만들어야 한다. 만드는 순서는 다음과 같다.
  PAD 제작 → PAD 배치 → 부품 외형 그리기(Silk screen top, Place bound top) → Ref 입력(Silk screen top) → 저장(Save)
- PAD 제작은 (PAD Designer)를 사용하며, 나머지 과정은 (OrCAD PCB Editor)를 사용한다.

### 1) ADM101E

( ▶ [전자캐드기능사] 공개문제 풀이 2. ADM101E FOOTPRINT 영상 참조)

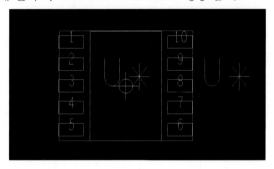

### (1) PAD 만들기(PAD118R85)

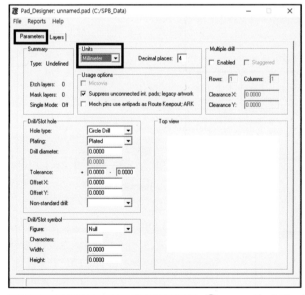

① (PAD Designer)를 실행한다.

② Parameters 탭에서 Units를 Millimeter로 변경한다.

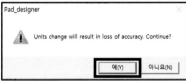

③ Units의 수정 여부를 묻는 팝업창이 뜨면 예(Y)를 클릭한다.

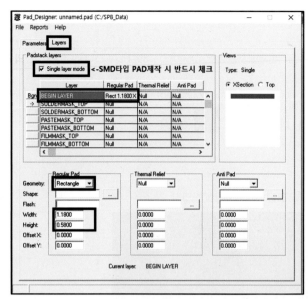

④ Layers 탭으로 이동한다.

⑤ SMD PAD이므로 Single layer mode를 체크한다.

⑥ PAD의 모양과 Width, Height의 값을 입력한다.
공개문제에 제시된 ADM101E의 데이터 시트에서
RECOMMENDED SOLDERING FOOTPRINT를
참고한다.

• Geometry : Rectangle

• Width : 1.18

• Height : 0.58

**[공개문제에서 제시된 ADM101E 데이터 시트 'RECOMMENDED SOLDERING FOOTPRINT']**

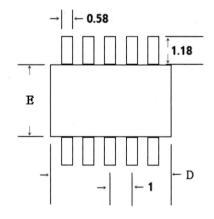

① SOLDERMASK_TOP도 다음과 같이 입력한다.

• Geometry : Rectangle

• Width : 1.18

• Height : 0.58

※ PCB 제작 시 SMD PAD는 PASTMASK도 만들어야 한다.
따라서 PASTMASK_TOP에도 같은 내용을 복사해 준다. 단,
전자캐드기능사는 PASTMASK까지 확인하지 않기 때문에
PASTMASK_TOP에 같은 내용을 복사하지 않아도 무방하다.

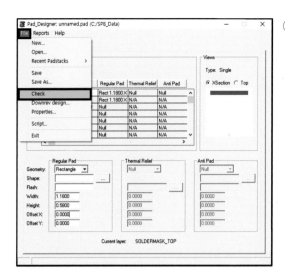

② File → Check

③ PAD Designer 창 아래에 Scaled value has been rounded off(설정된 값에서 반올림되었음) 메시지가 표시된다.

④ 한 번 더 File → Check를 클릭한다. Pad stack has no problems 메시지가 뜨면 정상이다.

⑤ File → Save As를 이용하여 저장할 경로를 지정한다.

⑥ 저장할 경로를 확인한 후 파일명을 입력하고 저장한다(파일명 : pad118r58).

※ PAD가 정상적으로 만들어지면 '.pad' 파일이 생성된다. 이 파일이 생성되지 않았다면 PAD를 다시 만든다.

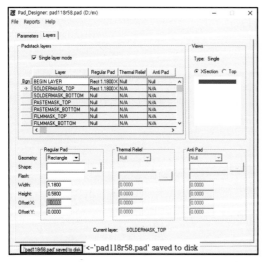

⑦ PAD Designer 하단에 'pad118r58.pad' saved to disk라는 메시지가 표시되면 정상적으로 저장된 것이다.

## (2) PAD 배치 및 외형 그리기

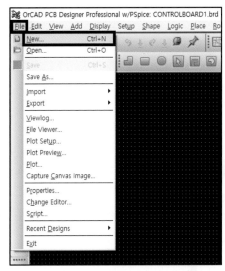

①  (OrCAD PCB Editor)를 실행한다.

② File → New

③ 저장되는 경로를 확인한다.
- Drawing Name : adm101e
- Drawing Type : Package symbol[wizard]

※ Drawing Name은 Netlist를 하기 전에 입력해야 할 Footprint이다. 반드시 알아둔다.

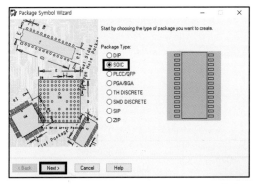

④ Package Type을 SOIC로 지정한 후 Next를 클릭한다.

⑤ Load Template를 클릭한 후 예(Y)를 클릭한다.

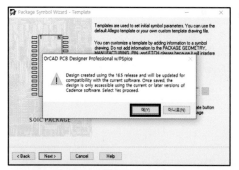

⑥ 다시 한번 예(Y)를 클릭한다.

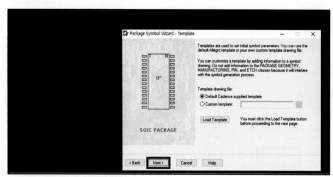

⑦ 작업창에 그리드가 생성되면 Next를 클릭한다.

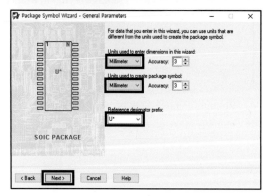

⑧ 단위를 Millimeter로 설정한다. IC이므로 Ref가 U*로 되어 있는지 확인 후 Next를 클릭한다.

**[공개문제에 제시된 ADM101E 데이터 시트]**

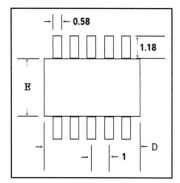

| Dim | Millimeters | |
| --- | --- | --- |
| | Min | Max |
| D | 4.80 | 5.00 |
| E | 3.80 | 4.00 |

Min과 Max 사이의 값을 사용하면 된다. 계산의 편의를 위해 Max 값을 사용한다.

① 공개문제에 제시된 ADM101E의 데이터 시트를 참조하여 다음의 요소를 입력한 후 Next를 클릭한다.

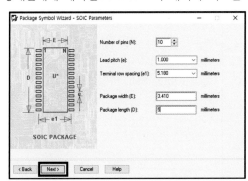

- Number of pins(N) : 10 → 핀 수
- Lead pitch(e) : 1 → PAD와 PAD 간격
- Terminal row spacing(e1) : 5.18
- Package width(E) : 3.41
- Package length(D) : 5

---

**☼ Tip**

Terminal row spacing(e1), Package width(E) 계산방법

$$\text{Terminal row spacing(e1)} = E + \frac{PAD(W)}{2} + \frac{PAD(W)}{2} = E + PAD(W) = 4 + 1.18 = 5.18$$

$$\text{Package width(E)} = E - \frac{PAD(W)}{2} = 4 - \frac{1.18}{2} = 3.41$$

Package width(E)에서 데이터 시트에 있는 E(MAX)를 그대로 쓰지 않는 이유는 다음과 같이 PAD와 심벌의 실크라인이 겹치지 않게 하기 위해서이다.

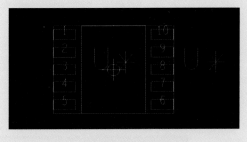

---

② PAD 설정

- 검색창 옆의 …을 클릭한다.
- 검색창에 'Pad118r58'을 입력한다.
  ※ 'Pad118*'를 입력하면 Pad118로 시작되는 PAD가 모두 검색된다.
- Pad118r58을 선택한다.
- OK를 클릭한다.
- Next를 클릭한다.

※ PAD가 검색되지 않으면 PAD가 저장된 폴더에 Pad118r58.pad 파일이 있는지 확인해 보고, 없으면 다시 만들어야 한다. Pad118r58.pad가 있는데 검색되지 않으면 PCB Editor에서 padpath와 psmpath 경로를 설정해 주어야 한다(설정방법은 322쪽 참조).

③ 원점의 위치 설정

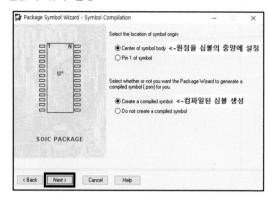

원점의 위치는 부품 타입에 따라 다르다.
• DIP 타입 : 1번 핀
• SMD 타입 : 심벌의 중앙
ADM101E는 SMD 타입이므로 원점을 심벌의 중앙으로 설정한다.

④ Finish를 클릭하면 adm101e.dra, adm101e.psm 파일이 생성된다.

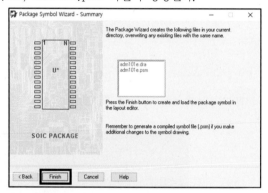

※ 저장되는 폴더에 .dra, .psm 파일이 있어야 사용할 수 있다.

⑤ ADM101E의 Footprint가 완성된다.
⑥ 1번 핀의 위치를 나타내는 원을 그린다.

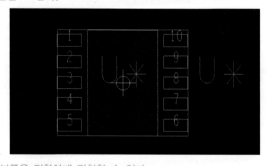

※ 1번 핀의 위치가 표시되어야 부품을 정확하게 장착할 수 있다.

⑦ Menu → Setup → Grids...

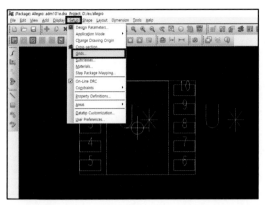

⑧ Non-Etch와 All Etch를 0.1로 지정한다.

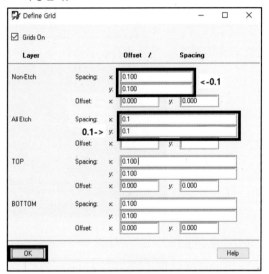

⑨ Menu → Add → Circle

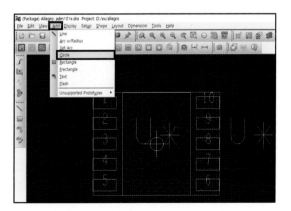

⑩ Options에서 Active Class and Subclass를 Package Geometry, Silkscreen_Top으로 설정한다.

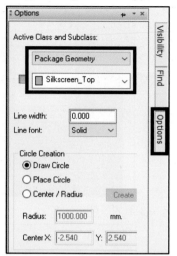

⑪ 1번 핀 옆에 원을 그리고 마우스 우측 버튼을 클릭한 후 Done을 클릭한다.

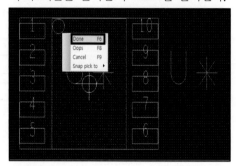

⑫ 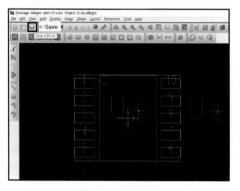(Save)를 클릭하여 저장한다. 또는 Menu → File → Save

## 2) D55

(▶ [전자캐드기능사] 공개문제 풀이 3. D55 FOOTPRINT 영상 참조)

### (1) PAD 만들기(PAD26R16)

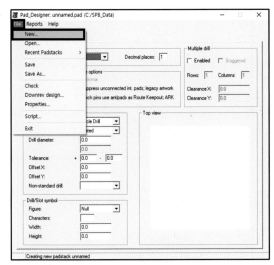

① 　 (PAD Designer)를 실행한다.

② File → New

③ 파일을 저장할 경로를 확인한다.

④ Padstack Name : pad26r16

⑤ OK를 클릭한다.

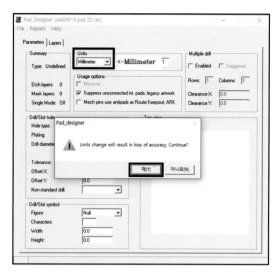

⑥ Units(단위) 설정: Millimeter
⑦ Units의 수정 여부를 묻는 팝업창이 뜨면 예(Y)를 클릭한다.

## [공개문제에 제시된 D55 데이터 시트]

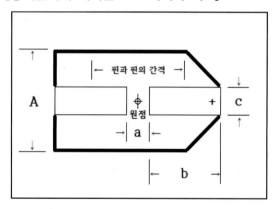

- a=1.0, b=2.6, c=1.6,
  - A(MAX)=A+0.2=4.3+0.2=4.5
  - Width=b=2.6
  - Height=c=1.6

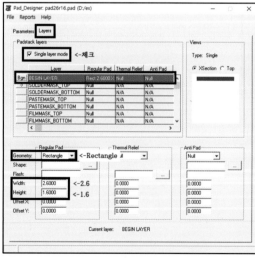

① Layers 탭으로 이동한다.
② SMD형 PAD이므로 Single layer mode를 체크한다.
③ Regular Pad의 Geometry, Width, Height를 입력한다.
  - Geometry : Rectangle
  - Width : 2.6
  - Height : 1.6

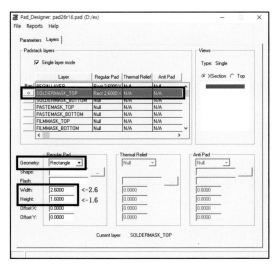

④ SOLDERMASK_TOP을 선택한 후 Geometry, Width, Height를 입력한다.

- Geometry : Rectangle
- Width : 2.6
- Height : 1.6

※ PCB 제작 시 SMD PAD는 PASTMASK도 만들어야 한다. 따라서 PASTMASK_TOP에도 같은 내용을 복사해 준다. 단, 전자캐드기능사는 PASTMASK까지 확인하지 않기 때문에 PASTMASK_TOP에 같은 내용을 복사하지 않아도 무방하다.

⑤ File → Check

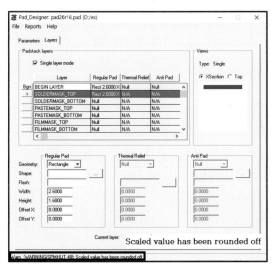

⑥ PAD Designer 창 아래에 Scaled value has been rounded off(설정된 값에서 반올림되었음) 메시지가 표시된다.

⑦ 한 번 더 File → Check를 클릭한다. Pad stack has no problems 메시지가 표시되면 정상이다.

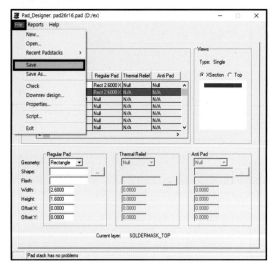

⑧ File → Save

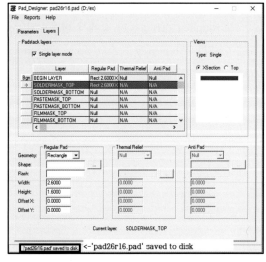

⑨ PAD Designer 하단에 pad26r16.pad saved to disk 메시지가 표시되면 정상적으로 저장된 것이다 .

## (2) PAD 배치 및 외형 그리기

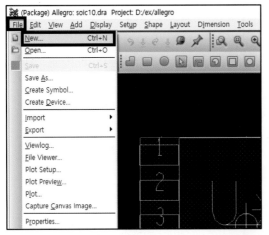

① 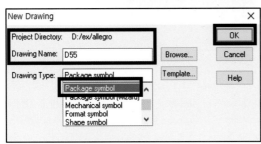 (OrCAD PCB Editor)를 실행한다.

② File → New

③ 저장되는 경로를 확인한다.
- Drawing Name : D55
- Drawing Type : Package symbol

※ Drawing Name은 Netlist를 하기 전에 입력해야 할
　Footprint이므로, 반드시 알아둔다.

④ 초기 설정

　Menu → Setup → Design Parameters...

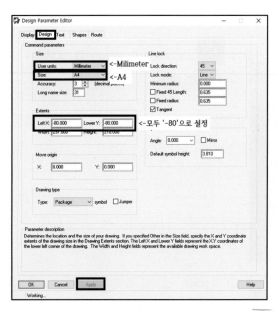

⑤ Design 탭 → User units : Millimeter → Size : A4
　→ Extents → Left X : -80, Lower Y : -80 → Apply

※ Tip

Extents의 Left X와 Lower Y는 원점을 기준으로 왼쪽의 X축과 아래쪽의 Y축을 얼마만큼 사용할 것인가를 지정하는 것이다.
이 부분을 모두 '0'으로 설정하면 원점 기준 왼쪽 X축과 아래쪽 Y축을 사용할 수 없게 되므로, 필요한 만큼 지정해서 사용한다.

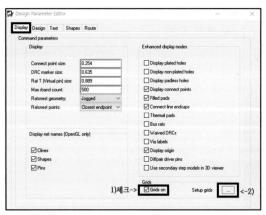

⑥ Display 탭 → Grids on 체크 → Setup grids → …

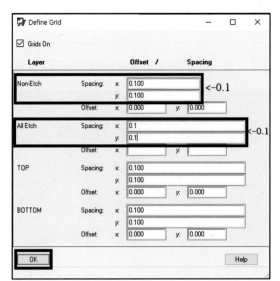

⑦ Non-Etch와 All Etch를 0.1로 지정한 후 OK를 클릭한다.

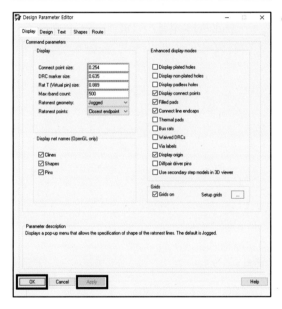

⑧ Apply → OK

⑨ 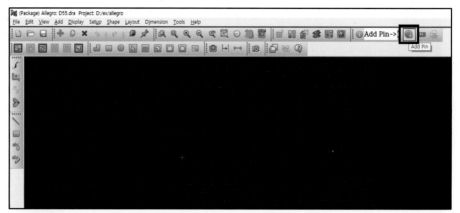(Add Pin)을 클릭한 후 오른쪽의 Options로 이동한다.

⑩ 사용할 PAD를 선택한다.

⑪ Options → Padstack … 클릭 → 검색창에 'pad26r16' 입력
   → pad26r16 선택 → OK

※ 검색창에 'pad26*'을 입력하면 pad26로 시작되는 PAD가 검색된다.

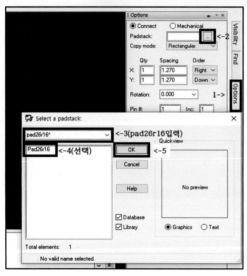

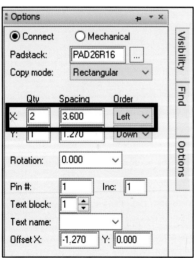

⑫ PAD 배치

|   | Qty | Spacing | Order |
|---|-----|---------|-------|
| X | 2   | 3.6     | Left  |

• X : X축
• Y : Y축
• Qty : 핀의 개수
• Spacing : 핀과 핀의 간격
• Order : 핀 번호 증가 방향

**Plus**

핀과 핀의 간격 계산

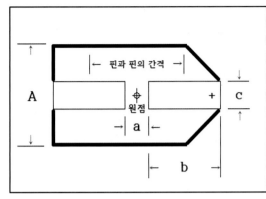

• 핀과 핀의 간격
$$= a + \left(\frac{PAD(W)}{2}\right) + \left(\frac{PAD(W)}{2}\right)$$
$$= a + PAD(W) = 1 + 2.6 = 3.6$$

• 1번 핀의 좌표(x 1.8 0)를 Command 창에 입력한다(x는 소문자).

```
✕  Pick location for the dimension value.
◄  W- (SPMHDI-89): Dimension point at (3.200, -0.800) is not being associated with an object.
   last pick:  3.200 0.800
   First point found ... pick the second point.
   Command > x 1.8 0         <- x 1.8 0
```

PAD 배치 좌표 계산

PAD의 중심을 기준으로 좌표를 계산한다. 따라서 1번 핀의 x축과 y축의 좌표는 다음과 같다.

• 1번 핀의 x축 좌표 : $\dfrac{a}{2} + \dfrac{b}{2} = \dfrac{1}{2} + \dfrac{2.6}{2} = 0.5 + 1.3 = 1.8$

• 1번 핀의 y축 좌표 : PAD의 중심이 원점과 같은 선상에 있으므로 y축 좌표는 '0' → 1번 핀 좌표 : x 1.8 0

PCB Editor에서 사용하는 좌표형식

• x로 시작하는 좌표형식

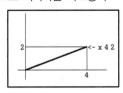

원점에서 떨어진 x축과 y축 만나는 지점으로, 형식은 'x x축 좌표 y축 좌표'이다.

• ix 또는 iy로 시작하는 좌표형식

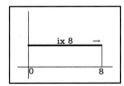 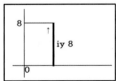

직전의 좌표에서 x축이나 y축으로 이동한 거리를 나타내는 형식이다.
예 1) ix 8 : 직전의 좌표에서 x축으로 8만큼 이동
예 2) iy 8 : 직전의 좌표에서 y축으로 8만큼 이동

※ 위의 두 좌표형식 모두 왼쪽이나 아래쪽으로 이동하면 좌표의 부호는 '−'가 된다.

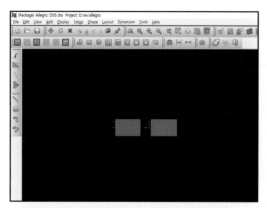

⑬ 1번 핀의 좌표를 입력하면 Options에서 설정한 것처럼 두 개의 핀이 한 번에 배치된다.

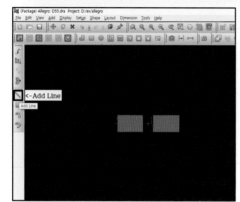

⑭ 심벌의 외형을 그린다(위쪽).

⑮ 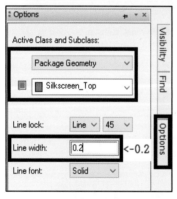 (Add Line)을 클릭한다.

⑯ 오른쪽의 Options 탭으로 이동하여 Active Class and Subclass를 Package Geometry, Silkscreen_Top으로 설정한다.

⑰ Line width : 0.2

⑱ 다음 그림에서 가리키는 곳을 클릭한다.

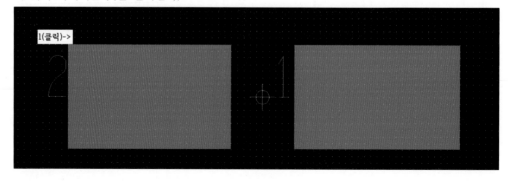

⑲ Command 창에 'iy 1.45'를 입력한다.

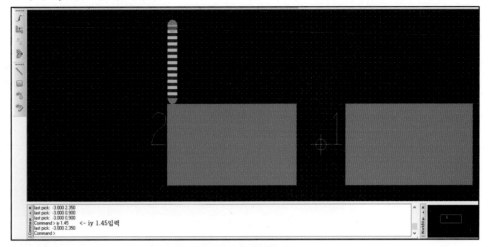

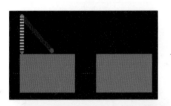 →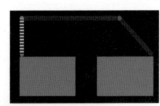

⑳ 선을 대각선으로 내린 상태에서 그대로 1번 핀의 끝까지 이동한다.

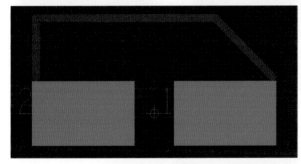

㉑ 1번 핀 끝부분 바로 위쪽 그리드에서 클릭한다.
㉒ 위쪽 라인이 완성된다.

㉓ 마우스 우측 버튼을 클릭한 후 'Next'를 클릭한다.

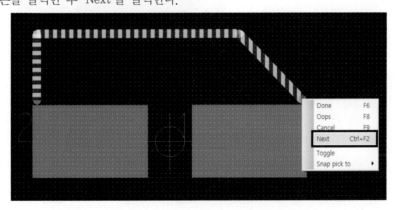

㉔ 다음 그림에서 가리키는 곳을 클릭한다.

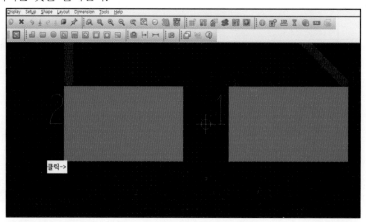

㉕ Command 창에 'iy −1.45'를 입력한다.

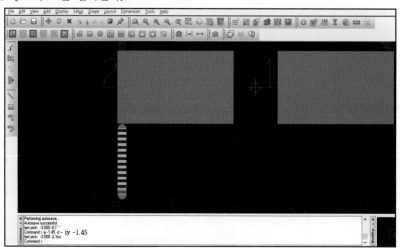

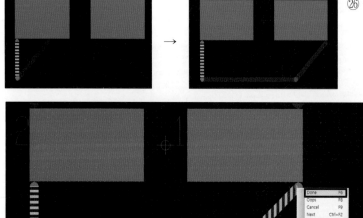

㉖ 선을 대각선으로 올린 상태에서 그대로 1번 핀의 끝까지 이동한다.

㉗ 1번 핀 끝부분 바로 아래쪽 그리드에 서 클릭한다.

㉘ 마우스 우측 버튼을 클릭한 후 Done 을 클릭한다.

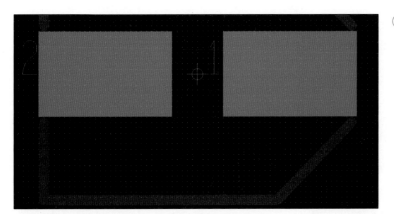

㉙ 아래쪽 라인이 완성된다.

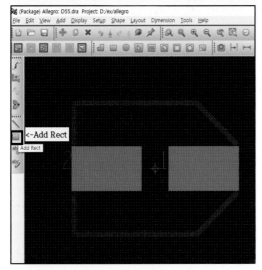

㉚ Place bound TOP을 그린다.

㉛ 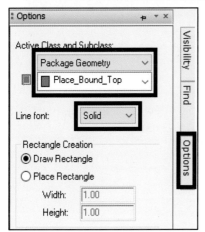 (Add Rect)을 클릭한다.

㉜ 오른쪽의 Options 탭으로 이동하여 Active Class and Subclass를 Package Geometry, Place_Bound_Top으로 설정한다.

㉝ Line font : Solid

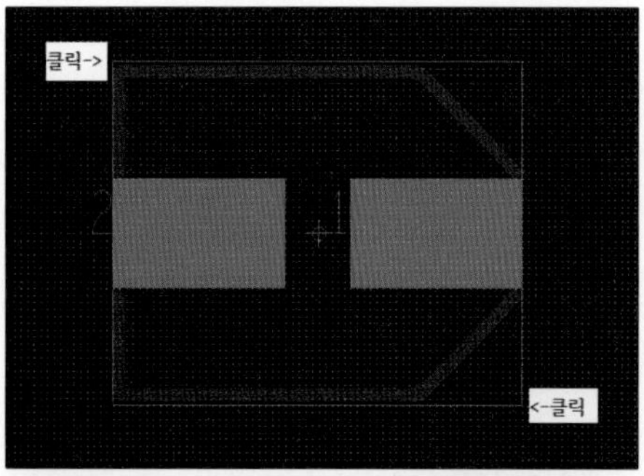


㉞ 좌측 상단 모서리를 클릭한 후 우측 하단 모서리 부분을 클릭한다.

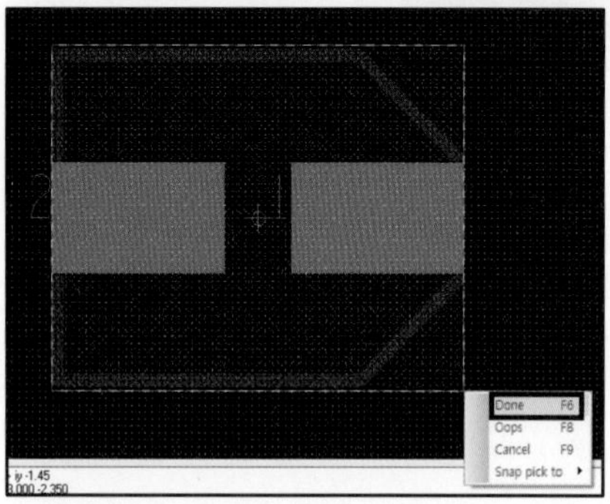


㉟ 마우스 우측 버튼을 클릭한 후 Done을 클릭한다.

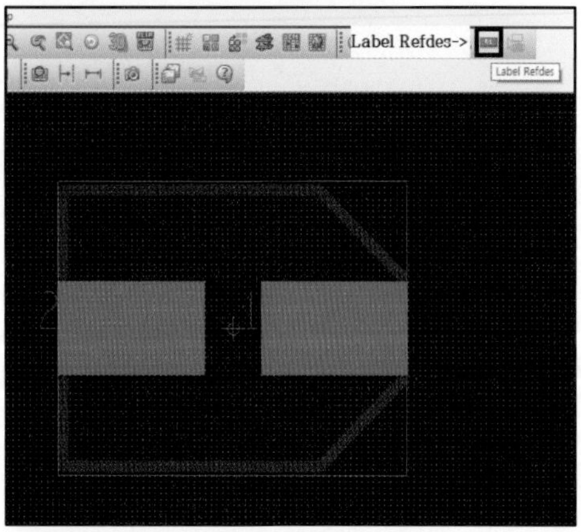


㊱ Reference를 입력하기 위해 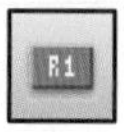 (Label Refdes)를 클릭한다.

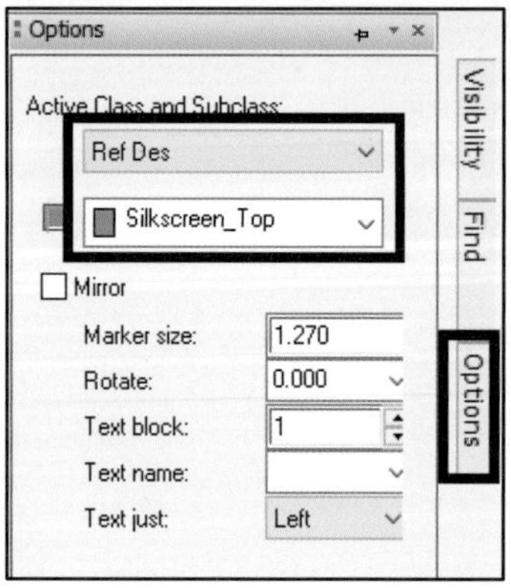


㊲ 오른쪽의 Options 탭으로 이동하고, Active Class and Subclass를 Ref Des, Silkscreen_Top으로 설정한다.

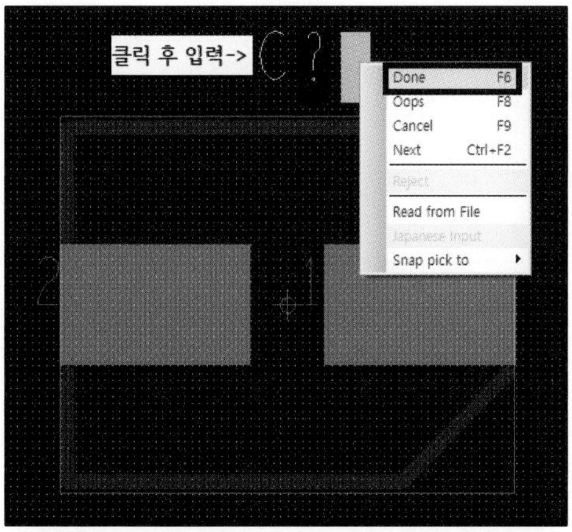


㊳ 심벌 상단을 클릭한 후 'C?'를 입력한다. Reference는 대문자로 입력한다.

㊴ 입력 후 마우스 우측 버튼을 클릭한 후 Done을 클릭한다.

※ Reference를 입력하지 않으면 저장할 때 에러가 발생한다.

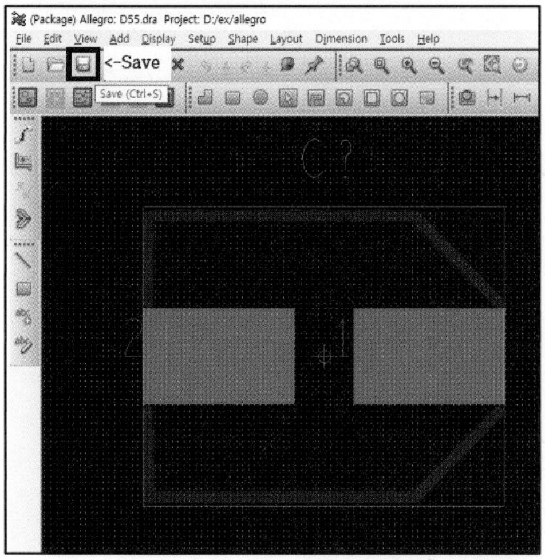


㊵ 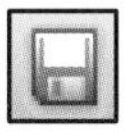 (Save)를 클릭하여 저장한다. 또는 Menu→ File → Save

※ 저장되는 폴더에 D55.dra, D55.psm 파일이 있어야 사용할 수 있다. 저장 후 확인해 본다.

※ 다음과 같이 그리는 방법도 있다.

① Menu → Edit → Copy

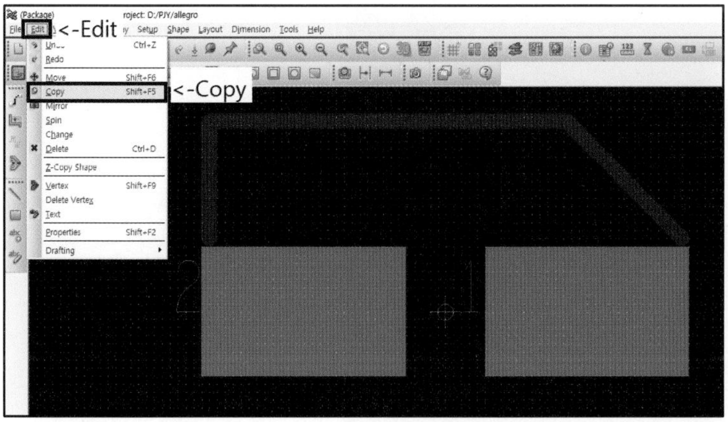

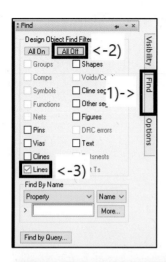

② Find에서 All Off를 클릭하여 체크 해제 후 Lines를 체크한다.

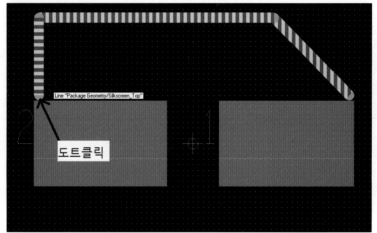

③ 화살표가 가리키는 부분의 도트
를 클릭한다.
※ 도트를 정확히 클릭하지 않을 경우
대칭이 맞지 않는다.

도트클릭

Line "Package Geometry/Silkscreen_Top"

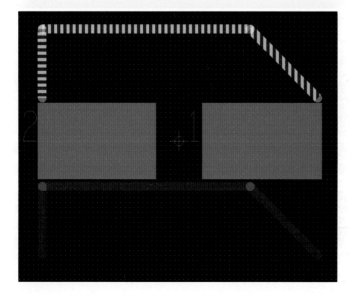

④ 마우스를 이동시키면 복사된 선이 마우스
를 따라서 이동한다.

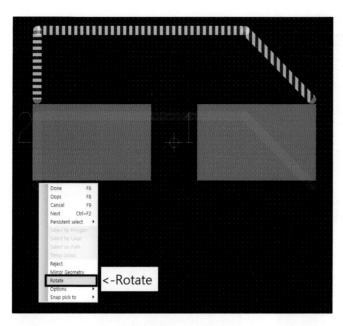

⑤ 복사가 되면 마우스 우측 버튼 클릭하여 Rotate를 선택한다.

⑥ Find에서 All Off를 클릭하여 체크 해제 후 Lines를 체크한다.

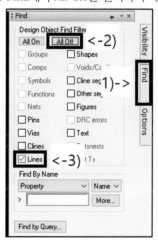

⑦ Options에서 Angle을 90으로 설정한다.

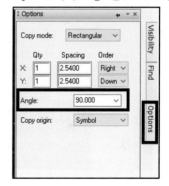

⑧ 마우스를 돌리면 복사한 선이 90°로 회전한다.

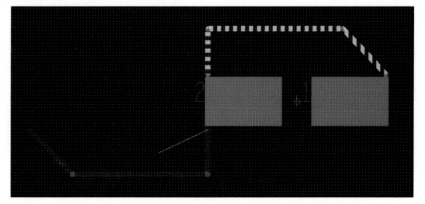

⑨ 복사한 선을 다음 그림과 같이 회전시킨 후 마우스 우측 버튼을 클릭하여 Mirror Geometry를 선택한다.

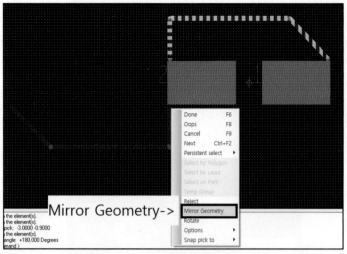

⑩ 복사한 선의 좌우 반전이 완료되면 마우스 우측 버튼을 클릭하여 Done을 선택한다.

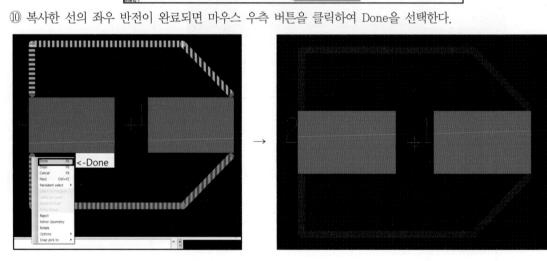

## 3) HEADER10

( ▶ [전자캐드기능사] 공개문제 풀이 4. HEADER10 FOOTPRINT 영상 참조)

### (1) PAD 만들기(PAD84C1)

① 🔧(PAD Designer)를 실행한다.
② File → New

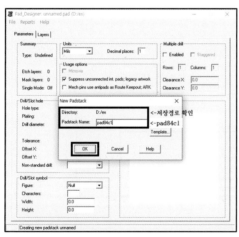

③ 저장경로를 확인한다.
④ Padstack Name : pad84c1
⑤ OK를 클릭한다.

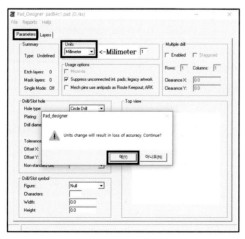

⑥ Units(단위) 설정 : Millimeter
⑦ Units의 수정 여부를 묻는 팝업창이 뜨면 예(Y)를 클릭한다.

**[공개문제에 제시된 HEADER10 데이터 시트]**

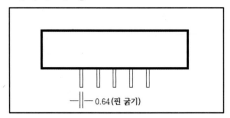

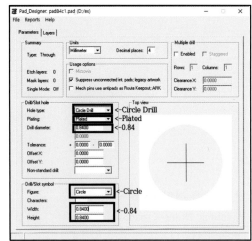

- Drill/Slot hole
  - Hole type : Circle Drill
  - Plating : Plated
  - Drill diameter : 0.84(핀 굵기+0.2=0.64+0.2=0.84)
  ※ 핀 굵기에 0.2를 더하는 이유 : 핀 굵기만큼 Hole을 뚫으면 부품이 잘 들어가지 않기 때문에 0.2만큼 더 뚫어 준다.
- Drill/Slot symbol
  - Figure : Circle
  - Width : 0.84
  - Height : 0.84

**[공개문제에 제시된 HEADER10 데이터 시트]**

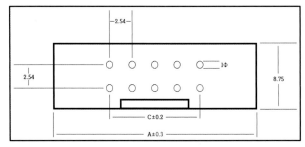

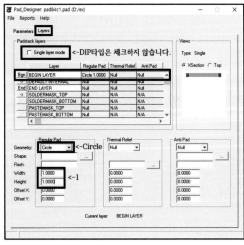

① Layers 탭으로 이동한다.
  ※ DIP형 PAD이므로 Single layer mode는 체크하지 않는다.
② Regular Pad의 Geometry, Width, Height를 입력한다.
  - Geometry : Circle
  - Width : 1
  - Height : 1
  ※ 데이터 시트에 PAD의 지름이 1Φ로 표기되어 있으므로 Width, Height가 모두 1로 입력한다.

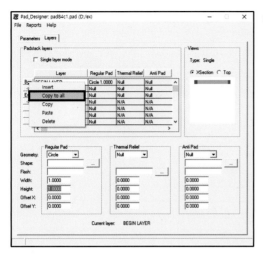

③ 커서를 Bgn으로 이동하고, 마우스 우측 버튼을 클릭한 후 Copy to all을 클릭한다.

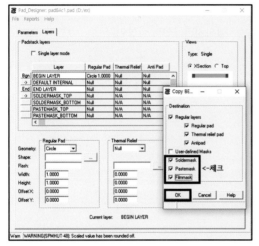

④ Copy 범위를 설정한다.
  • Soldermask, Pastemask, Filmmask를 체크한다.
  ※ Soldermask에만 복사해도 무방하다.

⑤ OK를 클릭한다.

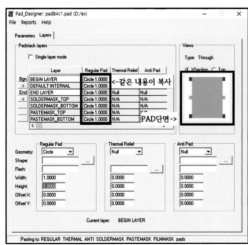

⑥ BEGIN LAYER에 입력된 값이 Soldermask, Pastemask, Filmmask에 복사된다.

⑦ 정상적으로 복사되면 PAD 단면이 왼쪽과 같이 변한다.

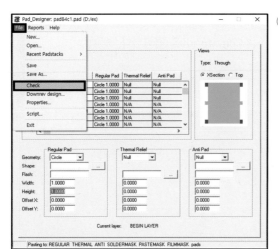

⑧ File → Check

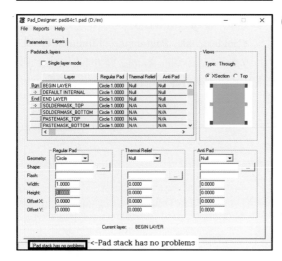

⑨ PAD Designer 창 아래에 Pad stack has no problems 메시지가 뜨면 정상이다.

⑩ File → Save

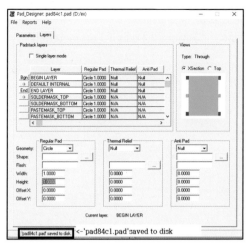

⑪ PAD Designer 하단에 'pad84c1.pad' saved to disk라는 메시지가 표시되면 정상적으로 저장된 것이다.

## (2) PAD 배치 및 외형 그리기

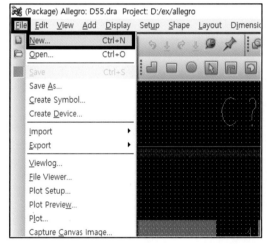

① 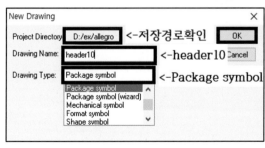 (OrCAD PCB Editor)를 실행한다.

② File → New

③ 저장되는 경로를 확인한다.
- Drawing Name : header10
- Drawing Type : Package symbol
※ Drawing Name은 Netlist를 하기 전에 입력해야 할 Footprint이다. 반드시 알아둔다.

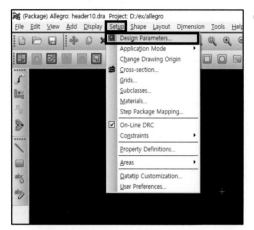

④ 초기 설정

Menu → Setup → Design Parameters...

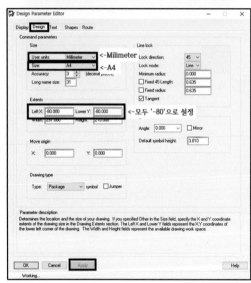

⑤ Design 탭
- User units : Millimeter
- Size : A4
- Extents → Left X : −80, Lower Y : −80
- Apply를 클릭한다.

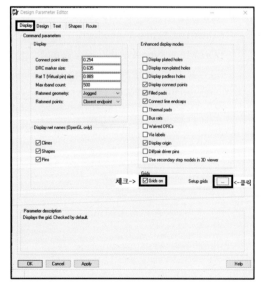

⑥ Display 탭
- Grids on 체크 → Setup grids → ...

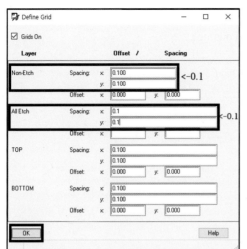

⑦ Non-Etch와 All Etch를 0.1로 지정한 후 OK를 클릭한다.

⑧ Apply → OK

⑨ 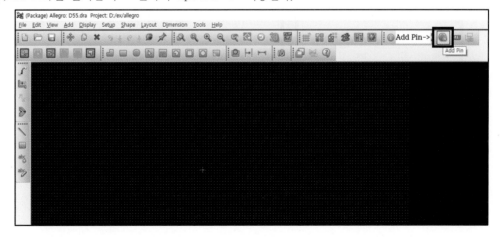 (Add Pin)을 클릭한 후 오른쪽의 Options으로 이동한다.

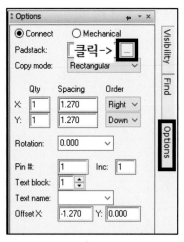

⑩ 사용할 PAD를 선택한다.

　• Options → Padstack → …

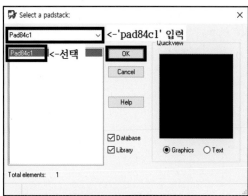

⑪ 검색창에 'Pad84c1' 입력 → Pad84c1 선택 → OK

　※ 검색창에 'pad84*'을 입력하면 pad84로 시작하는 PAD들이
　　 검색된다.

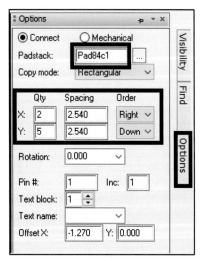

⑫ PAD를 배치한다.

|  | Qty | Spacing | Order |
|---|---|---|---|
| X | 2 | 2.54 | Right |
| Y | 5 | 2.54 | Down |

• X : X축, Y : Y축

• Qty : 핀의 개수

• Spacing : 핀과 핀의 간격

• Order : 핀 번호 증가 방향

⑬ Command 창에 1번 핀의 좌표(x 0 0)를 입력한다.

※ DIP Type 부품은 원점이 1번 핀에 위치한다.

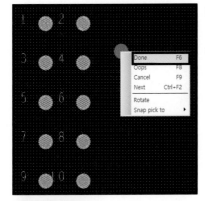

⑭ Command 창에 1번 핀의 좌표를 입력하면 Options에서 설정한 대로 나머지 핀들이 자동으로 배치된다.

⑮ 핀 배치가 완료되면 마우스 우측 버튼을 클릭한 후 Done을 클릭한다.

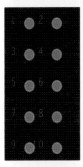

⑯ 핀 배치가 완료된다.

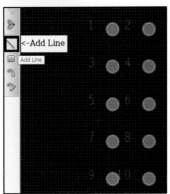

⑰ 심벌의 외형 그리기 : (Add Line)을 클릭한다.

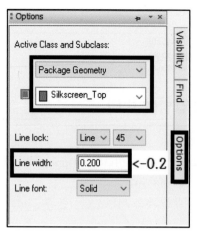

⑱ 오른쪽의 Options 탭으로 이동하여 Active Class and Subclass를 Package Geometry, Silkscreen_Top으로 설정한다.

⑲ Line width : 0.2로 설정한다.

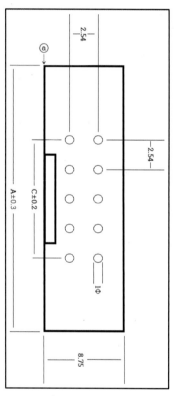

⑳ ⓐ점을 시작점으로 설정한다.

• ⓐ점 좌표 계산

- x축 좌표 $= \dfrac{8.75 - 2.54}{2} = \dfrac{6.21}{2} = 3.105$

- y축 좌표 $= \dfrac{A(MAX) - C}{2} = \dfrac{20.62 - 10.16}{2} = \dfrac{10.46}{2} = 5.23$

$A(MAX) = 20.32 + 0.3 = 20.62$

ⓐ점은 원점에서 왼쪽에 위치하므로 x축 좌표는 -3.105이고, 원점에서 위쪽에 위치하므로 y축 좌표는 5.23이다.

따라서 ⓐ점의 좌표는 x -3.105 5.23이다.

㉑ Command 창에 ⓐ점의 좌표 'x -3.105 5.23'을 입력한다.

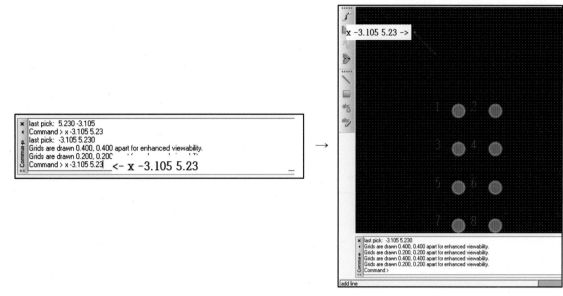

㉒ ⓐ점에서 x축(오른쪽)으로 8.75만큼 선을 그리기 위해 Command 창에 'ix 8.75'를 입력한다.

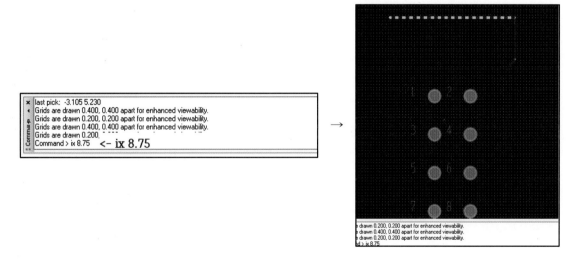

㉓ y축(아래쪽)으로 20.62만큼 선을 그리기 위해 Command 창에 'iy -20.62'를 입력한다.

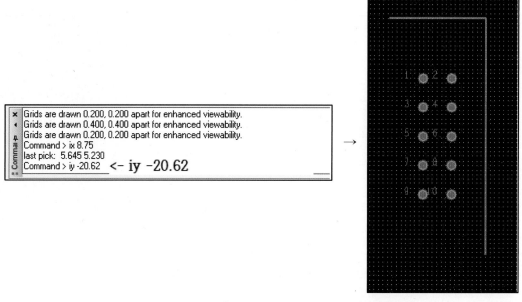

㉔ x축(왼쪽)으로 8.75만큼 선을 그리기 위해 Command 창에 'ix -8.75'를 입력한다.

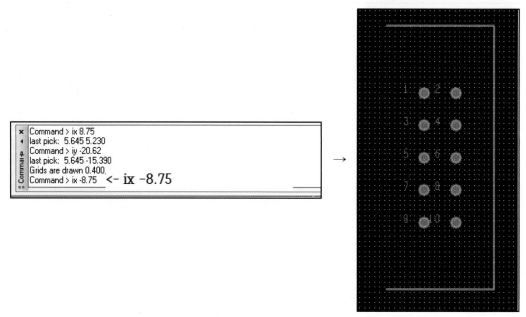

㉕ y축(위쪽)으로 20.62만큼 선을 그리기 위해 Command 창에 'iy 20.62'를 입력한다.

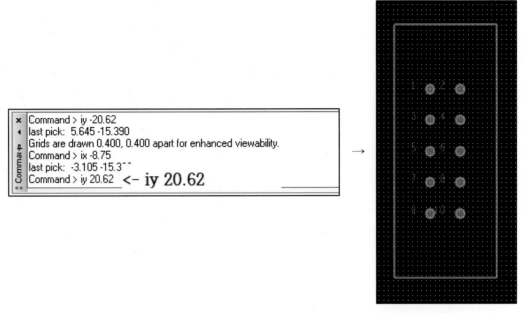

※ Header의 홈은 PCB에 Header를 장착할 때 방향만 나타내므로 큰 의미를 갖지 않는다. 따라서 데이터 시트에 제시된 홈의 치수를 꼭 지키지 않아도 된다.

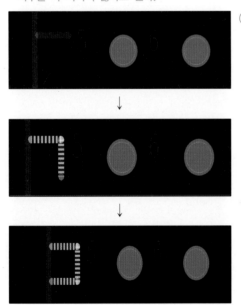

㉖ 왼쪽 그림처럼 5번 핀 앞에 홈을 표시한다.

㉗ 홈이 완성되면 마우스 우측 버튼을 클릭한 후 Done을 클릭한다.

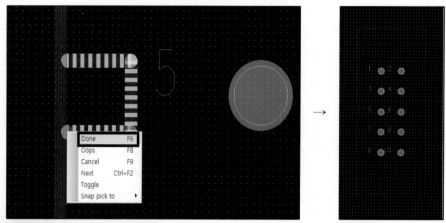

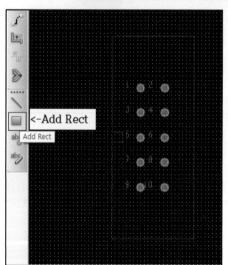

㉘ Place bound TOP 그리기 : (Add Rect)를 클릭한다.

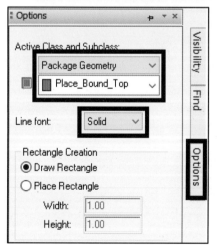

㉙ 오른쪽의 Options 탭으로 이동한 후 Active Class and Subclass를 Package Geometry, Place_Bound_Top으로 설정한다.

㉚ Line font : Solid

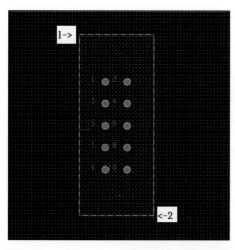

㉛ 1번 클릭 후 2번을 클릭한다.

㉜ 마우스 우측 버튼을 클릭한 후 Done을 클릭한다.

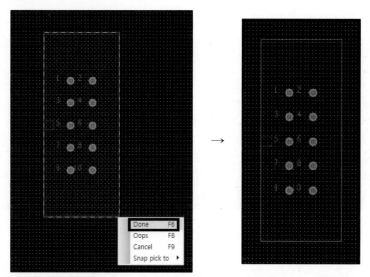

㉝ Reference 입력 →

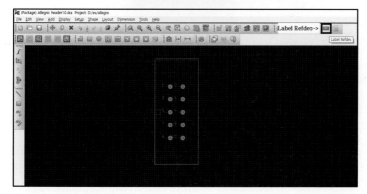

(Label Refdes)

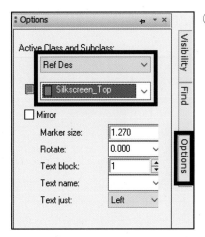

㉞ 오른쪽의 Options 탭으로 이동한 후 Active Class and Subclass를 Ref Des, Silkscreen_Top으로 설정한다.

㉟ 심벌 상단을 클릭한 후 'J?'를 입력한다(Reference는 대문자로 입력한다). 마우스 우측 버튼을 클릭한 후 Done을 클릭한다.

※ Reference를 입력하지 않으면 저장할 때 에러가 발생한다.

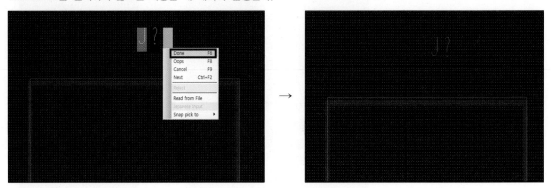

㊱ 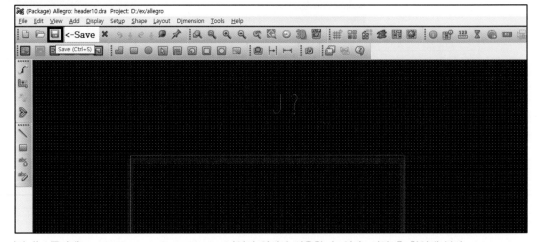 (Save)를 클릭하여 저장한다. 또는 Menu → File → Save

※ 저장되는 폴더에 header10.dra, header10.psm 파일이 있어야 사용할 수 있다. 저장 후 확인해 본다.

## 4) CRYSTAL

( ▶ [전자캐드기능사] 공개문제 풀이 5. CRYSTAL FOOTPRINT 영상 참조)

### (1) PAD 만들기(PAD63C123)

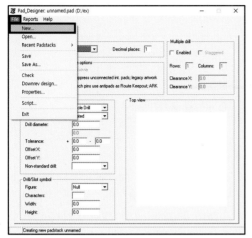

① (PAD Designer)를 실행한다.

② File → New

③ 저장경로를 확인한다.

④ Padstack Name : pad63c123

⑤ OK를 클릭한다.

⑥ Units(단위) 설정 : Millimeter

⑦ Units의 수정 여부를 묻는 팝업창이 뜨면 예(Y)를 클릭한다.

**[공개문제에 제시된 CRYSTAL 데이터 시트 1]**

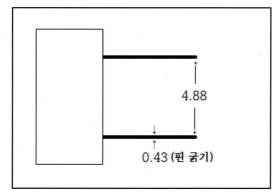

4.88

0.43 (핀 굵기)

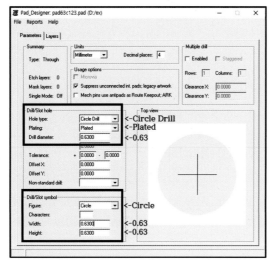

- Drill/Slot hole
  - Hole type : Circle Drill
  - Plating : Plated
  - Drill diameter : 0.63(핀 굵기+0.2=0.43+0.2=0.63)
  ※ 핀 굵기에 0.2를 더하는 이유 : 핀 굵기만큼 Hole을 뚫으면 부품이 잘 들어가지 않기 때문에 0.2만큼 더 뚫어 준다.
- Drill/Slot symbol
  - Figure : Circle
  - Width: 0.63
  - Height: 0.63

① Layers 탭으로 이동한다.
   ※ DIP형 PAD이므로 Single layer mode는 체크하지 않는다.
② Regular Pad의 Geometry, Width, Height를 입력한다.
   - Geometry : Circle
   - Width : 1.23
   - Height : 1.23
   ※ PAD의 지름은 Hole의 지름에 0.6을 더해 주었다.

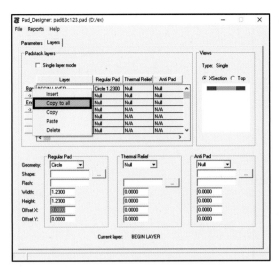

③ 커서를 Bgn으로 이동한 후 마우스 우측 버튼을 클릭한
후 Copy to all을 클릭한다.

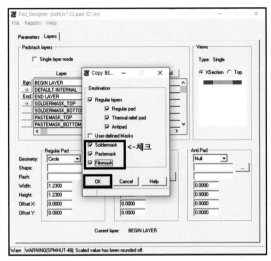

④ Copy 범위를 설정한다.
 • Soldermask, Pastemask, Filmmask를 체크한다.
※ Soldermask에만 복사해도 무방하다.
⑤ OK를 클릭한다.

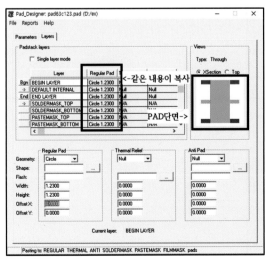

⑥ BEGIN LAYER에 입력된 값이 Soldermask, Paste
mask, Filmmask에 복사된다.
⑦ 정상적으로 복사되면 PAD 단면이 왼쪽과 같이 변한다.

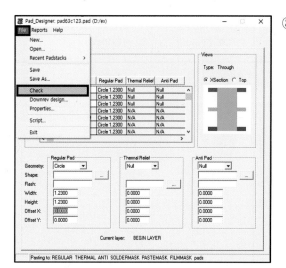

⑧ File → Check

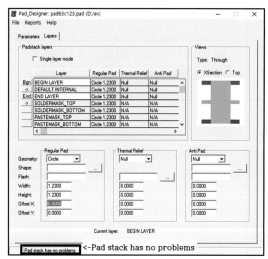

⑨ PAD Designer 창 아래에 Pad stack has no problems 메시지가 뜨면 정상이다.

⑩ File → Save

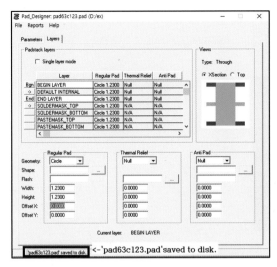

⑪ PAD Designer 하단에 'pad63c123.pad' saved to disk 메시지가 뜨면 정상적으로 저장된 것이다.

## (2) PAD 배치 및 외형 그리기

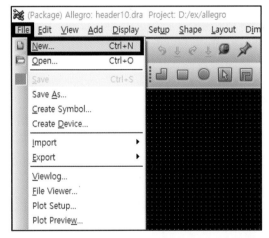

① (OrCAD PCB Editor)를 실행한다.

② File → New

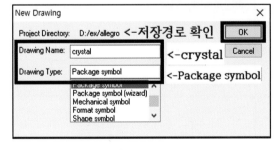

③ 저장되는 경로를 확인한다.
- Drawing Name : crystal
- Drawing Type : Package symbol
※ Drawing Name은 Netlist를 하기 전에 입력해야 할 Footprint이다. 반드시 알아둔다.

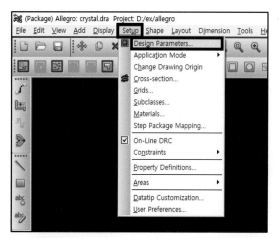

④ 초기 설정

    Menu → Setup → Design Parameters...

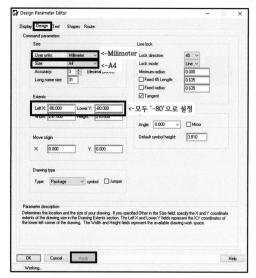

⑤ Design 탭

- User units : Millimeter
- Size : A4
- Extents → Left X : -80, Lower Y : -80
- Apply를 클릭한다.

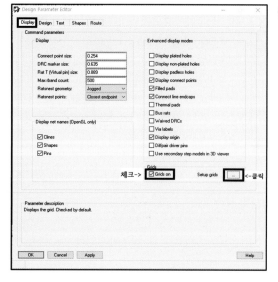

⑥ Display 탭 → Grids on 체크 → Setup grids → ...

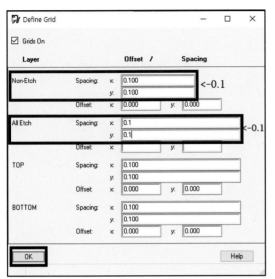

⑦ Non-Etch와 All Etch를 0.1로 지정한 후 OK를 클릭
한다.

⑧ Apply → OK

⑨ 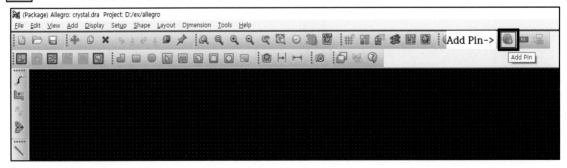 (Add Pin)을 클릭한 후 오른쪽의 Options으로 이동한다.

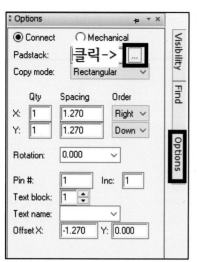

⑩ 사용할 PAD 선택 → Options → Padstack → …

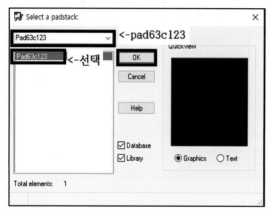

⑪ 검색창에 'pad63c123' 입력 → pad63c123 선택 → OK

※ 검색창에 'pad63*'을 입력하면 pad63으로 시작되는 PAD
가 검색된다.

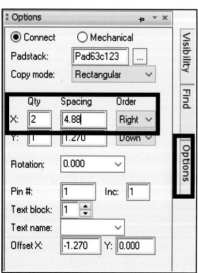

⑫ PAD를 배치한다.

| | Qty | Spacing | Order |
|---|---|---|---|
| X | 2 | 4.88 | Right |

• X : X축
• Qty : 핀의 개수
• Spacing : 핀과 핀의 간격
• Order : 핀 번호 증가 방향

※ Spacing은 CRYSTAL 데이터 시트 1을 참조한다.

⑬ Command 창에 1번 핀의 좌표(x 0 0)를 입력한다.

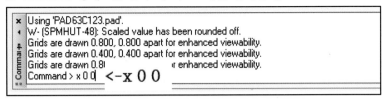

※ DIP type 부품은 원점이 1번 핀에 위치한다.

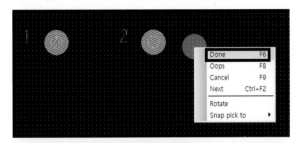

⑭ Command 창에 1번 핀의 좌표를 입력하면 Options에서 설정한 대로 나머지 핀이 자동으로 배치된다.
⑮ 핀 배치가 완료되면 마우스 우측 버튼을 클릭한 후 Done을 클릭한다.

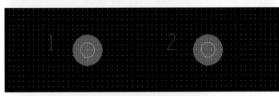

⑯ 핀 배치가 완료된다.

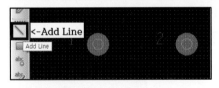

⑰ 심벌의 외형 그리기 :  (Add Line) 클릭

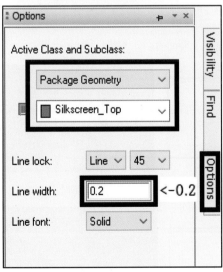

⑱ 오른쪽의 Options 탭으로 이동하여 Active Class and Subclass의 Package Geometry, Silkscreen_Top 설정을 확인한다.
⑲ Line width : 0.2 설정을 확인한다.

**[공개문제에 제시된 CRYSTAL 데이터 시트 2]**

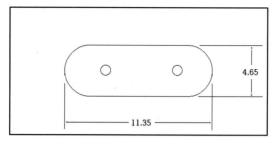

① 먼저 왼쪽과 같은 사각형을 그린다. 사각형은 ⓐ점부터 그린다.
- ⓐ점 좌표 계산
  - x축 좌표 : $\dfrac{11.35 - 4.88}{2} = \dfrac{6.47}{2} = 3.235$
  - y축 좌표 : $\dfrac{4.65}{2} = 2.325$

ⓐ점은 원점에서 왼쪽에 위치하므로 x축의 좌표는 −3.235이고, ⓐ점은 원점에서 위쪽에 위치하므로 y축의 좌표는 2.325이다.

따라서 ⓐ점의 좌표는 x −3.235 2.325이다.

② Command 창에 ⓐ점의 좌표(x −3.235 2.325)를 입력하면 다음과 같이 ⓐ점이 시작점으로 설정된다.

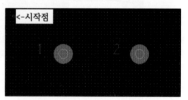

③ ⓐ점에서 x축으로 11.35만큼 선을 그리기 위해 Command 창에 'ix 11.35'를 입력한다.

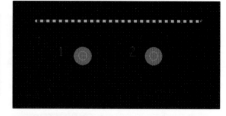

④ y축(아래쪽)으로 4.65만큼 선을 그리기 위해 Command 창에 'iy −4.65'를 입력한다.

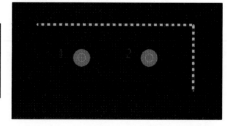

⑤ x축(왼쪽)으로 11.35만큼 선을 그리기 위해 Command 창에 'ix -11.35'를 입력한다.

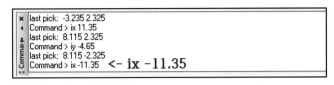 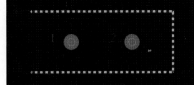

⑥ y축(위쪽)으로 4.65만큼 선을 그리기 위해 Command 창에 'iy 4.65'를 입력한 후 마우스 우측 버튼을 클릭한 후 Done을 클릭한다.

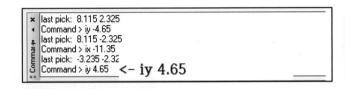 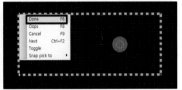

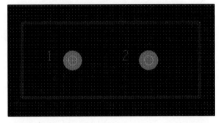

⑦ 사각형이 완성되면 모서리를 곡선으로 깎는다.
※ 모서리는 깎지 않아도 된다. 지금의 모양으로 사용해도 무방하다.

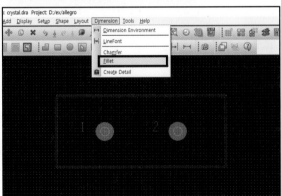

⑧ Menu → Dimension → Fillet

⑨ Options → Radius : 2

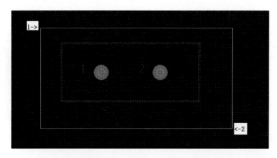

⑩ 마우스 좌측 버튼을 클릭한 상태에서 1부터 2까지 드래 그한다.

⑪ 모서리가 깎였으면 마우스 우측 버튼을 클릭한 후 Done을 클릭한다.

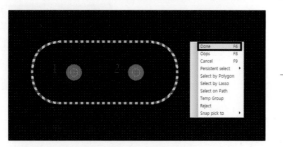 →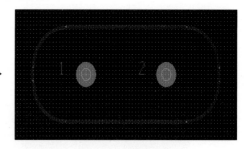

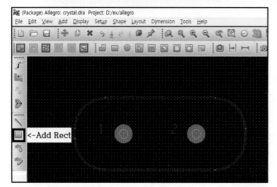

⑫ Place bound TOP 그리기 → Add Rect

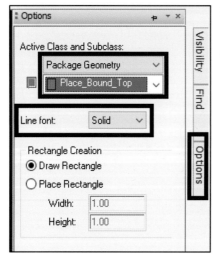

⑬ 오른쪽의 Options 탭으로 이동한 후 Active Class and Subclass를 Package Geometry, Place_Bound_Top으로 설정한다.

⑭ Line font : Solid

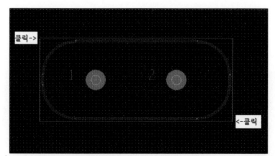

⑮ 대각선상의 두 모서리를 클릭한다.

⑯ 마우스 우측 버튼을 클릭한 후 Done을 클릭한다.

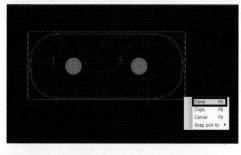 →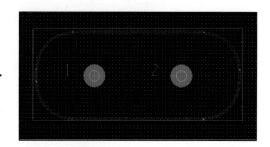

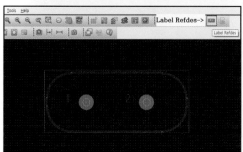

⑰ Reference 입력 → 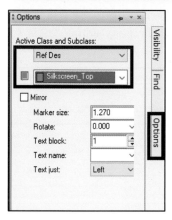 (Label Refdes)

⑱ 오른쪽의 Options 탭으로 이동하여 Active Class and Subclass를 Ref Des, Silkscreen_Top으로 설정한다.

⑲ 심벌 상단을 클릭한 후 'Y?'를 입력(Reference는 대문자로 입력한다)하고, 마우스 우측 버튼을 클릭한 후 Done을 클릭한다.

※ Reference를 입력하지 않으면 저장할 때 에러가 발생한다.

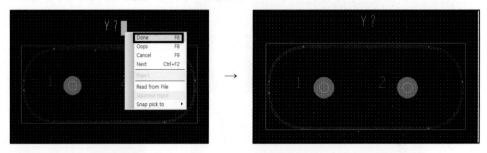

⑳ 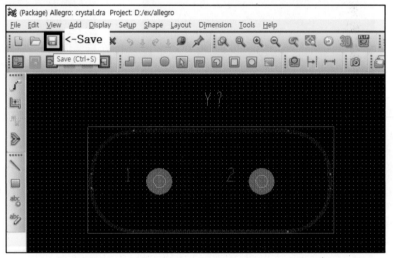(Save)를 클릭하여 저장한다. 또는 Menu → File → Save

※ 저장되는 폴더에 crystal.dra, crystal.psm 파일이 있어야 사용할 수 있다. 저장 후 확인해 본다.

㉑ Footprint 제작이 완료되면 OrCAD Capture에서 작성한 회로도의 Property Editor 창으로 이동하여 Foot-print(Drawing Name)를 입력한다(Footprint는 226쪽 참조).

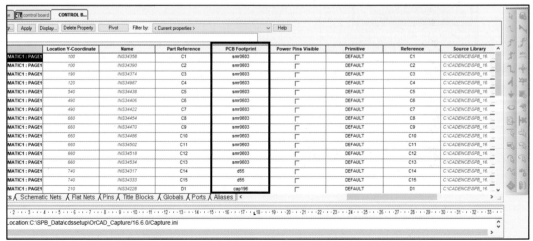

㉒ Footprint 입력이 끝나면 Netlist를 수행한다(229쪽 참조).

㉓ Netlist가 완료되면 OrCAD PCB Editor가 자동으로 실행된다.

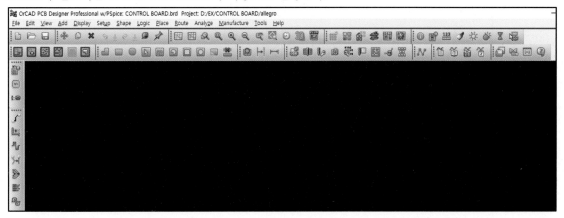

## 4 초기 설정

( ▶ [전자캐드기능사] 공개문제 풀이 9. OrCAD PCB Editor를 이용한 PCB 설계 영상 참조)

### 1) Setup

Design Parameters...를 클릭한다.

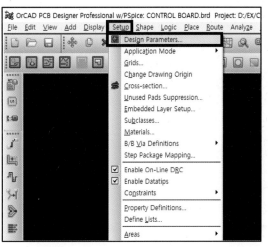

## (1) Design

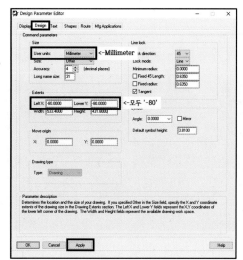

① User units : Millimeter

② Left X : -80, Lower Y : -80

③ Apply를 클릭한다.

## (2) Display

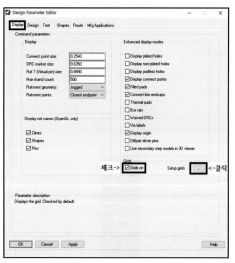

① Grids on 체크 → Setup grids → ...

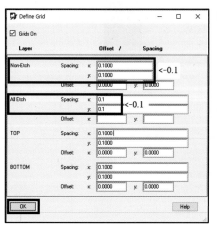

② Non-Etch와 All Etch를 0.1로 지정한 후 OK를 클릭한다.

③ Apply를 클릭한다.

## (3) Shapes

① Edit global dynamic shape parameters...를 클릭한다.

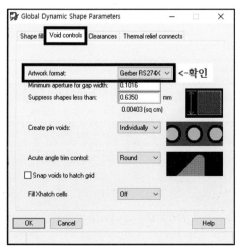

② Void controls 탭

• Artwork format : Gerber RS274X를 확인한다.

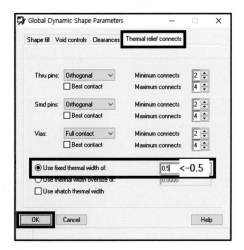

③ Thermal relief connects 탭

- Use fixed thermal width of : 0.5
- OK를 클릭한다.

※ Use fixed thermal width of : 단열판과 GND 네트 사이 연결선의 두께를 설정한다. 공개문제에서는 0.5mm로 설정되어 있다(318쪽 공개문제 9. 카퍼의 설정 참조).

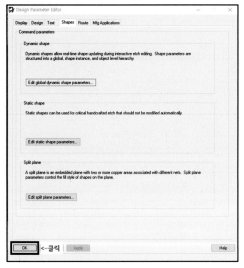

④ OK를 클릭한다.

## 2) Constraints Manager

네트의 폭, 여러 요소 간의 간격, VIA 설정 등과 관련된다.

① Menu → Setup → Constraints 또는 ▦(Cmgr)을 클릭한다.

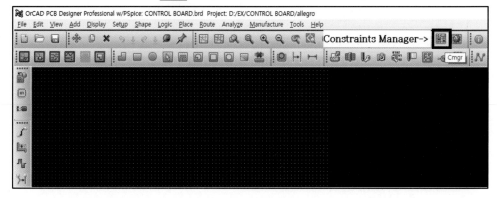

5) 네트(NET)의 폭(두께) 설정

  (가) 정의된 네트의 폭에 따라 설계하시오.

| 네트명 | 두 께 |
|---|---|
| +12V, +5V, GND, X1, X2 | 0.5mm |
| 그 외 일반 선 | 0.3mm |

(1) Physical(네트의 폭과 VIA 설정)

  ① Physical Constraint Set → All Layers

  ② DEFAULT → Line Width → Min : 0.3

  ③ VIA 셀을 클릭한다.

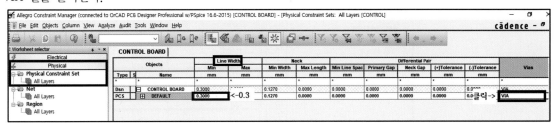

  ④ Filter by name에 'SVIA'를 입력한다.

  ⑤ 목록에서 SVIA를 더블클릭하여 오른쪽(via list)으로 이동한다.

  ⑥ via list에서 VIA를 더블클릭하여 왼쪽으로 이동한다.

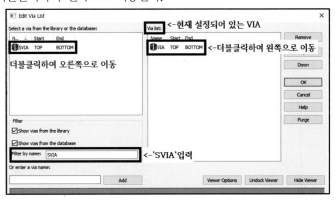

  ⑦ OK를 클릭한다.

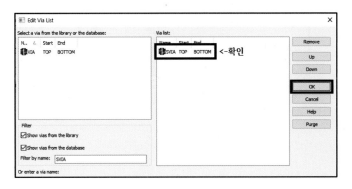

⑧ DEFAULT의 Vias 셀이 SVIA로 변경된다.

| | Objects | | Width | Neck | | Differential Pair | | | | | Vias | |
|---|---|---|---|---|---|---|---|---|---|---|---|---|
| | | | Max | Min Width | Max Length | Min Line Spac | Primary Gap | Neck Gap | (+)Tolerance | (-)Tolerance | | |
| Type | S | Name | mm | mm | mm | mm | mm | mm | mm | mm | | |
| * | | * | * | * | * | * | * | * | * | * | * | |
| Dsn | ⊟ | CONTROL BOARD | 0.0000 | 0.1270 | 0.0000 | 0.0000 | 0.0000 | 0.0000 | 0.0000 | 0.0000 | SVIA | 0 |
| PCS | ⊞ | DEFAULT | 0.0000 | 0.1270 | 0.0000 | 0.0000 | 0.0000 | 0.0000 | 0.0000 SVIA로 변경-> | SVIA | | 0 |

⑨ Physical → Net → All Layers

⑩ +5V, +12V, GND, X1, X2의 네트 폭을 0.5mm로 변경한다(클릭하여 변경).

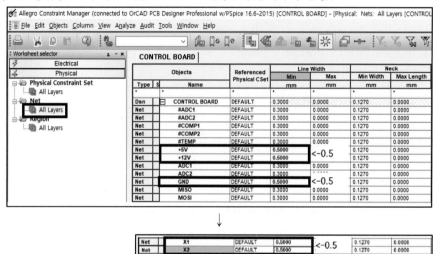

⑪ Vias 셀로 이동하여 +5V, +12V, GND, X1, X2의 VIA를 PVIA로 변경한다.

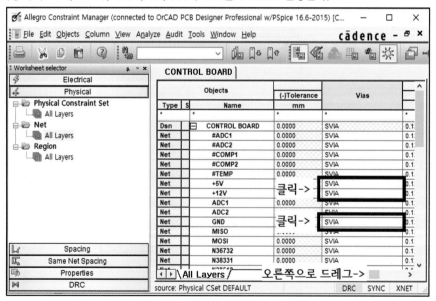

⑫ Filter by name에 'PVIA'를 입력한다.

⑬ 목록에서 PVIA를 더블클릭하여 오른쪽(Via List)으로 이동한다.

⑭ Via List에서 SVIA를 더블클릭하여 왼쪽으로 이동한다.

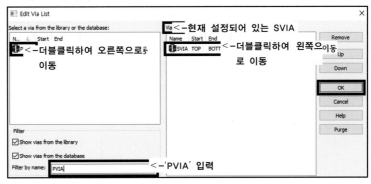

⑮ OK를 클릭한다.

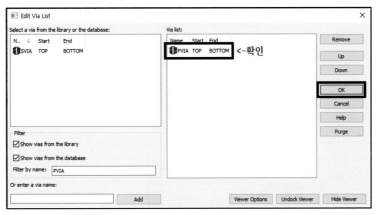

⑯ DEFAULT의 Vias 셀이 PVIA로 변경된다.

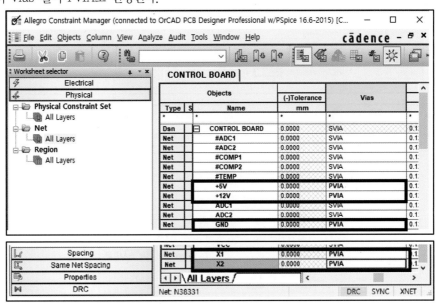

※ 네트의 폭과 VIA 설정은 다음과 같이 할 수 있다.

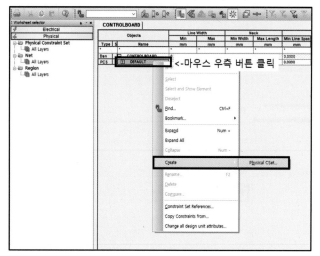

① 커서를 DEFAULT로 이동시킨 후 마우스 우측 버튼을 클릭한다.

② Create → Physical CSet…

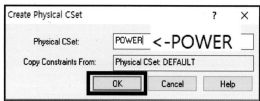

③ Physical CSet에 'POWER'를 입력한 후 OK를 클릭한다.

④ POWER에서 Line Width Min에 '0.5'를 입력하고, Vias는 PVIA로 설정한다.

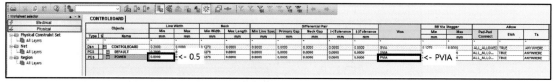

⑤ Physical → Net → All Layers

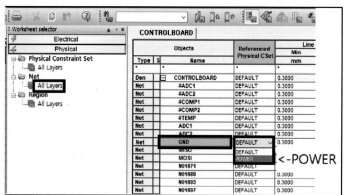

⑥ GND에서 DEFAULT를 클릭하여 'POWER'로 변경하면 다음과 같이 네트의 폭과 VIA가 변경된다.

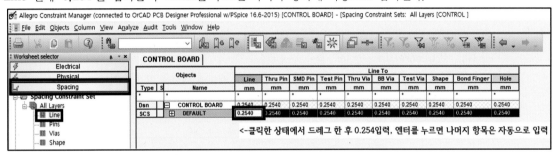

| Objects | | Referenced Physical CSet | Line Width | | Neck | | Uncoupled Length | | Differential Pair | | | | | Vias | BB Via |
|---|---|---|---|---|---|---|---|---|---|---|---|---|---|---|---|
| | | | Min | Max | Min Width | Max Length | Gather Control | Max | Min Line Spac | Primary Gap | Neck Gap | (+)Tolerance | (-)Tolerance | | Min |
| Type | S | Name | mm | mm | mm | mm | | mm | mm | mm | mm | mm | mm | | mm |
| Dsn | ⊟ | CONTROL BOARD | DEFAULT | 0.3000 | 0.0000 | 0.1270 | 0.0000 | | 0.0000 | 0.0000 | 0.0000 | 0.0000 | 0.0000 | 0.0000 | SVIA | 0.1270 |
| Net | | #ADC1 | DEFAULT | 0.3000 | 0.0000 | 0.1270 | 0.0000 | | | 0.0000 | 0.0000 | 0.0000 | 0.0000 | 0.0000 | SVIA | 0.1270 |
| Net | | #ADC2 | DEFAULT | 0.3000 | 0.0000 | 0.1270 | 0.0000 | | | 0.0000 | 0.0000 | 0.0000 | 0.0000 | 0.0000 | SVIA | 0.1270 |
| Net | | #COMP1 | DEFAULT | 0.3000 | 0.0000 | 0.1270 | 0.0000 | | | 0.0000 | 0.0000 | 0.0000 | 0.0000 | 0.0000 | SVIA | 0.1270 |
| Net | | #COMP2 | DEFAULT | 0.3000 | 0.0000 | 0.1270 | 0.0000 | | | 0.0000 | 0.0000 | 0.0000 | 0.0000 | 0.0000 | SVIA | 0.1270 |
| Net | | #TEMP | DEFAULT | 0.3000 | 0.0000 | 0.1270 | 0.0000 | | | 0.0000 | 0.0000 | 0.0000 | 0.0000 | 0.0000 | SVIA | 0.1270 |
| Net | | ADC1 | DEFAULT | 0.3000 | 0.0000 | 0.1270 | 0.0000 | | | 0.0000 | 0.0000 | 0.0000 | 0.0000 | 0.0000 | SVIA | 0.1270 |
| Net | | ADC2 | DEFAULT | 0.3000 | 0.0000 | 0.1270 | 0.0000 | | | 0.0000 | 0.0000 | 0.0000 | 0.0000 | 0.0000 | SVIA | 0.1270 |
| Net | | GND | POWER | 0.5000 | <- 0.5 | 1270 | 0.0000 | | | 0.0000 | 0.0000 | 0.0000 | 0.0000 | 0.0000 | PVIA -> PVIA | 0.1270 |
| Net | | MISO | | | | 1270 | 0.0000 | | | 0.0000 | 0.0000 | 0.0000 | 0.0000 | 0.0000 | SVIA | 0.1270 |
| Net | | MOSI | POWER | 0.3000 | 0.0000 | 0.1270 | 0.0000 | | | 0.0000 | 0.0000 | 0.0000 | 0.0000 | 0.0000 | SVIA | 0.1270 |
| Net | | N01671 | | 0.3000 | 0.0000 | 0.1270 | 0.0000 | | | 0.0000 | 0.0000 | 0.0000 | 0.0000 | 0.0000 | SVIA | 0.1270 |
| Net | | N01689 | DEFAULT | 0.3000 | 0.0000 | 0.1270 | 0.0000 | | | 0.0000 | 0.0000 | 0.0000 | 0.0000 | 0.0000 | SVIA | 0.1270 |
| Net | | N01693 | DEFAULT | 0.3000 | 0.0000 | 0.1270 | 0.0000 | | | 0.0000 | 0.0000 | 0.0000 | 0.0000 | 0.0000 | SVIA | 0.1270 |
| Net | | N01697 | DEFAULT | 0.3000 | 0.0000 | 0.1270 | 0.0000 | | | 0.0000 | 0.0000 | 0.0000 | 0.0000 | 0.0000 | SVIA | 0.1270 |
| Net | | N01701 | DEFAULT | 0.3000 | 0.0000 | 0.1270 | 0.0000 | | | 0.0000 | 0.0000 | 0.0000 | 0.0000 | 0.0000 | SVIA | 0.1270 |

이와 같은 방법으로 나머지 네트(+5V, +12V, X1, X2)의 폭과 VIA를 요구사항에 맞게 변경한다.

(2) Spacing(간격 설정)

① Spacing Constraint Set → All Layers → Line

② DEFAULT에서 Line의 셀을 클릭한 상태에서 항목 끝까지 드래그한다.

③ Line 셀에 '0.254'를 입력한 후 Enter를 누르면 나머지 항목에 자동으로 입력된다.

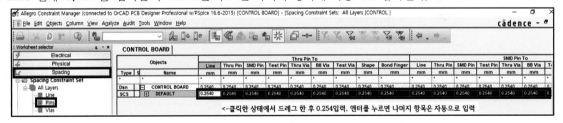

④ Spacing Constraint Set → All Layers → Pins

⑤ DEFAULT에서 Line의 셀을 클릭한 상태에서 항목 끝까지 드래그한다.

⑥ Line 셀에 '0.254'를 입력한 후 Enter를 누르면 나머지 항목에 자동으로 입력된다.

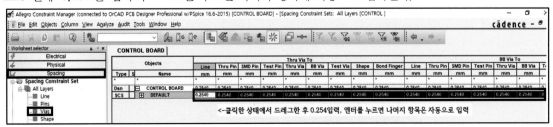

⑦ Spacing Constraint Set → All Layers → Vias

⑧ DEFAULT에서 Line의 셀을 클릭한 상태에서 항목 끝까지 드래그한다.

⑨ Line 셀에 '0.254'를 입력 후 Enter를 누르면 나머지 항목에 자동으로 입력된다.

- Spacing Constraint Set → All Layers → Shape
- DEFAULT에서 Line의 셀을 클릭한 상태에서 항목 끝까지 드래그한다.
- Line 셀에 '0.5'를 입력한 후 Enter를 누르면 나머지 항목에 자동으로 입력된다.

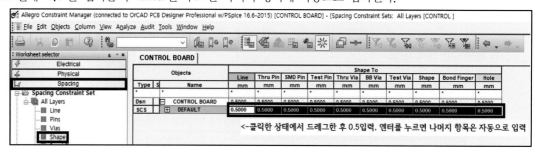

(3) Properties

① Net → General Properties

② GND의 No Rat → ON(GND 네트는 카퍼로 씌우기 때문에 배선을 할 필요가 없다. 따라서 GND Ratnest를 보이지 않게 설정한다)

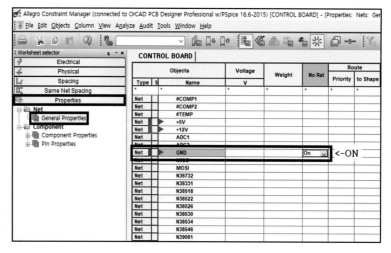

(4) Color/Visibility

① OrCAD PCB Editor 작업 시 필요한 정보만 선별하여 보이게 하는 기능으로 네트의 색을 지정한다.

② Menu → Display → Color/Visibility 또는 ▦▦ (Color192)를 클릭한다.

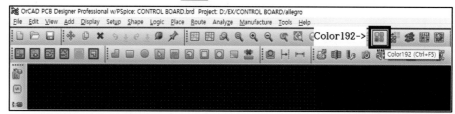

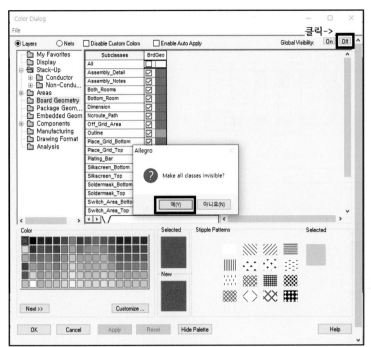

③ Global Visibility → Off → 예(Y)

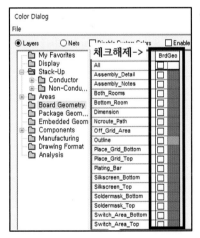

④ Global Visibility를 Off하면 체크가 모두 해제된다.

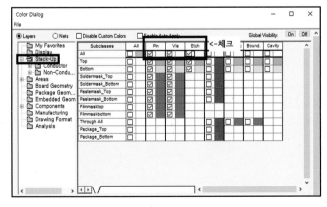

⑤ Stack-Up → Pin, Via, Etch 체크

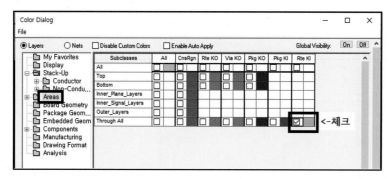

⑥ Areas → Through All → Rte KI
체크

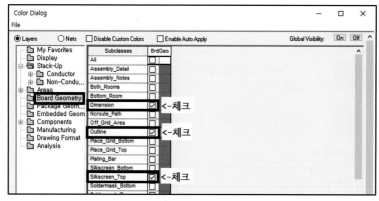

⑦ Board Geometry → Dimension,
Outline, Silkscreen_TOP 체크

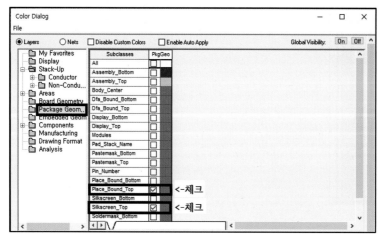

⑧ Package Geometry → Place_
Bound_Top, Silkscreen_TOP
체크

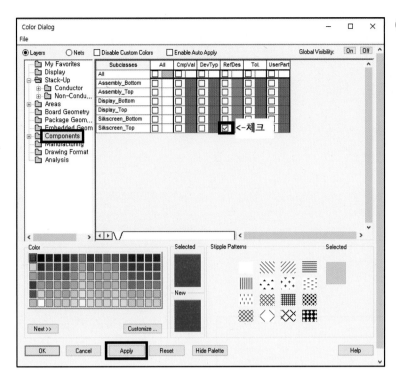

⑨ Components → Silkscreen_TOP
→ Ref Des 체크 → Apply

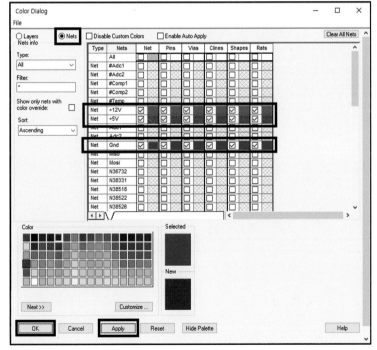

⑩ 네트 색 지정

• 좌측 상단 Net 체크 → +12V : 보
라색 → +5V : 빨간색 → Gnd :
파란색

※ 네트의 색을 지정해 주면 작업이 수
월해지므로, 전원선은 반드시 지정
해 준다.

• Apply → OK

## (5) Footprint Library 경로 설정

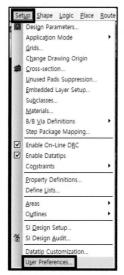

① Menu → Setup → User Preferences…

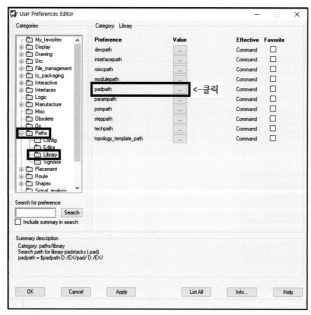

② Paths → Library → padpath → …

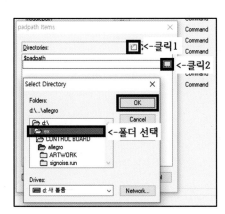

③ Directories →  (New(Insert))

④ 경로 입력창 옆의 …를 클릭한다.

⑤ .pad 파일이 있는 폴더를 선택한다.

⑥ 선택된 폴더를 확인한 후 OK를 클릭한다.

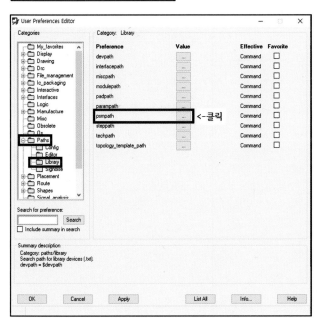

⑦ Paths → Library → psmpath → …

⑧ Directories → ⬚ (New(Insert))

⑨ 경로 입력창 옆의 …을 클릭한다.

⑩ .psm, .dra 파일이 있는 폴더를 선택한다.

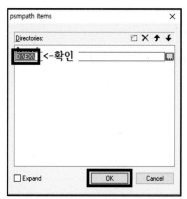

⑪ 선택된 폴더를 확인한 후 OK를 클릭한다.

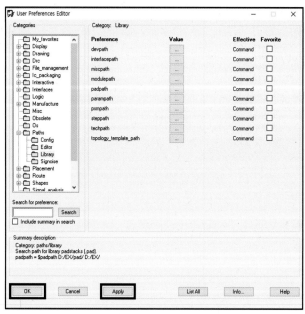

⑫ Apply 클릭 후 OK를 클릭한다.

### (6) Cross Section

Layer 설정, OrCAD PCB Editor는 기본적으로 양면(TOP, BOTTOM)으로 설정한다.

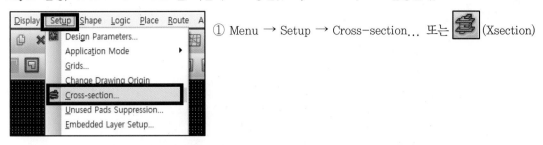

① Menu → Setup → Cross-section... 또는 (Xsection)

② 양면(TOP, BOTTOM) Layer를 확인한 후 OK를 클릭한다.

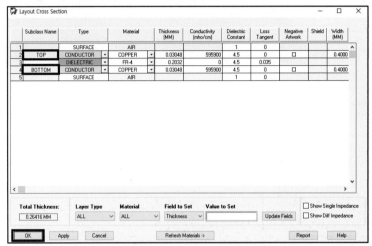

※ 공개문제 요구사항의 설계환경 : 양면 PCB(2-Layer)

## 5 PCB Design

### 1) Board Outline

Board Outline을 그리는 방법은 여러 가지가 있는데, 그중에서 공개문제에 제시된 Board Outline을 가장 쉽게 그리는 방법으로 그려 본다.

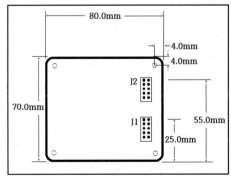

※ 공개문제에 제시된 보드 사이즈는 80mm(가로)×70mm(세로), 보드 외곽선 모서리는 라운드로 처리한다.

① Menu → Shape → Rectangular 또는 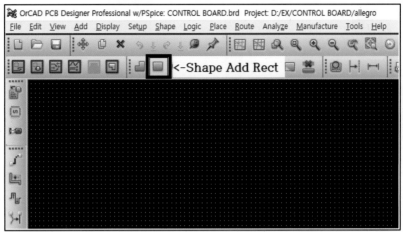(Shape Add Rect)

② Options
- Active Class and Subclass
  - Board Geometry → Outline
- Shape Creation
  - Place Rectangle 체크, Width(W) : 80, Height(H) : 70
- Corners
  - Round 체크
  - Trim(T) : 4

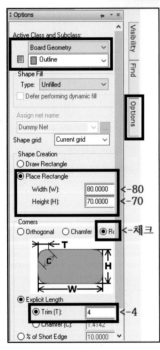

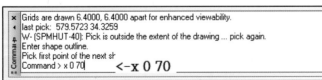

③ 좌표 'x 0 70'을 입력한다.

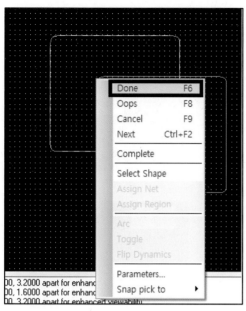

④ Board Outline이 그려지면 마우스 우측 버튼을 클릭한 후 Done을
   클릭한다.

---

(Add Line)을 이용한 Board Outline 그리기

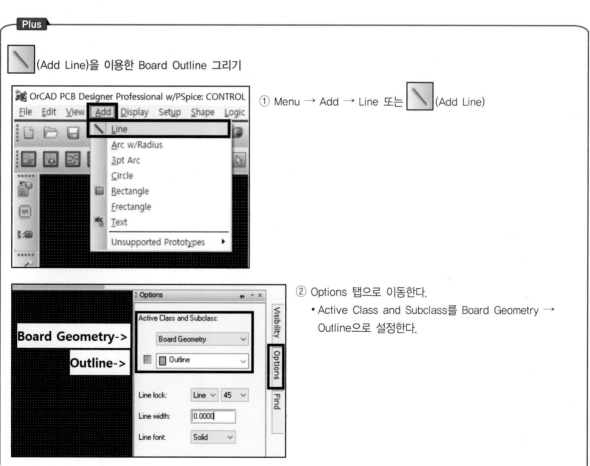

① Menu → Add → Line 또는 (Add Line)

② Options 탭으로 이동한다.
   • Active Class and Subclass를 Board Geometry →
     Outline으로 설정한다.

③ 좌표 'x 0 0'을 입력한다.

```
x  Linear dimension deleted at (76.0000 71.0000) ...
‹  Linear dimension deleted at (81.0000 0.0000) ...
   Linear dimension deleted at (81.0000 0.0000) ...
   Performing autosave...
   Autosave successful
   Command > x 0 0        <- x 0 0
```
→

<- x 0 0

④ 좌표 'iy 70'을 입력한다.

<- iy 70

```
x  Command > iy -60
‹  last pick:  80.0000 0.0000
   Command > x 0 0
   last pick:  0.0000 0.0000
   Command >
   Command > iy 70    <- iy 70
```
→

⑤ 좌표 'ix 80'을 입력한다.

<- ix 80

```
x  last pick:  0.0000 0.0000
‹  Command > x 0 0
   last pick:  0.0000 0.0000
   Command > iy 60
   last pick:  0.0000 6
   Command > ix 80   <- ix 80
```
→

⑥ 좌표 'iy −70'을 입력한다.

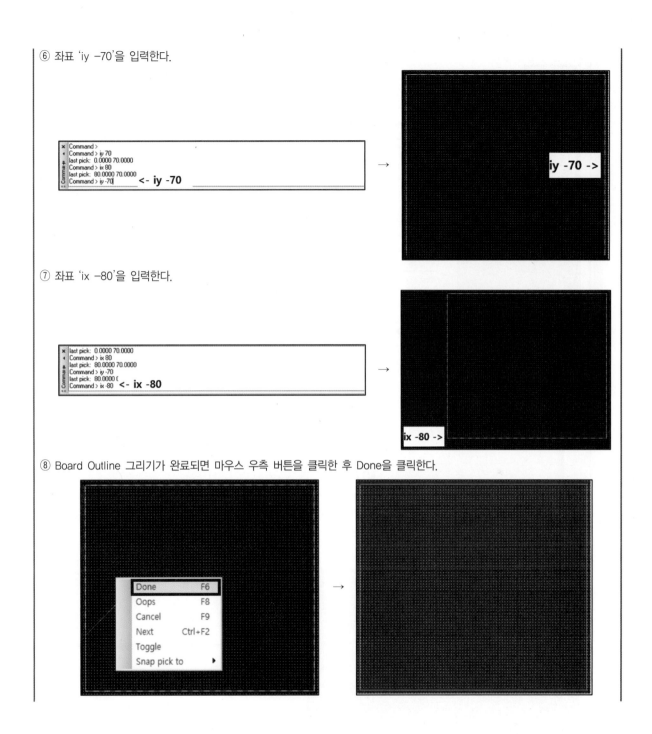

⑦ 좌표 'ix −80'을 입력한다.

⑧ Board Outline 그리기가 완료되면 마우스 우측 버튼을 클릭한 후 Done을 클릭한다.

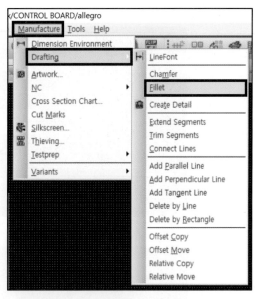

⑨ Menu → Manufacture → Drafting → Fillet

⑩ Options 탭으로 이동 → Radius : 4

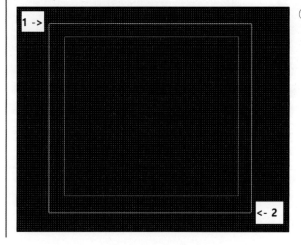

⑪ 마우스 좌측 버튼을 클릭한 상태에서 1부터 2까지 드래그한다.

⑫ 마우스 우측 버튼을 클릭한 후 Done을 클릭한다.

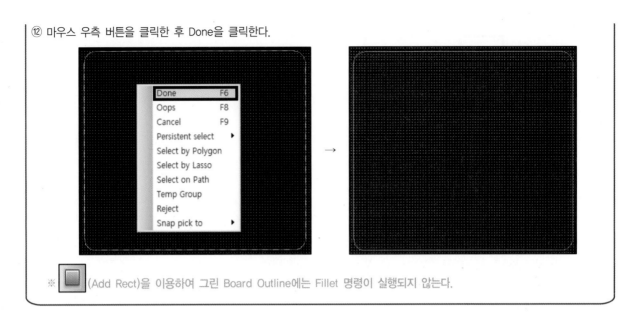

※ 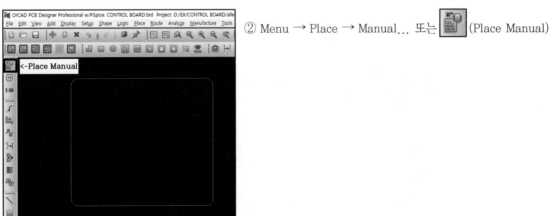 (Add Rect)을 이용하여 그린 Board Outline에는 Fillet 명령이 실행되지 않는다.

## 2) 부품 배치 및 배선

### (1) 기구 홀 배치

| [공개문제 요구사항] |
| --- |
| 7) 기구 홀의 삽입<br>　(가) 보드 외곽의 네 모서리에 직경 3*Φ*의 기구 홀을 삽입하되 각각의 모서리로부터 4mm 떨어진 지점에 배치하고 비전기적<br>　　 속성으로 정의하며, 기구 홀의 부품 참조값은 삭제한다. |

① 공개문제의 요구사항대로 기구 홀을 삽입한다.

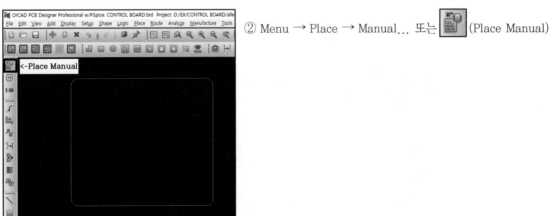

② Menu → Place → Manual… 또는 (Place Manual)

③ Advanced Settings 탭으로 이동 → Library 체크

④ Placement List 탭으로 이동하여 Mechanical symbols로 변경한다.

⑤ MTG125를 체크하고, Command 창에 'x 4 4'를 입력한 후 Enter를 누른다.

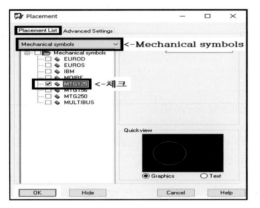 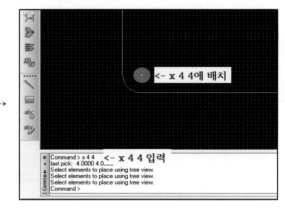

⑥ MTG125를 체크한 후 Command 창으로 이동하고, 'x 76 4'를 입력한 후 Enter를 누른다.

⑦ MTG125를 체크한 후 Command 창으로 이동하고, 'x 4 66'을 입력한 후 Enter를 누른다.

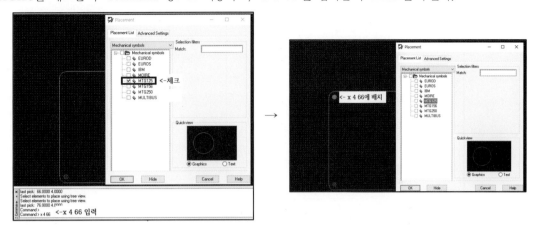

⑧ MTG125를 체크한 후 Command 창으로 이동하고, 'x 76 66'을 입력한 후 Enter를 누른다.

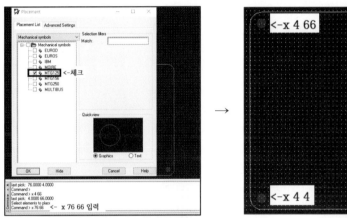
→
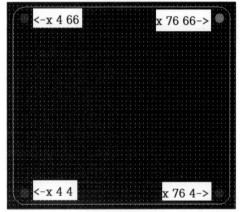

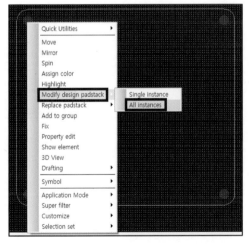

⑨ 기구 홀의 크기를 3Φ로 변경한다.

⑩ 기구 홀 중 하나에 커서 이동 → 마우스 우측 버튼 → Modify design padstack → All instances

※ 기구 홀의 크기를 모두 변경하므로 All instances를 선택한다.

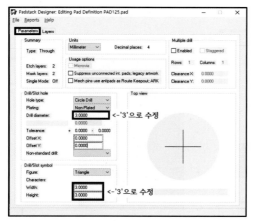

⑪ Parameters 탭으로 이동한다.

- Drill/Slot hole
  - Drill diameter : 3
- Drill/Slot symbol
  - Width : 3
  - Height : 3

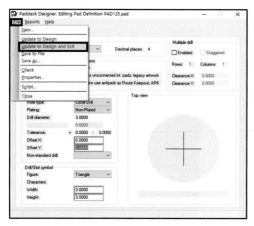

⑫ File → Update to Design and Exit

⑬ 다음 에러는 모두 무시한다.

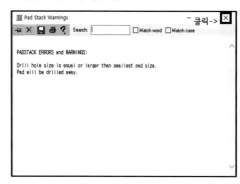 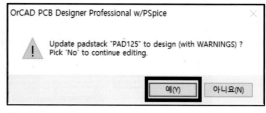

**(2) 고정 부품 배치**

---

**[공개문제 요구사항]**

3) 부품 배치 : 주요 부품은 다음 그림과 같이 배치하고, 그 외는 임의대로 배치한다.

　(가) 특별히 지정하지 않은 사항은 일반적인 PCB 설계규칙에 준하며, 설계 단위는 mm이다.

　(나) 부품은 TOP LAYER에만 실장하며, 부품의 실장 시 IC와 LED 등 극성이 있는 부품은 가급적 동일한 방향으로 배열하고, 이격거리를 계산하여 배치한다.

---

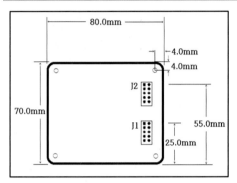

• 공개문제에서는 J1과 J2의 1번 핀 위치가 y축으로 25.0mm, 55.0mm로 고정되어 있다. x축의 좌표는 제시되지 않았기 때문에 대략 저 위치에 배치하면 되지만, y축의 좌표는 반드시 해당 좌표에 배치해야 한다.

※ Header의 1번 핀이 좌측에 있어야 하므로 Header 중간의 홈이 좌측을 향하게 배치한다.

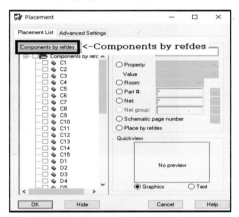

① Placement List 탭에서 Mechanical symbols를 Components by refdes로 변경한다.

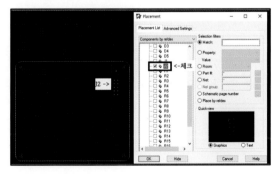

② J2를 체크한 후 커서를 Command 창으로 이동한다.

③ Command 창에 J2의 좌표 'x 70 55'를 입력한 후 Enter를 누른다.

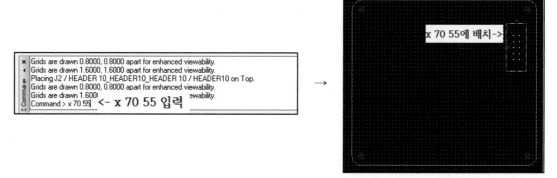

④ J1을 체크한 후 커서를 Command 창으로 이동하고, J1의 좌표 'x 70 25'를 입력한 후 Enter를 누른다.

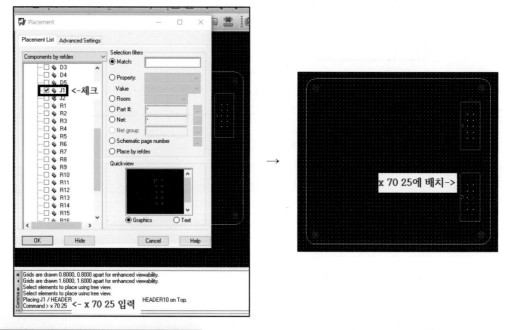

⑤ 1번 핀 모양을 Square로 수정한다.

⑥ 1번 핀에 커서를 이동시킨 후 마우스 우측 버튼을 클릭한다.

⑦ Modify design padstack → Single instance 클릭

　　※ 1번 핀의 모양만 변경하므로 'Single instance'를 선택한다.

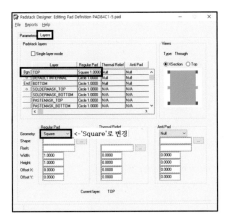

⑧ Layers 탭으로 이동한다.

⑨ Regular Pad의 Geometry를 Square로 변경한다.

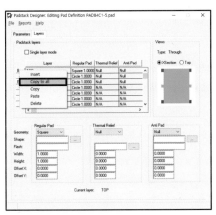

⑩ 커서를 Bgn으로 이동하고, 마우스 우측 버튼을 클릭한 후 Copy to all을 클릭한다.

⑪ Copy 범위 설정

• Soldermask, Pastemask, Filmmask를 체크한다.

⑫ OK를 클릭한다.

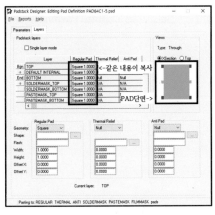

⑬ BEGIN LAYER에 입력된 값이 Soldermask, Pastemask, Filmmask에 복사된다.

⑭ 정상적으로 복사되면 PAD 단면이 왼쪽과 같이 변한다.

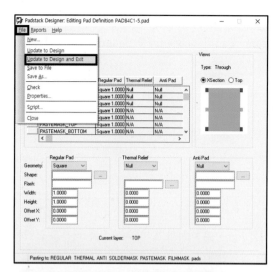

⑮ File → Update to Design and Exit

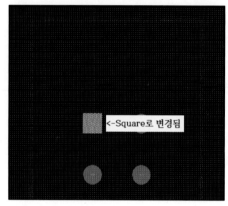

⑯ 1번 핀의 모양이 Square로 변경된다.
⑰ 같은 방법으로 J1 1번 핀의 모양을 Square로 변경한다.

(3) Board에 Text 작성하기

| [공개문제 요구사항] |
| --- |
| 8) 실크데이터<br>　(나) 다음 내용을 보드 상단의 중앙에 위치시킨다.<br>　　　• CONTROL BOARD(Line Width : 0.25mm, Height : 2mm) |

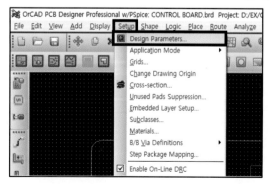

① Menu → Setup → Design Parameters...

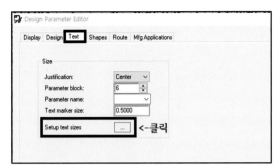

② Text 탭으로 이동한다.

③ Setup text sizes …을 클릭한다.

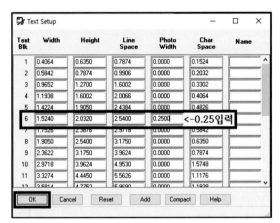

④ 공개문제에서는 Line Width : 0.25mm, Height : 2mm
로 제시한다.

⑤ 공개문제에 제시된 Height에 가장 가까운 값을 갖는 블록
을 찾아서 그 블록의 Photo Width에 Line Width 값 0.25
를 입력한 후 OK를 클릭한다.

※ Options 탭에 Text block 번호(6)를 입력해야 한다. 잘 알아둔다.

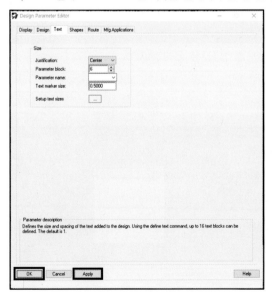

⑥ Apply → OK

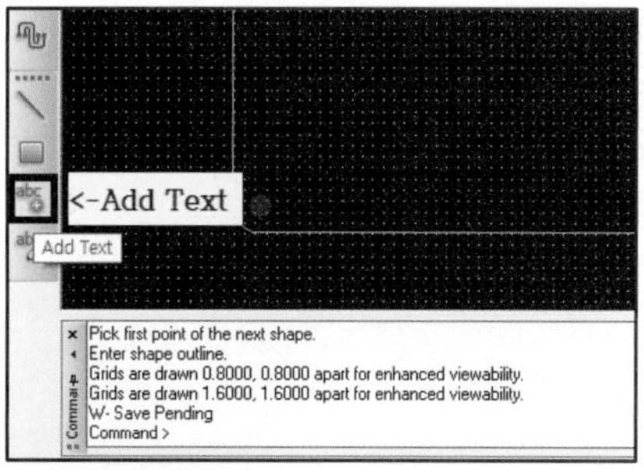


⑦ Menu → Add → Text 또는 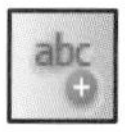 (Add Text)

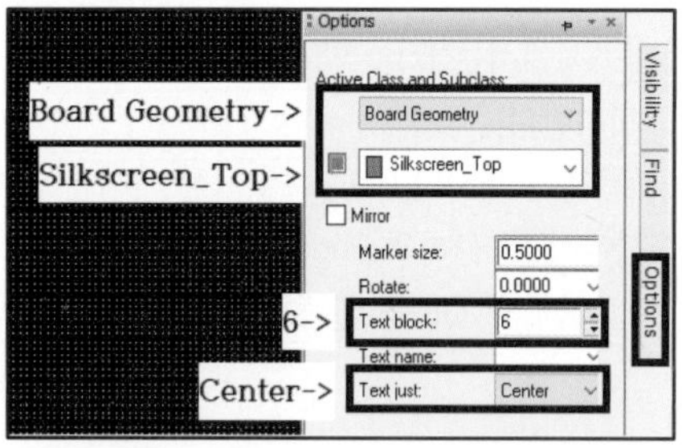


⑧ Options로 이동한다.

⑨ Active Class and Subclass를 Board Geometry → Silkscreen_Top 으로 설정한다.

- Text block : 6
- Text just : Center

⑩ 커서를 Board 상단으로 이동시켜 클릭 후 Text를 입력한다.

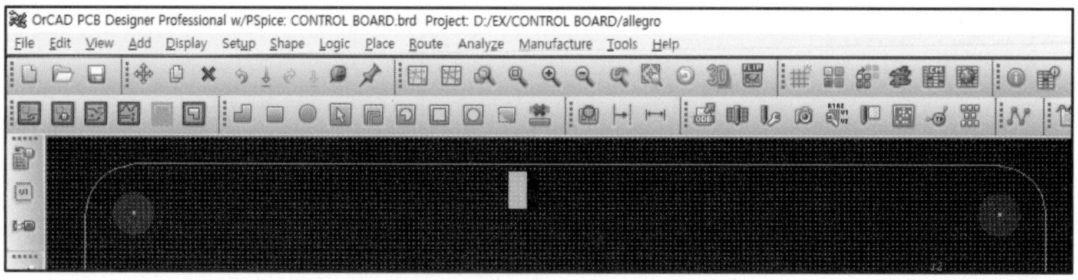


⑪ Text 입력이 끝나면 마우스 우측 버튼을 클릭한 후 Done을 클릭한다.

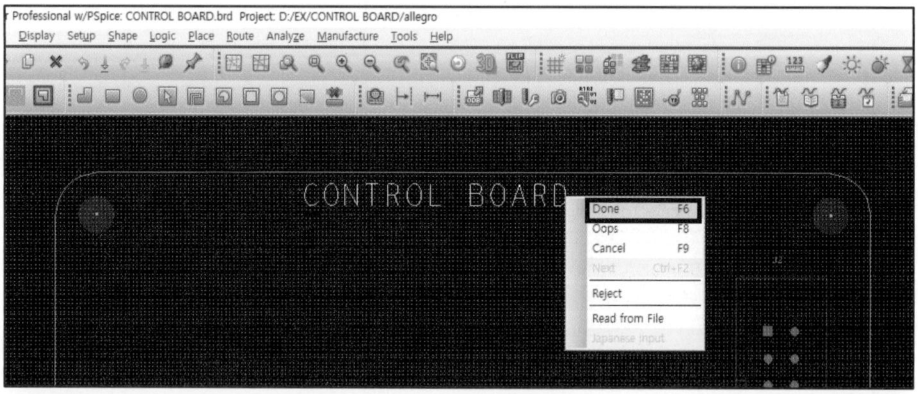


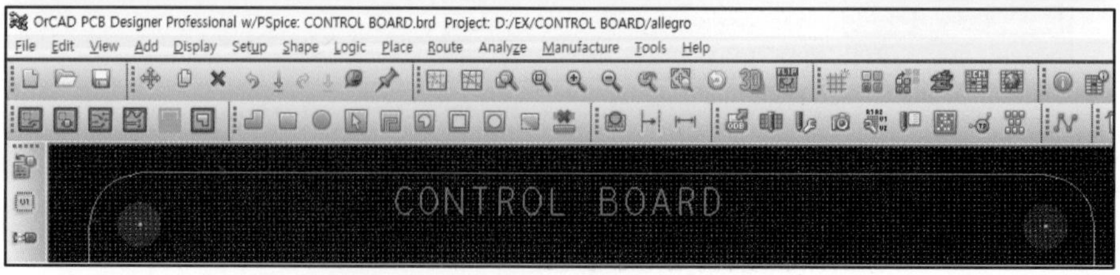


※ Board Outline을 그린 후 바로 Text를 입력해도 된다.

## (4) 그 외의 부품 배치

- IC와 같은 중요 부품을 먼저 배치한 후에 능동소자, 수동소자 순으로 배치한다.
- 다이오드, 커패시터, LED의 경우 동일한 방향으로 배치하며, 모든 부품은 TOP면에 배치한다(공개문제 요구사항 참조).
- 부품은 보드 전체에 고루 배치하는데, 바이패스 커패시터와 같은 특정 부품을 제외한 나머지 부품들은 이격거리를 넉넉히 두고 배치한다.

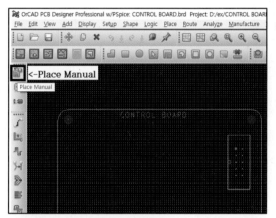

① Menu → Place → Manual... 또는 (Place Manual)

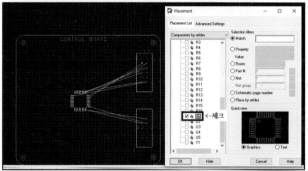

② U1(Atmega8)부터 배치한다.

③ U1을 체크한 후 커서를 작업창으로 이동시키면 심벌이 나온다.

④ 이 심벌을 원하는 곳에 배치한다(마이크로 컨트롤러는 되도록 중앙에 배치).

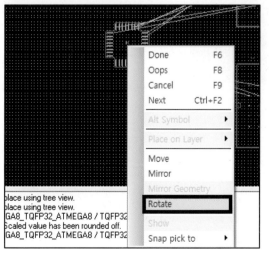

⑤ 심벌 배치 후 마우스 우측 버튼을 클릭한 후 Rotate를 클릭한다.

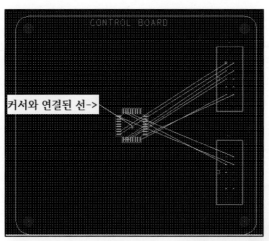

⑥ Rotate를 클릭하면 커서 모양이 +로 바뀌면서 선이 생성된다.

커서와 연결된 선->

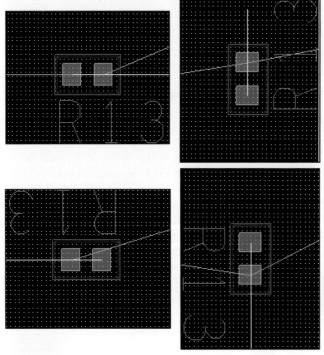

⑦ 커서를 회전시키면 심벌이 왼쪽과 같이 90° 회전된다(부품의 회전은 90°로 초기 설정되어 있다).

⑧ LED는 일렬로 배치한다.

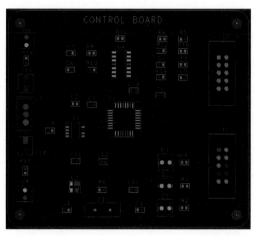

⑨ 부품이 보드 전체에 고루 분포될 수 있도록 배치한다.

⑩ 부품과 부품 사이의 이격거리를 넓게 배치하면 배선이 용이하다.

### (5) 배 선

① Menu → Route → Connect 또는 (Add Connect)

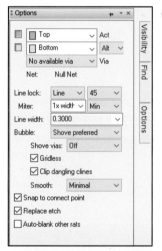

② Options 탭으로 이동한다.

- Act, Alt : 현재 작업 중인 Layer와 작업할 Layer 설정(Top Layer는 녹색, Bottom Layer는 노란색으로 지정되어 있음)
- Via : Net에 설정되어 있는 Via
- Line lock : Line과 Arc의 각도 설정(Line, 45로 설정)
- Miter : Miter Size 지정
- Line width : Net 폭
- Bubble : Off, Hug only, Hug Preferred, Shove Preferred

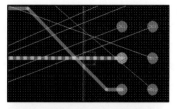

③ Off : 선택한 지점을 무조건 연결(DRC Error 무시)한다.

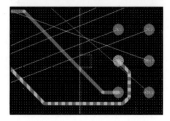

④ Hug only, Hug Preferred : 객체의 주위를 감싸면서 연결한다.

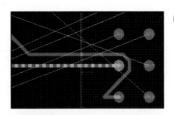 ⑤ Shove Preferred : 설정된 Spacing 범위 내에서 Net를 밀어내며 연결한다.

## [기본 배선]

① Menu → Route → Connect 또는  (Add Connect)
② PAD를 클릭한다.

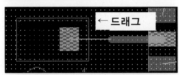

③ PAD와 PAD가 연결된 Ratnest를 따라 드래그한다.

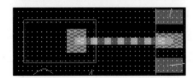

④ PAD를 클릭하면 연결이 완료된다.
⑤ 연결이 완료되면 Ratnest이 사라진다.

## [VIA 생성]

① VIA를 생성하고자 하는 곳에 더블클릭 또는 마우스 우측 버튼을 클릭한 후 Add Via를 클릭한다.

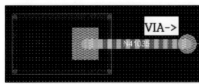

② VIA가 생성된다.

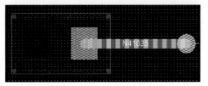

③ +를 누르면 BOTTOM Layer로 변환된다(+를 누르면 Layer 변환).

④ Net와 PAD가 다른 Layer에 있으므로 연결되지 않는다(Net : BOTTOM, PAD : TOP).

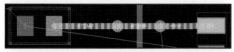

⑤ VIA를 한 번 더 생성하고, Net의 Layer를 TOP으로 변경하여 연결한다(Net : TOP, PAD : TOP).

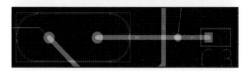

⑥ SMD Type 부품의 PAD와 DIP Type 부품의 PAD를 연결할 때에는 VIA를 하나만 생성해도 연결 가능하다.

※ DIP Type 부품의 PAD는 TOP Layer와 BOTTOM Layer가 연결되어 있다.

※ 배선은 가장 짧은 Ratnest를 먼저 연결하되 최단 거리로 해 준다(전원선은 나중에 배선).

※ TOP Layer를 수직(수평)으로 배선했으면, BOTTOM Layer는 수평(수직)으로 배선한다.

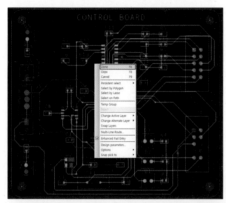

⑦ 배선이 모두 끝나면 마우스 우측 버튼을 클릭한 후 Done을 클릭한다.

⑧ 배선작업 완료

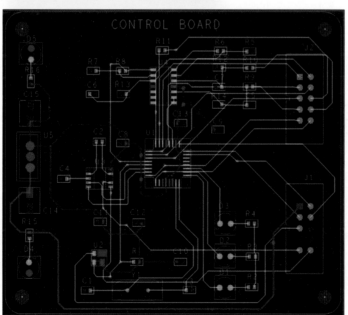

## 3) Reference 정리

### (1) Reference를 같은 방향으로 회전시키기

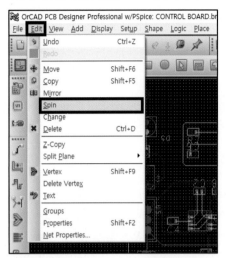

① Menu → Edit → Spin

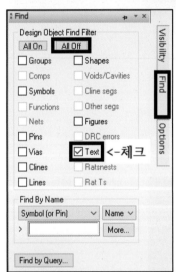

② Find 탭으로 이동한다.
③ All Off를 클릭한다.
④ Text를 체크한다.
　※ Text 이외의 다른 요소가 체크되어 있으면 그 요소도 같이 Spin된다.

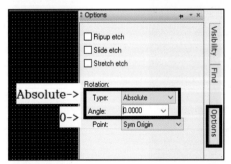

⑤ Options 탭으로 이동한다.
　• Type : Absolute
　• Angle : 0

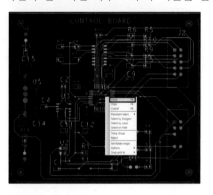

⑥ 1을 클릭한 상태에서 2까지 드래그한다.

⑦ Reference 회전이 완료되면 마우스 우측 버튼을 클릭한 후 Done을 클릭한다.

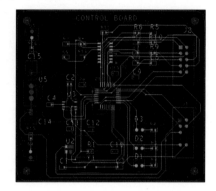

→

(2) Reference 크기 조정

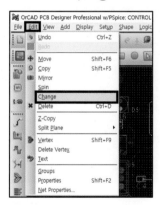

① Menu → Edit → Change

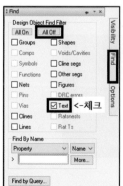

② Find 탭으로 이동한다.

③ All Off를 클릭한다.

④ Text를 체크한다.

　※ Text 이외의 다른 요소가 체크되어 있으면 그 요소도 같이 Change된다.

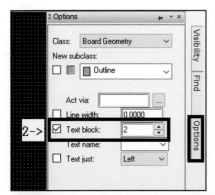

⑤ Options 탭으로 이동한다.
⑥ Text block을 2로 설정한다.

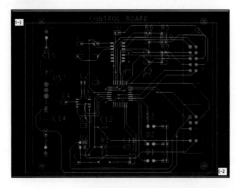

⑦ 1을 클릭한 상태에서 2까지 드래그한다.

※ 이때 CONTROL BOARD가 선택되지 않도록 한다. 선택하면 CONTROL BOARD의 크기도 block 2 크기로 변환된다.

⑧ Reference 크기 변환이 완료되면 마우스 우측 버튼을 클릭한 후 Done을 클릭한다.

 →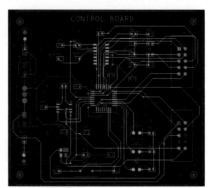

(3) Reference 위치 변경

① Reference를 클릭한 상태에서 위치를 변경한다.

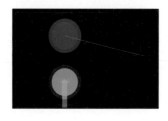 →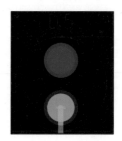

② 다음과 같이 Net와 PAD가 겹치지 않게 정리한다.

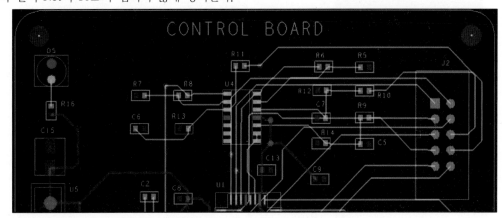

※ Reference와 PAD가 겹치면 실격되므로 주의한다.

## 4) 카퍼(Copper Pour) 설정

**[공개문제 요구사항]**

9) 카퍼(Copper Pour)의 설정

    (가) 보드의 카퍼 설정은 Bottom Layer에만 GND 속성의 카퍼 처리를 하되, 보드 외곽으로부터 0.1mm 이격을 두고 실시한다.

① Menu → Shape → Rectangular 또는 ▢ (Shape Add Rect)

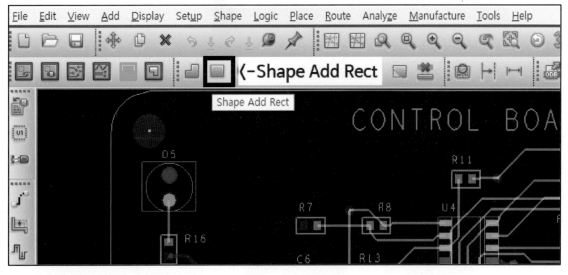

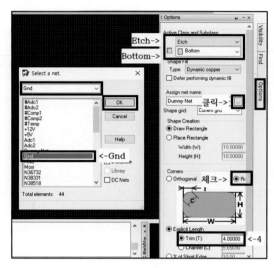

② Options 탭으로 이동한다.

③ Active Class and Subclass를 Etch → Bottom으로 설정한다.

④ Assign net name의 …를 클릭한다.

⑤ Select a net : Gnd → OK

⑥ Corners : Round 체크

⑦ Trim : 4

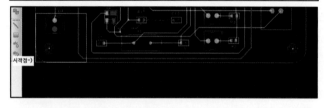

⑧ 커서를 Command 창으로 이동하고, 시작 좌표 'x 0.1 0.1'를 입력한다.

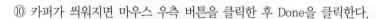

⑨ 커서를 Command 창으로 이동하고, 끝 좌표 'x 79.9 69.9'를 입력한다.

⑩ 카퍼가 씌워지면 마우스 우측 버튼을 클릭한 후 Done을 클릭한다.

 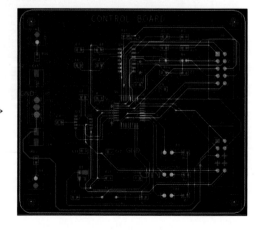

⑪ 카퍼가 BOTTOM Layer에 씌워져 있으므로 TOP Layer에서 GND와 연결되는 SMD PAD는 카퍼와 연결되지 않는다. 다음과 같이 PAD에서 선을 조금 뺀 후 VIA를 이용하여 BOTTOM Layer의 카퍼와 연결한다.

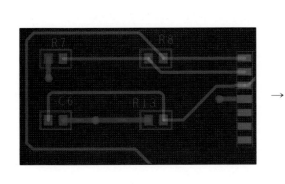 →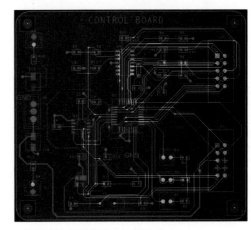

※ 카퍼는 다음 방법으로도 씌울 수 있다.
 ① Menu → Edit → Z-Copy

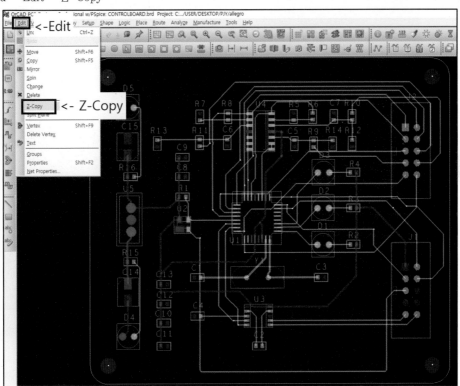

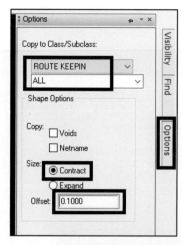

② Options 탭에서 Copy to Class / Subclass를 ROUTE KEEPIN / ALL로
설정한다.

③ Size : Contract

④ Offset: 0.1

⑤ Board Outline 전체를 드래그하여 ROUTE KEEPIN 영역을 설정한다.

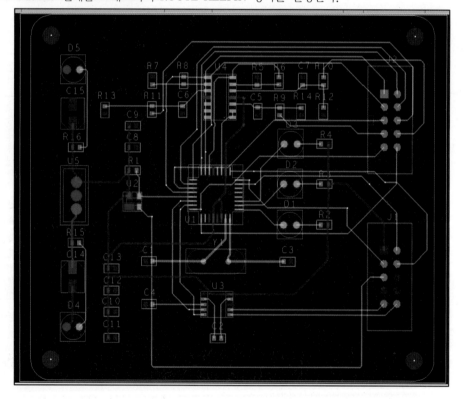

⑥ ROUTE KEEPIN 영역이 설정되면 마우스 우측 버튼을 클릭하여 Done을 선택한다.

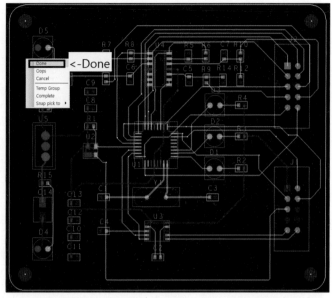

※ ROUTE KEEPIN : 설정된 영역 안에서만 배선작업이 가능하다.

⑦ Shape Add Rect를 클릭한다. 또는 Menu → Shape → Rectangular

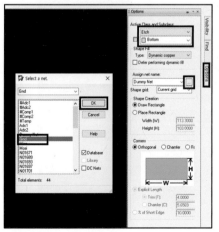

⑧ Options 탭으로 이동한다.

⑨ Active Class and Subclass를 Etch/Bottom으로 설정한다.

⑩ Assign net name의 …을 클릭한다.

⑪ Select a net에서 Gnd를 선택한다.

⑫ 다음 그림과 같이 Board Outline 전체를 드래그한다.

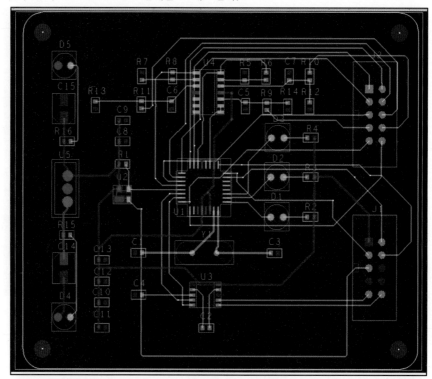

⑬ 카퍼가 씌워지면 마우스 우측 버튼을 클릭하여 Done을 선택한다.

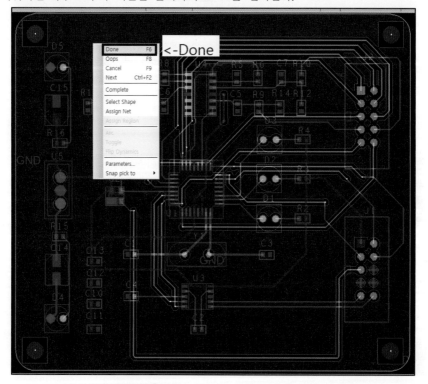

## 5) Dimension(치수보조선)

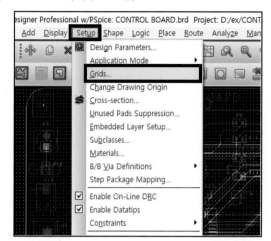

① Menu → Setup → Grids…

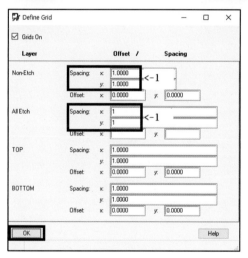

② Non-Etch와 All Etch를 모두 1로 설정한다.

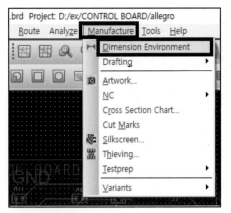

③ Menu → Manufacture → Dimension Environment 또는는

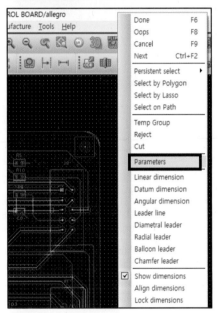

④ 커서를 작업창으로 이동하고, 마우스 우측 버튼을 클릭한 후 Parameters를 클릭한다.

(Dimension Edit)

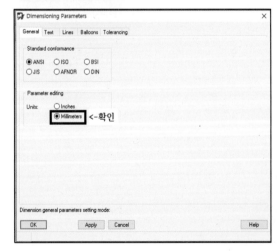

⑤ Units가 Millimeters인지 확인한다.

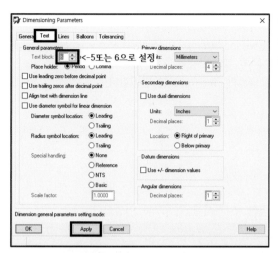

⑥ Text 탭으로 이동한다.

⑦ Text block을 5 또는 6으로 설정한다.

⑧ Apply를 클릭한다.

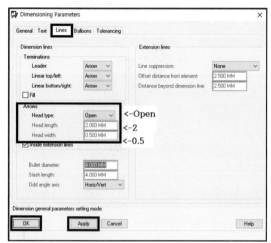

⑨ Lines 탭으로 이동한다.

⑩ Arrows
- Head type : Open
- Head length : 2MM
- Head width : 0.5MM

⑪ Apply → OK

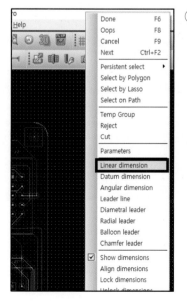

⑫ 다시 커서를 작업창으로 이동하고, 마우스 우측 버튼을 클릭한 후 Linear dimension을 클릭한다.

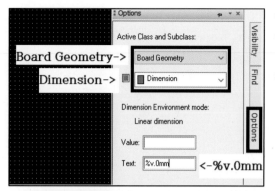

⑬ Options 탭으로 이동한다.
⑭ Active Class and Subclass를 Board Geometry → Dimension 으로 설정한다.
⑮ Text에 '%v.0mm'를 입력한다.

⑯ Board 상단의 좌측과 우측 모서리 부분의 dot를 클릭한 후 커서를 위쪽으로 이동한다.

⑰ 적당한 위치로 이동시킨 후 클릭한다.

⑱ Dimension 작업이 끝나면 마우스 우측 버튼을 클릭한 후 Done을 클릭한다.

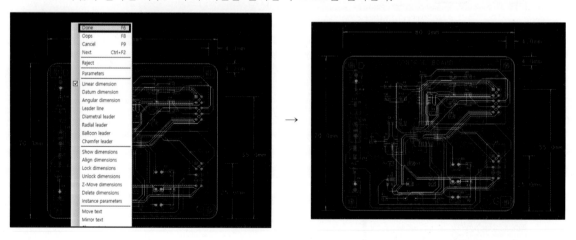

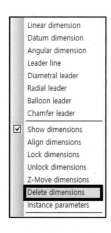

⑲ Dimension 삭제 시 Delete dimensions를 클릭한 후 삭제할 Dimension을 클릭한다.

# 6 Design Rules Check

① Menu → Display → Status

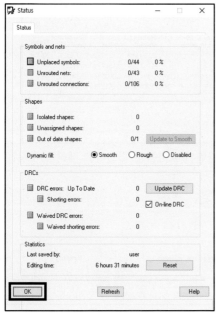

② Status
- Unplaced symbols : 배치되지 않은 심벌 수
- Unrouted nets : 연결되지 않은 Net 수
- Unrouted connections : 연결되지 않은 핀 수
- Isolated shapes : Net와 연결되지 않은 카퍼 수
- Unassigned shapes : Net 이름이 없는 카퍼 수
- Out of date shapes : 이격거리가 계산되지 않은 카퍼 수(Update to Smooth 클릭 시 제거)
- DRC errors Up To Date : 에러 수(0인데 녹색이 아닐 경우 Update DRC 클릭)

## 1) Isolated shapes 삭제

① Menu → Shape → Delete Islands 또는 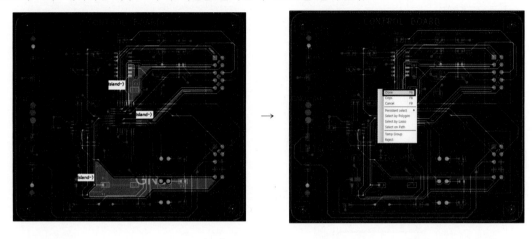(Island_Delete)

② Board 전체를 드래그하거나 Isoland를 개별적으로 클릭하여 제거한다.

③ Isoland가 모두 제거되면 마우스 우측 버튼을 클릭한 후 Done을 클릭한다.

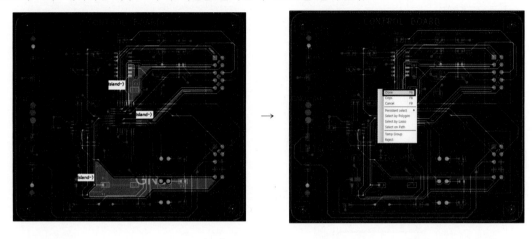

## 2) DRC 에러 내역 확인

① 노란색 버튼을 클릭하면 DRC Report가 생성된다.

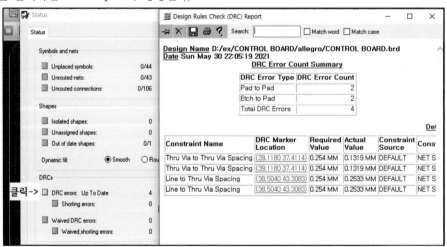

② DRC Report를 전체 화면으로 하여 에러 내용, 위치 에러와 관련된 요소들을 확인하고 에러를 수정한다.

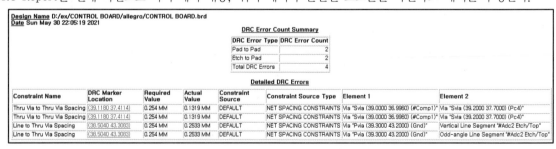

**Design Name** D:/ex/CONTROL BOARD/allegro/CONTROL BOARD.brd
**Date** Sun May 30 22:05:19 2021

### DRC Error Count Summary

| DRC Error Type | DRC Error Count |
|---|---|
| Pad to Pad | 2 |
| Etch to Pad | 2 |
| Total DRC Errors | 4 |

### Detailed DRC Errors

| Constraint Name | DRC Marker Location | Required Value | Actual Value | Constraint Source | Constraint Source Type | Element 1 | Element 2 |
|---|---|---|---|---|---|---|---|
| Thru Via to Thru Via Spacing | (39.1180 37.4114) | 0.254 MM | 0.1319 MM | DEFAULT | NET SPACING CONSTRAINTS | Via "Svia (39.0000 36.9960) (#Comp1)" | Via "Svia (39.2000 37.7000) (Pc4)" |
| Thru Via to Thru Via Spacing | (39.1180 37.4114) | 0.254 MM | 0.1319 MM | DEFAULT | NET SPACING CONSTRAINTS | Via "Svia (39.0000 36.9960) (#Comp1)" | Via "Svia (39.2000 37.7000) (Pc4)" |
| Line to Thru Via Spacing | (38.5040 43.3083) | 0.254 MM | 0.2533 MM | DEFAULT | NET SPACING CONSTRAINTS | Via "Pvia (39.3000 43.2000) (Gnd)" | Vertical Line Segment "#Adc2 Etch/Top" |
| Line to Thru Via Spacing | (38.5040 43.3083) | 0.254 MM | 0.2533 MM | DEFAULT | NET SPACING CONSTRAINTS | Via "Pvia (39.3000 43.2000) (Gnd)" | Odd-angle Line Segment "#Adc2 Etch/Top" |

■ 아래와 같은 에러가 발생했을 때는 다음과 같이 해 본다.

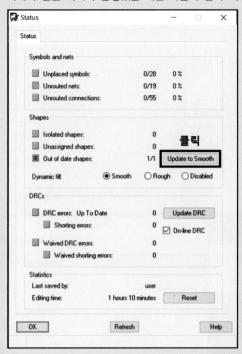

① Out of date shapes에서 에러가 발생했을 경우 Update to Smooth 를 클릭한다.

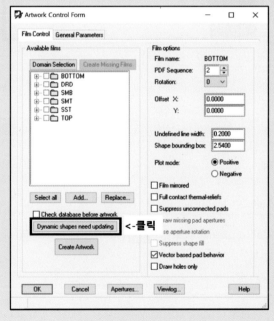

② Update to Smooth를 클릭해도 에러가 수정되지 않을 경우

Menu → Manufacture → Artwork 또는 📷 (Artwork)
→ Dynamic shapes need updating

■ 아래와 같은 에러의 경우에는 다음과 같이 해 본다.

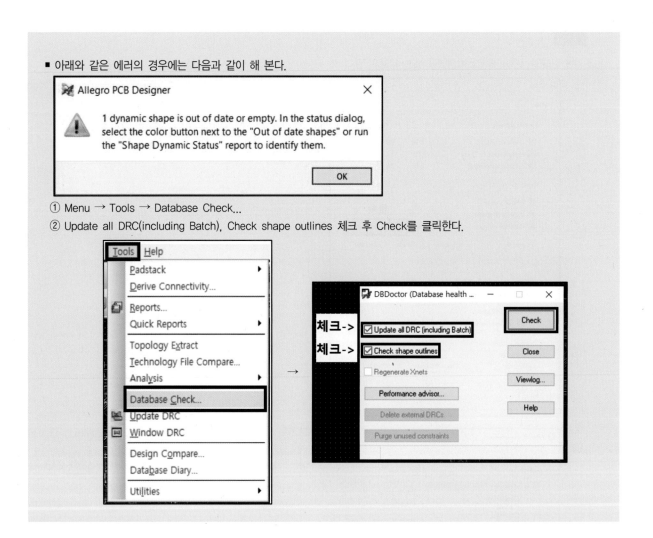

① Menu → Tools → Database Check...
② Update all DRC(including Batch), Check shape outlines 체크 후 Check를 클릭한다.

## 7 NC

### 1) Drill Customization

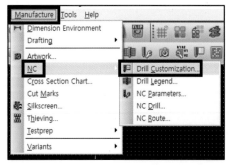

① Menu → Manufacture → NC

• Customization 또는 (Nc Drill Customization)을 클릭
한다.

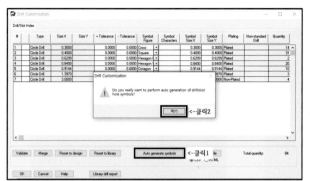

② Auto generate symbols → 예(Y)

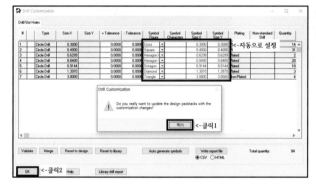

③ Drill Symbol 자동 설정(기구 홀 Size : 3.0 확인)
④ 예(Y) → OK

## 2) Drill Legend

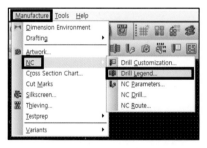

① Menu → Manufacture → NC → Drill Legend 또는

(Nc Drill Legend)

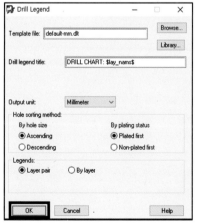

② OK를 클릭한다.

③ Board outline과 겹치지 않게 아래쪽에 배치한다(기구 홀 Size : 3.0 확인).

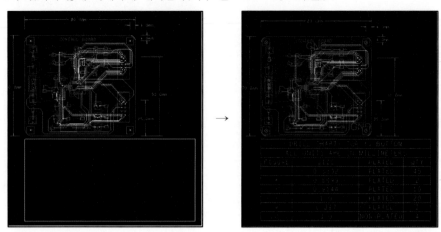

## 3) NC Parameters

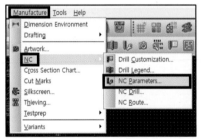

① Menu → Manufacture → NC → NC Parameters 또는

 (Nc Drill Param)

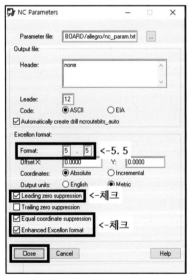

② Format : 5. 5

③ Leading zero suppression, Equal coordinate suppression, Enhanced Excellon format 체크

## 4) NC Drill

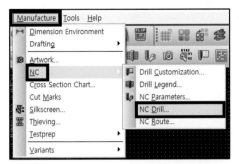

① Menu → Manufacture → NC → NC Drill

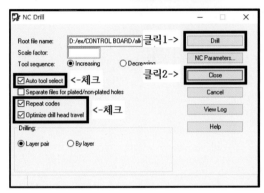

② Auto tool select, Repeat codes, Optimize drill head travel 을 체크한다.
③ Drill을 클릭한다.

④ 진행창에서 Successfully Completed를 확인한 후 Close를 클릭한다.

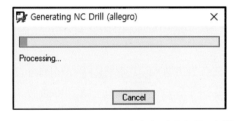 →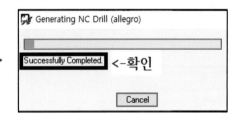

※ 프로젝트가 저장되는 폴더에 .drl 파일이 생성되었는지 확인한다.

## 5) NC Route

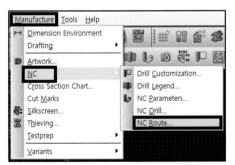

① Menu → Manufacture → NC → NC Route

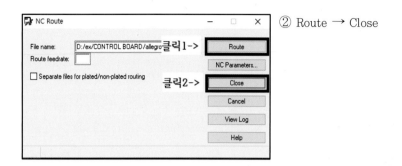

② Route → Close

## 8 Artwork

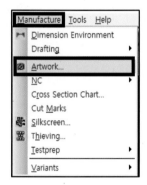

① Menu → Manufacture → Artwork 또는 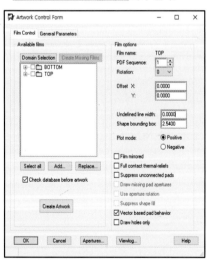 (Artwork)

※ TOP, BOTTOM, SMT(Solder_Mask_Top), SMB(Solder_Mask_Bottom), DRD(Drill draw), SST(Silk_Screen_Top) 등 총 6개의
필름을 만들어야 한다. 6개의 필름에는 공통으로 Board Geometry Outline이 들어간다(누락 시 실격). 그리고 SST 필름에는
반드시 Dimension을 추가해야 한다.

② 기본적으로 BOTTOM, TOP 필름은 생성되어 있다.
③ 이 두 필름에 Board Geometry Outline을 추가한다.

## 1) BOTTOM 필름

① BOTTOM 필름 제작 → BOTTOM 폴더 더블클릭 → BOTTOM 폴더의 하위 요소 중 하나 선택 → 마우스 우측 버튼 → Add

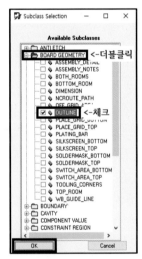

② BOARD GEOMETRY를 더블클릭한다.
③ OUTLINE을 체크한 후 OK를 클릭한다.

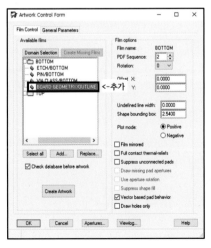

④ BOARD GEOMETRY/OUTLINE이 추가되었는지 확인한다.

⑤ BOTTOM 폴더를 선택한다.

⑥ 마우스 우측 버튼을 클릭한 후 Display for Visibillity를 클릭하면 필름 확인이 가능하다.

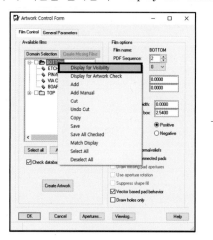 →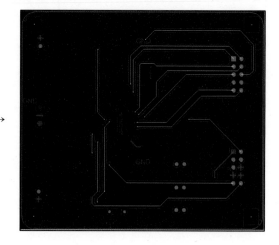

## 2) TOP 필름

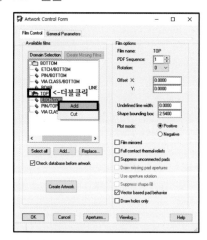

① TOP 필름 제작 → TOP 폴더 더블클릭 → TOP 폴더의 하위 요소 중 하나 선택 → 마우스 우측 버튼 → Add

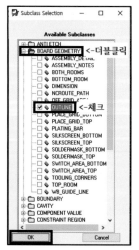

② BOARD GEOMETRY를 더블클릭한다.

③ OUTLINE을 체크한 후 OK를 클릭한다.

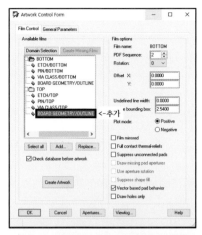

④ BOARD GEOMETRY/OUTLINE이 추가되었는지 확인한다.

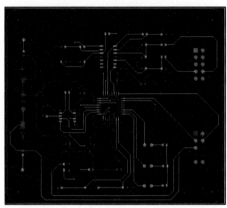

⑤ Display for Visibillity로 필름 확인이 가능하다.

※ SMT, SMB, SST, DRD 필름은 Color192를 이용한다. Stack-Up부터 확인하여 만들고자 하는 필름의 이름이 있으면 체크한다(Board Geometry outline은 모든 필름에 공통으로 들어가므로 반드시 체크한다).

## 3) Solder Mask Top 필름(SMT)

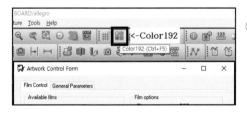

① Menu → Display → Color/Visibillity 또는 ▦ (Color192)

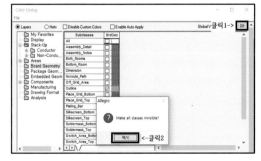

② Global Visibillity Off를 클릭한다.
③ 예(Y)를 클릭한다.

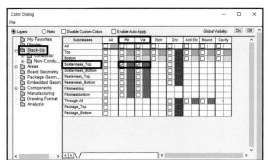

④ Stack-Up → Soldermask_Top → Pin, Via 체크

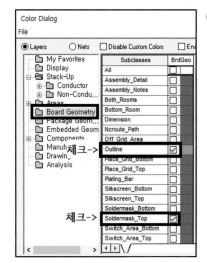

⑤ Board Geometry → Outline, Soldermask_Top 체크

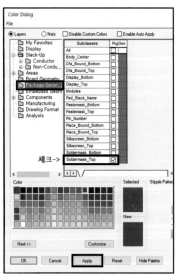

⑥ Package Geometry → Soldermask_Top 체크 → Apply

⑦ 작업창이 Soldermask_Top으로 바뀐다.

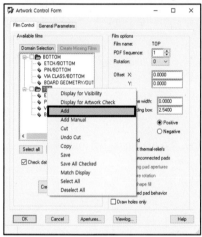

⑧ 여러 폴더 중 하나를 선택한다.
⑨ 마우스 우측 버튼을 클릭한 후 Add를 클릭한다.

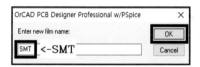

⑩ Enter new film name : SMT
⑪ OK를 클릭한다.

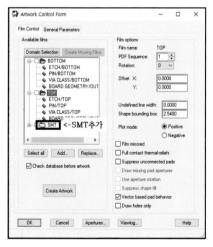

⑫ SMT 폴더가 추가된 것을 확인한다.

## 4) Solder Mask Bottom 필름(SMB)

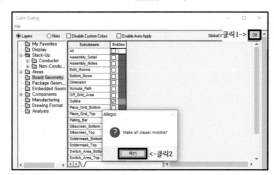

① Color192로 이동한다.

② Global Visibillity Off를 클릭한다.

③ 예(Y)를 클릭한다.

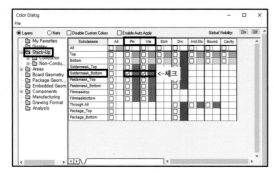

④ Stack-Up → Soldermask_Bottom → Pin, Via 체크

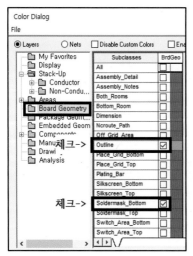

⑤ Board Geometry → Outline, Soldermask_Bottom 체크

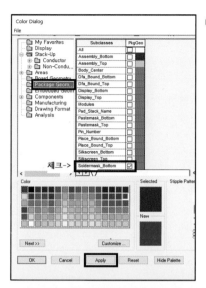

⑥ Package Geometry → Soldermask_Bottom 체크 → Apply

⑦ 작업창이 Soldermask_Bottom으로 바뀐다.

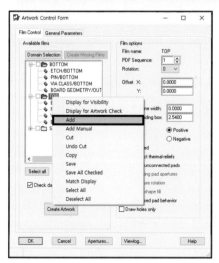

⑧ 여러 폴더 중 하나를 선택한다.
⑨ 마우스 우측 버튼을 클릭한 후 Add를 클릭한다.

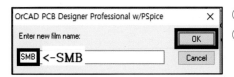

⑩ Enter new film name : SMB

⑪ OK를 클릭한다.

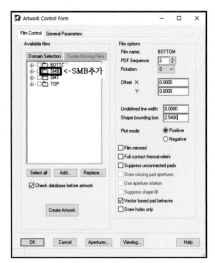

⑫ SMB 폴더가 추가된 것을 확인한다.

## 5) Silk Screen Top 필름(SST)

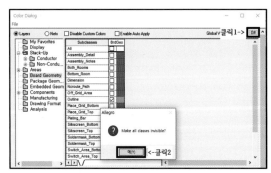

① Global Visibillity Off를 클릭한다.

② 예(Y)를 클릭한다.

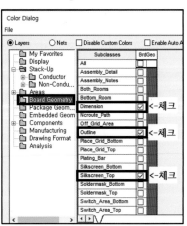

③ Board Geometry → Dimension, Outline, Silkscreen_Top 체크

※ 치수보조선(Dimension)이 Silkscreen 이외의 Layer에 있으면 실격이다.

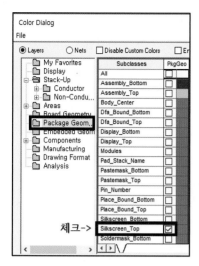

④ Package Geometry → Silkscreen_Top 체크

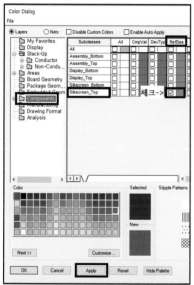

⑤ Components → Silkscreen_Top → Ref Des 체크 → Apply

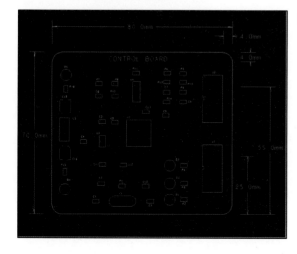

⑥ 작업창이 Silkscreen_Top으로 바뀐다.

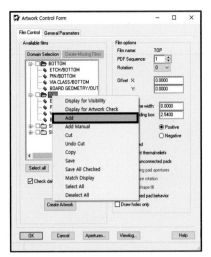

⑦ 여러 폴더 중 하나를 선택한다.
⑧ 마우스 우측 버튼을 클릭한 후 Add를 클릭한다.

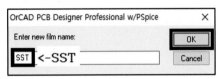

⑨ Enter new film name : SST
⑩ OK를 클릭한다.

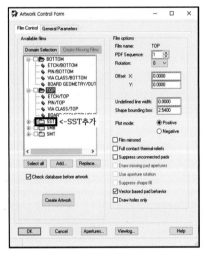

⑪ SST 폴더가 추가된 것을 확인한다.

## 6) Drill Draw 필름(DRD)

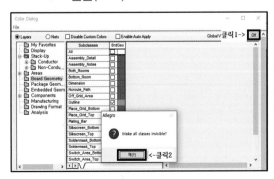

① Global Visibillity Off를 클릭한다.
② 예(Y)를 클릭한다.

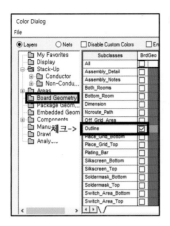

③ Board Geometry → Outline 체크

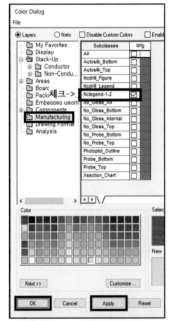

④ Manufacturing → Nclegend-1-2 체크 → Apply → OK

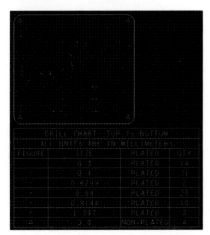

⑤ 작업창이 Drill_draw로 바뀐다.

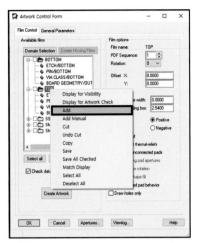

⑥ 여러 폴더 중 하나를 선택한다.
⑦ 마우스 우측 버튼을 클릭한 후 Add를 클릭한다.

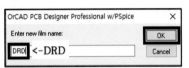

⑧ Enter new film name : DRD
⑨ OK를 클릭한다.

⑩ DRD 폴더가 추가된 것을 확인한다.

⑪ BOTTOM, TOP, DRD, SST, SMB, SMT 6개의 필름을 확인한다.
⑫ 6개의 필름 모두 Undefined line width를 0.2로 설정한다.

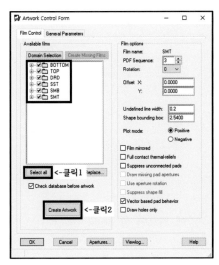

⑬ Select all을 클릭하여 6개의 필름을 모두 선택한다.

⑭ Create Artwork를 클릭한다.

※ Create Artwork 시 발생한 에러는 무시해도 된다.

## 9 출 력

**[공개문제 요구사항]**

14) 요구한 작업을 완료한 후 이동식 저장장치에 작업파일을 제출하고 인쇄, 출력물을 지정한 순서(회로 도면, 실크면, TOP면, BOTTOM면, Solder Mask TOP면, Solder Mask BOTTOM면, Drill Draw)에 의거하여 편철한 후 제출한 경우에만 채점 대상에 해당된다.

### 1) Artwork 필름 출력

① Visibility → Views → 출력하고자 하는 필름 선택

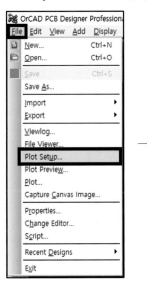

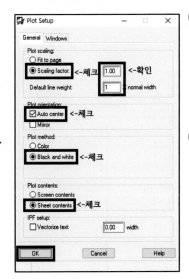

② Menu → File → Plot Setup

• Scaling factor : 1

• Default line weight : 1

• Auto center

• Black and white

• Sheet contents

③ 위 항목을 체크한 후 OK를 클릭한다.

④ Menu → File → Plot Preview

※ 위와 같은 방법으로 나머지 필름도 모두 출력한다.

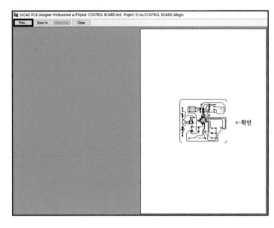

⑤ 필름이 중앙에 있으면 출력한다.

## 2) 회로도 출력

① OrCAD Capture를 실행한다.

② File Open → Project → 저장된 폴더 → CONTROL BOARD 실행 → PAGE1

③ Menu → File → Print Setup

- 프린터 이름을 확인한다.
- 방향 : 가로

④ 확인을 클릭한다.

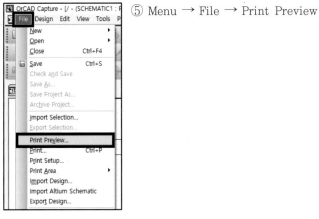 ⑤ Menu → File → Print Preview

⑥ OK를 클릭한 후 회로가 가로로 표시되면 Print를 클릭하여 출력한다.

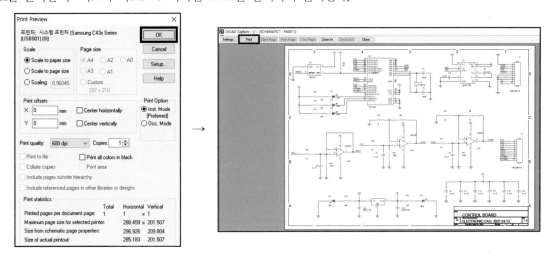

※ 회로 도면, 실크면, TOP면, BOTTOM면, Solder Mask TOP면, Solder Mask BOTTOM면, Drill Draw 순으로 정리하여 제출한다.

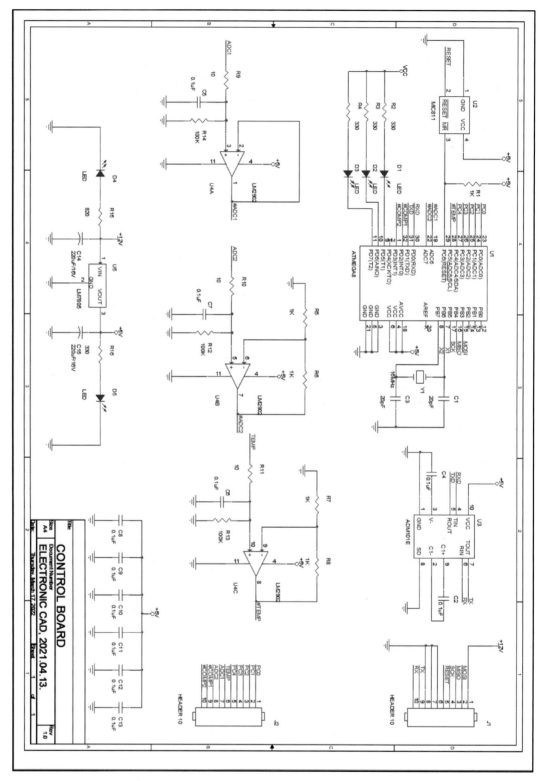

[회로도]

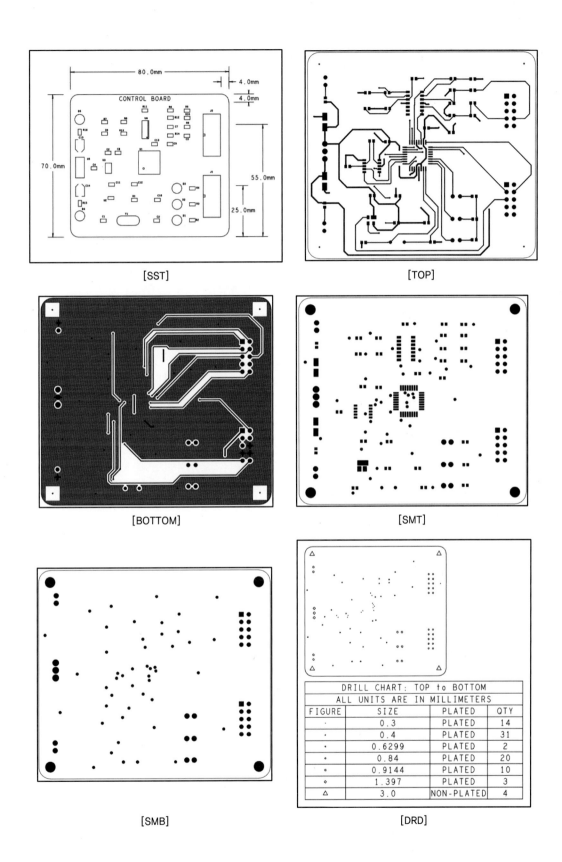

[SST]

[TOP]

[BOTTOM]

[SMT]

[SMB]

[DRD]

| DRILL CHART: TOP to BOTTOM | | | |
|---|---|---|---|
| ALL UNITS ARE IN MILLIMETERS | | | |
| FIGURE | SIZE | PLATED | QTY |
| · | 0.3 | PLATED | 14 |
| · | 0.4 | PLATED | 31 |
| × | 0.6299 | PLATED | 2 |
| ○ | 0.84 | PLATED | 20 |
| ○ | 0.9144 | PLATED | 10 |
| ○ | 1.397 | PLATED | 3 |
| △ | 3.0 | NON-PLATED | 4 |

# 전자캐드기능사 공개문제 합격 체크리스트

## 1 OrCAD Capture

| ① 전원 심볼(VCC, GND) 확인 | 전원 심볼(VCC, GND)이 누락된 곳은 없는가?(GND : 28개, +12V : 2개, +5V : 10개) |
|---|---|
| | J1과 U5 1번 핀은 +12[V]로 되어 있는가? |
| ② 네트 이름 확인 | 네트 이름이 정확하게 작성되어 있는가? |
| ③ LED 방향 확인 | D1~D3의 캐소드 단자(화살표 있는 부분)가 ATMEGA8에 연결되어 있는가? |
| | D4와 D5의 캐소드 단자(화살표 있는 부분)가 접지로 연결되어 있는가? |
| ④ LM2902 핀 확인 | (−) : 2, 6, 9  (+) : 3, 5, 10 |
| | 4번 핀과 11번 핀 확인 <br>• 4번 핀 : 위 <br>• 11번 핀 : 아래 |
| ⑤ LM7805 확인 | 2번 핀 : GND, 3번 핀 : VOUT |
| ⑥ ATMEGA8 | 사용하지 않는 핀(2, 12, 13, 14, 20)은 **X**(Place no connect)하였는가? |
| ⑦ Title block 확인 | 요구사항에 맞게 작성되어 있는가? |
| ⑧ Part Value 확인 | Part Value가 정확히 작성되어 있는가? |

LM7805 확인 접속점(Junction) 확인:
| | |
|---|---|
| +12[V], 1번 핀, C14 ,R15 | |
| +5[V], 3번 핀, C15, R16 | |

※ ①~⑤를 수정하였을 경우 Netlist를 다시 수행하여 해당 부분을 수정해야 한다(386쪽 참조)

### 1) 전원 심볼(VCC, GND) 확인

전원 심볼(VCC, GND)이 누락되거나 연결이 잘못되어 있으면, 네트 연결이 미완성인 경우 또는 네트 연결이 잘못된 경우에 해당되므로 채점 제외 대상에 해당된다.

### 2) 네트 이름 확인

네트 이름이 잘못되면 네트가 누락된 경우에 해당되므로 채점 제외 대상에 해당된다. 다음과 같이 형광펜으로 체크하여 확인하면 실수를 줄일 수 있다.

| 부품의 지정 핀 | 네트의 이름 | 부품의 지정 핀 | 네트의 이름 |
|---|---|---|---|
| U1의 1번 연결부 | #COMP2 | U1의 27번 연결부 | PC4 |
| U1의 7번 연결부 | X1 | U1의 28번 연결부 | #TEMP |
| U1의 8번 연결부 | X2 | U1의 30번 연결부 | RXD |
| U1의 15번 연결부 | MOSI | U1의 31번 연결부 | TXD |
| U1의 16번 연결부 | MISO | U1의 32번 연결부 | #COMP1 |
| U1의 17번 연결부 | SCK | U2의 2번 연결부 | RESET |
| U1의 19번 연결부, U4의 1번, 2번 연결부 | #ADC1 | U3의 4번 연결부 | RXD |

## 3) LED 방향 확인

LED는 다음 그림과 같이 접속되어 있어야 한다. 한 개라도 잘못 접속되어 있으면 오작에 해당되므로 채점 제외 대상이 된다.

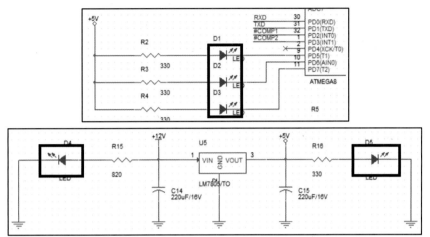

## 4) LM2902 핀 확인

① 가장 많이 틀리는 부분이다. 입력 단자와 전원 단자가 반드시 다음과 같이 되어 있는지 확인한다. 이 부분도 마찬가지로 오작에 해당되므로 채점 제외 대상이 된다.

② (−) : 2, 6, 9  (+): 3, 5, 10, −4번 핀(위), 11번 핀(아래)

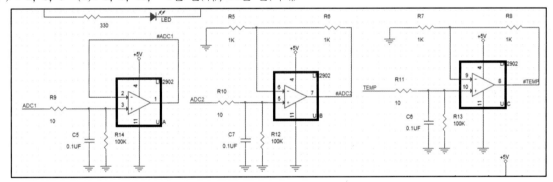

## 5) LM7805 확인

① 이 부분도 많이 틀리는 부분이다. LM7805의 2번 핀이 GND, 3번 핀이 VOUT이다.

② 다음과 같이 접속점이 있어야 한다.

③ 이 부분이 틀리면, 부품 또는 PCB에 전원 공급이 되지 않은 경우에 해당되므로 채점 제외 대상이 된다.

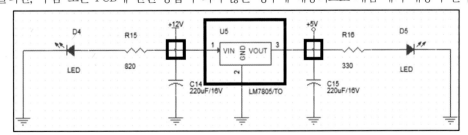

1)~5)를 수정하였을 경우 NETLIST를 다시 수행하여 해당 부분을 수정해야 한다. 이때 NETLIST를 수행하는 방법은 다음과 같다.

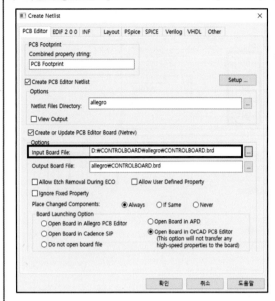

① 먼저 OrCAD PCB Editor에서 작업한 파일을 저장한 후 OrCAD PCB Editor를 종료한다.

② Input Board File 끝에 있는 ...을 클릭한다.

③ 프로젝트가 저장되어 있는 폴더로 이동한다.

④ Allegro 폴더에서 .brd 파일을 클릭한 후 확인을 클릭한다.

※ NETLIST를 다시 수행할 때는 반드시 Input Board File을 기존에 작업해 두었던 .brd 파일로 설정해야 한다. 그렇지 않으면 기존에 작업했던 파일이 모두 초기화되어 다시 작업해야 한다.

6) ATMEGA8

사용하지 않는 핀(2, 12, 13, 14, 20)은 **│X│** (Place no connect)

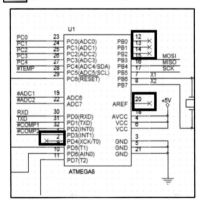

7) Title block 확인

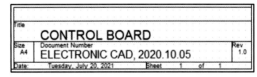

① Title : CONTROL BOARD(크기 : 14)

② Document Number : ELECTRONIC CAD, 시행일자 (크기 : 12)

③ Revison : 1.0(크기 : 7)

## 2 PCB Editor

| TOP | • 부품의 개수가 맞는가? | − |
|---|---|---|
| BOTTOM |   − TOP(DIP : 9개, SMD : 35개)<br>  − BOTTOM(DIP : 9개)<br>  ※ DIP : D1∼D5, U5, J1∼J2, Y1<br>• 직각 배선이 되어 있는 곳은 없는가?<br>• VIA와 배선이 나와 있는가? | • 단열판의 두께가 0.5mm인가?<br>• 카퍼는 보드 외곽으로부터 0.1mm 이격을 두고 있는가?<br>• 카퍼의 모서리는 라운드 처리가 되어 있는가? |
| SMT | • 모든 부품의 PAD와 VIA가 나와 있는가? | |
| SMB | • DIP 부품의 PAD와 VIA가 나와 있는가? | |
| DRD | • 기구 홀, VIA, DIP 부품의 드릴 홀 심벌이 나와 있는가?<br>• 드릴 차트에서 기구 홀의 사이즈가 3으로 되어 있는가? | |
| SST | • 치수보조선(Dimension)이 나와 있는가?<br>• 모든 부품의 Ref가 나와 있는가?(U1)<br>• 보드 상단에 text('CONTROL BOARD')가 나와 있는가?<br>• Ref가 PAD와 겹치지 않는가?<br>• 실크 데이터(Ref)가 정리되어 있는가?<br>• J1과 J2는 정확한 위치에 배치되어 있는가? | |

• TOP, BOTTOM, SMT, SMB, DRD, SST 모두 Board Outline이 있는가?
• TOP, BOTTOM, SMT, SMB, DRD, SST 모두 Board Outline이 라운드 처리되어 있는가?
• TOP, BOTTOM, SMT, SMB, DRD 모두 기구 홀이 나와 있는가?

| DISPLAY | • Status가 모두 초록색인가? |
|---|---|
| (Cmgr) | • 네트 폭이 요구사항과 일치하는가?<br>  − 일반선 : 0.3mm<br>  − 전원선, X1, X2 : 0.5mm<br>• Spacing : Shape(0.5)를 제외한 나머지는 모두 0.254mm로 되어 있는가?<br>• VIA는 요구사항과 일치하는가?<br>  − 일반선 : SVIA<br>  − 전원선, X1, X2 : PVIA |
| VIA 크기 확인 | • pvia−드릴 홀 : 0.4mm, 패드 : 0.8mm<br>• svia−드릴 홀 : 0.3mm, 패드 : 0.6mm |
| undefined line width | • TOP, BOTTOM, SMT, SMB, DRD, SST 모두 0.2mm로 설정되어 있는가? |
| C14, C15 | • 1번 핀의 위치는 심벌 외곽선의 기울어진 부분에 있는가? |
| 파일 확인 | • 6개의 .art 파일과 1개의 .drl 파일이 있는가? |
| 출 력 | • 필름이 모두 가운데 있는가?(용지의 가로, 세로 방향 무관) |

[TOP, BOTTOM, SMT, SMB, DRD, SST 공통]

다음과 같이 6개의 필름 모두에 Board Outline과 기구 홀, 그리고 모서리가 라운드 처리되어 있는지 확인(Board Outline이 한 개라도 누락되면 실격)한다.

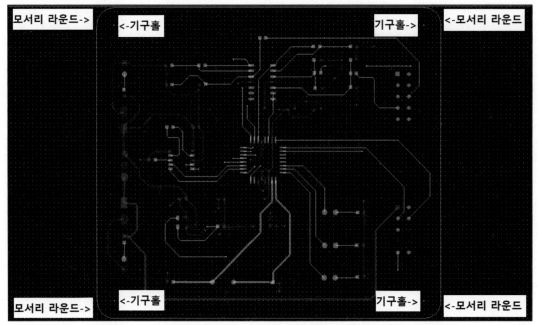

[TOP, BOTTOM 공통]

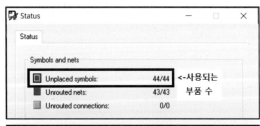

① 사용되는 부품의 개수 : 44개(DIP : 9개, SMD : 35개)

 ※ DIP : D1~D5, U5, J1, J2, Y1

② 부품이 한 개라도 누락될 경우 부품 초과 및 누락으로 실격된다.

 ※ D1~D5를 SMD로 사용해도 무방하다. 이때 DIP 부품은 4개(U5, J1, J2, Y1)이다.

③ 사용된 VIA가 모두 표시되어야 한다.

④ 직각 배선이 있는지 확인한다.

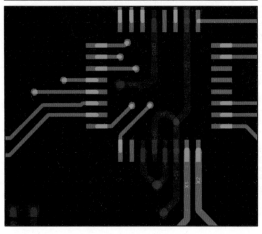

## 1) BOTTOM

① 단열판의 두께(0.5mm)를 확인한다.

② 그리드를 1로 설정했을 때 단열판이 그리드의 절반 크기면, OK를 클릭한다.

③ 단열판 크기 설정 : Menu → Setup → Design Parameters… → Shapes 탭 → Edit global dynamic shape parameters… → Thermal relief connects 탭 → Use fixed thermal width of에 '0.5'를 입력한다.

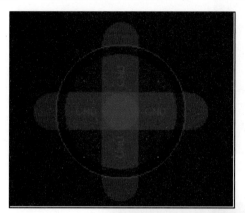 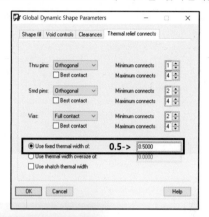

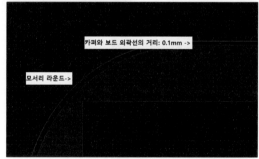

④ Board Outline의 모서리는 라운드 처리되어 있어야 한다.

⑤ 카퍼는 Board Outline으로부터 0.1mm 이격거리를 두어야 한다. 그리드를 0.1로 설정했을 때 Board Outline과 카퍼의 간격이 한 칸이면 정상이다.

## 2) SMT

① 왼쪽 그림처럼 모든 부품의 PAD와 VIA가 표시되어야 한다.

② 부품이 한 개라도 누락될 경우 부품 초과 및 누락으로 실격된다.

## 3) SMB

① DIP 부품의 PAD와 VIA가 표시되어야 한다.
② 부품이 한 개라도 누락 또는 SMD 부품의 PAD가 있을 경우 부품 초과 및 누락으로 실격된다(SMD 부품의 PAD는 반드시 SMT에만 있어야 한다).

## 4) DRD

① 기구 홀과 VIA, 그리고 DIP 부품의 드릴 홀 심벌이 표시되어 있어야 한다.

② 기구 홀 사이즈 : 3

## 5) SST

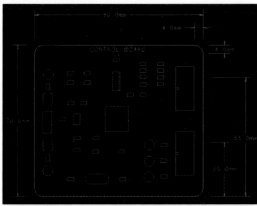

① 왼쪽과 같이 치수보조선이 표시되어 있는지 확인한다.
② 보드 상단의 TEXT(CONTROL BOARD)를 확인한다.
③ 모든 부품의 Ref가 표시되어 있어야 한다(특히 U1이 있는지 확인한다).
④ 고정 부품 위치를 확인한다.
  • J1 : Y축으로 25mm
  • J2 : Y축으로 55mm
※ 고정 부품의 배치가 정확하지 않는 경우 실격된다.

⑤ Ref가 정리되어 있는지 확인한다. Ref가 PAD와 겹치지 않도록 정리한다. 왼쪽 그림의 J2처럼 PAD와 겹치게 되면 실격된다.

## 6) DISPLAY Status

DISPLAY Status의 모든 항목이 초록색이 되어야 한다. DRC errors가 초록색이 아닐 경우 거버파일이 생성되지 않는다.

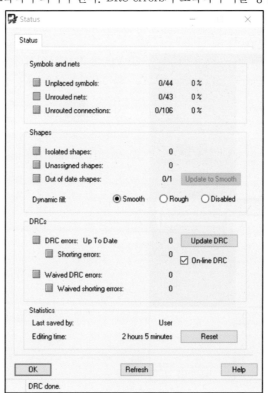

7) 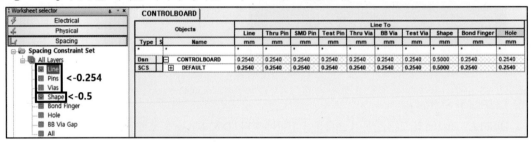 (Cmgr)

① 네트 폭이 요구사항과 일치하는지 확인한다.
- 일반선 : 0.3mm
- 전원선, X1, X2 : 0.5mm
- 일반선 : SVIA
- 전원선, X1, X2 : PVIA

| Net | #ADC1 | 0.3000 | 0.0000 | 0.1270 | 0.0000 | | | 0.0000 | 0.0000 | 0.0000 | 0.0000 | 0.0000 | SVIA |
|-----|-------|--------|--------|--------|--------|--|--|--------|--------|--------|--------|--------|------|
| Net | #ADC2 | 0.3000 | 0.0000 | 0.1270 | 0.0000 | | | 0.0000 | 0.0000 | 0.0000 | 0.0000 | 0.0000 | SVIA |
| Net | #COMP1 | 0.3000 | 0.0000 | 0.1270 | 0.0000 | | | 0.0000 | 0.0000 | 0.0000 | 0.0000 | 0.0000 | SVIA |
| Net | #COMP2 | 0.3000 | 0.0000 | 0.1270 | 0.0000 | | | 0.0000 | 0.0000 | 0.0000 | 0.0000 | 0.0000 | SVIA |
| Net | #TEMP | 0.3000 | 0.0000 | 0.1270 | 0.0000 | | | 0.0000 | 0.0000 | 0.0000 | 0.0000 | 0.0000 | SVIA |
| Net | +5V | 0.5000 | 0.0000 | 0.1270 | 0.0000 | | | 0.0000 | 0.0000 | 0.0000 | 0.0000 | 0.0000 | PVIA |
| Net | +12V | 0.5000 | 0.0000 | 0.1270 | 0.0000 | | | 0.0000 | 0.0000 | 0.0000 | 0.0000 | 0.0000 | PVIA |
| Net | ADC1 | 0.3000 | 0.0000 | 0.1270 | 0.0000 | | | 0.0000 | 0.0000 | 0.0000 | 0.0000 | 0.0000 | SVIA |
| Net | ADC2 | 0.3000 | 0.0000 | 0.1270 | 0.0000 | | | 0.0000 | 0.0000 | 0.0000 | 0.0000 | 0.0000 | SVIA |
| Net | GND | 0.5000 | 0.0000 | 0.1270 | 0.0000 | | | 0.0000 | 0.0000 | 0.0000 | 0.0000 | 0.0000 | PVIA |
| Net | MISO | 0.3000 | 0.0000 | 0.1270 | 0.0000 | | | 0.0000 | 0.0000 | 0.0000 | 0.0000 | 0.0000 | SVIA |
| Net | MOSI | 0.3000 | 0.0000 | 0.1270 | 0.0000 | | | 0.0000 | 0.0000 | 0.0000 | 0.0000 | 0.0000 | SVIA |
| Net | N02158 | 0.3000 | 0.0000 | 0.1270 | 0.0000 | | | 0.0000 | 0.0000 | 0.0000 | 0.0000 | 0.0000 | SVIA |

② Spacing : Shape(0.5)를 제외한 나머지 항목은 모두 0.254로 설정한다.

8) VIA 크기 확인

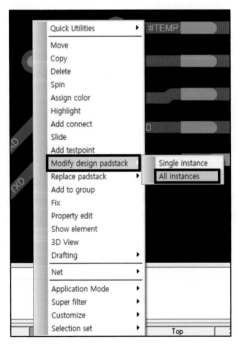

① VIA에 커서를 위치시킨 후 마우스 우측 버튼을 클릭한다. VIA가 활성화되지 않을 경우, 화면 우측에 Find → All On 클릭 또는 화면 상단의 ▦(GeneralEdit) 클릭한 후 다시 마우스 우측 버튼을 클릭한다.

② Modify design padstack → All instances

※ Single instances 실행시켜도 확인 가능하다.

③ Pad Designer가 실행되면 VIA의 드릴 홀과 PAD 크기 확인이 가능하다.

• pvia-드릴 홀 : 0.4mm, 패드 : 0.8mm

• svia-드릴 홀 : 0.3mm, 패드 : 0.6mm

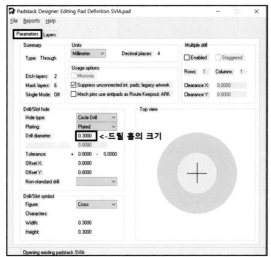
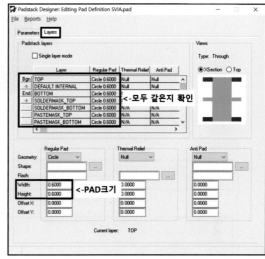

※ PVIA도 같은 방법으로 확인 가능하다.

## 9) Undefined line width

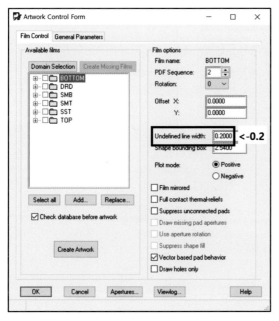

① Manufacture → Artwork 또는 (Artwork)를 클릭한다.

② 6개의 필름이 모두 Undefined line width가 0.2로 되어 있는지 확인한다.

## 10) C14, C15 PAD 위치

심벌의 외형이 기울어진 부분에 1의 PAD가 위치한다. 바뀔 경우 부품 데이터와 핀의 배열이 다른 경우로 실격된다.

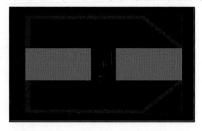

## 11) 파일 확인

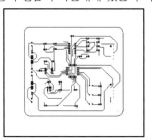

① 프로젝트가 저장된 폴더 → allegro → ARTWORK
② 6개의 .art 파일과 1개의 .drl 파일이 있어야 한다.

## 12) 출 력

Menu → File → Plot Preview...에서 다음과 같이 필름이 가운데에 있는지 확인한다(용지 방향은 가로, 세로 상관없다).

# PCB Editor 초기 설정

## 1. Pad, Footprint 경로 설정

- Setup → User Preferences..., → Paths → Library → padpath ...
  → ▦ (New (Insert)) → ▤ → pad가 저장되어 있는 폴더 설정
  → OK(psmpath도 같은 방법으로 경로 지정) → 경로 지정이 끝나면
  Apply → OK

## 2. Setup → Design Parameters...

① Designe

User units : Millimeter → Size : A4 → Extents → Left X, Lower
Y : -80 → Apply

② Display

Grids on 체크 → Setup grids ... → Non-Etch, All Etch : 0.1 → OK

※ 풋프린트 작성할 때는 여기까지

③ Shapes

Edit global dynamic shape parameters... → Void controls 탭
- Artwork format : Gerber RS274X 확인 → Thermal relief connects 탭
- Use fixed thermal width of : 0.5 → OK → OK

## 3. Setup → Constraints 모드 ▦ (Cmgr) 클릭

① Physical

- Physical Cinstraint Set → All Layers → DEFAULT → Line Width
  → Min : 0.3
- VIA 셀 클릭 → Filter by name에 'SVIA' 입력 → 목록 → SVIA 더블클
  릭한 후 오른쪽(via list)으로 이동 → via list : VIA를 더블클릭한
  후 인쪽으로 이동

---

- Physical → Net → All Layers 클릭 → +5V, +12V, GND, X1, X2의
  네트 폭 : 0.5mm(블릭하여 변경)
- Vias 셀 이동: +5V, +12V, GND, X1, X2의 VIA는 PVIA → Filter
  by name → PVIA → 목록 : VIA를 더블클릭한 후 인쪽으로 이동 → OK
  로 이동 → via list : VIA를 더블클릭한 후 오른쪽(via list)으
  ※ VIA는 SVIA, PVIA 제작 및 등록 후 설정

② Spacing

- Spacing Constraint Set → All Layers → Line → DEFAULT의 Line
  을 블릭한 상태에서 항무의 끝까지 드래그 → Line 셀 : '0.254' 입력
  → Enter(Pins, Vias도 같은 방법으로 설정)
- Spacing Constraint Set → All Layers → Shape → DEFAULT의
  Line을 블릭한 상태에서 항무의 끝까지 드래그 → Line 셀 : '0.5'
  입력 → Enter

③ Properties

- Net → General Properties → GND의 No Rat → ON

## 4. Display → Color/Visbility 모드 ▦ (Color192)

- Global Visibility → Off → 예(Y)
- Stack-Up : Pin, Via, Etch
- Areas : Through All → Rte KI
- Board Geometry : Dimension, Outline, Silkscreen_TOP
- Package Geometry : Place_Bound_Top, Silkscreen_TOP
- Components : Silkscreen_TOP → RefDes → Apply
- 네트 색 지정 : 좌측 상단 Net 체크 → +12V : 보라색, +5V : 빨간색,
  GND : 파란색

# FOOTPRINT 제작

## 1. FOOTPRINT 제작 순서

| | Padstack Editor |
|---|---|
| ① PAD 제작 | |
| ② PAD 배치 | OrCAD PCB Editor |
| ③ 부품 외형 그리기(Silk screen top, Place bound top) | |
| ④ Ref 입력(Silk screen top) | |

## 2. PADstack Editor( Padstack Editor )를 이용한 VIA 및 PAD 제작

| Start(Unit : Millimeter) | | Drill | | | Design Layers/Mask Layers | | | |
|---|---|---|---|---|---|---|---|---|
| Select Padstack Usage | Select Pad Geometry | Finished Diameter | Hole Plating | Geometry | Dia-meter | Copy | | |
| svia | via | Circle | 0.3 | Plated | Circle | 0.6 | Soldermask_Top | |
| pvia | via | Circle | 0.4 | Plated | Circle | 0.8 | Soldermask_Top | |
| header10 | Thru Pin | Circle | 1 | Plated | Circle | 1.6 | Soldermask_Bottom | |
| crystal | Thru Pin | Circle | 0.8 | Plated | Circle | 1.4 | | |
| d55 | SMD Pin | Rectangle | | | Rec-tangle | W : 2.6 H : 1.6 | Soldermask_Top | |
| adm10te | SMD Pin | Rectangle | | | Rec-tangle | W : 1.18 H : 0.58 | Pastmask_Top | |

## 3. ADM101E 만들기

① Number of pins(N) : 10
② Lead pitch(e) : 1
③ Terminal row spacing(e1) : 5.18
④ Package width(E) : 3.41
⑤ Package length(D) : 5
⑥ adm101e
⑦ Center of symbol body

## 4. D55 만들기

① OrCAD PCB Editor 초기 설정 후 ⊕(Add Pin)을 클릭한다.
② Options 이동 → Padstack … → 'd55' 입력 후 선택 → OK
③ PAD 배치

| | Qty | Spacing | Order |
|---|---|---|---|
| X | 2 | 3.6 | Left |

위와 같이 설정 후 Command 창에 'x 1.8 0' 입력 → 핀 배치 완료 후 마우스 우측 버튼 → Done

④ /(Add Line) → Active Class and Subclass : Package Geometry, Silkscreen_Top → Line width=0.2

⑤ 2번 패드 좌측 상단 모서리 → iy 1.45 → 선을 대각선으로 내린 상태에서 1번 핀의 끝으로 이동 → 마우스 우측 버튼 → NEXT

⑥ 2번 패드 좌측 하단 모서리 → iy −1.45 → 선을 대각선으로 올린 상태에서 1번 핀의 끝으로 이동 → 마우스 우측 버튼 → DONE

⑦ Add Rect → Options 이동 → Active Class and Subclass : Package Geometry, Place_Bound_Top → Line font=Solid → 좌측 상단 모서리 → 우측 하단 모서리 → 마우스 우측 버튼 → Done

⑧ 좌측 상단 모서리 → 우측 하단 모서리 → 마우스 우측 버튼 → Done

⑨ R1(Label Refdes) → Options 이동 → Active Class and Subclass : Ref Des, Silkscreen_Top

⑩ 심벌 상단 클릭 후 'C' 입력 → 마우스 우측 버튼 → Done → 🖫(Save)

## 5. HEADER10 만들기

① OrCAD PCB Editor 크기 설정 후  (Add Pin)을 클릭한다.

② Options 이동 → Padstack … → 'header10' 입력 후 선택 → OK

③ PAD 배치

| | Qty | Spacing | Order |
|---|---|---|---|
| X | 2 | 2.54 | Right |
| Y | 5 | 2.54 | Down |

위와 같이 설정 후 Command 창에 'x 0 0' 입력 → 핀 배치 완료 후 마우스 우측 버튼 → Done

④  (Add Lin) → Active Class and Subclass : Package Geometry, Silkscreen_Top → Line width=0.2

⑤ Command 창에 다음과 같이 좌표를 입력한다.

- x -3.105 5.26 → ix 8.75 → iy -20.62 → ix -8.75 → iy 20.62

⑥ 5번 핀 앞에 홀을 그린 후 마우스 우측 버튼 클릭 후 Done을 클릭한다.

⑦ Add Rect → Options 이동 → Active Class and Subclass : Package Geometry, Place_Bound_Top → Line font=Solid

⑧ 좌측 상단 모서리 → 우측 하단 모서리 → 마우스 우측 버튼 → Done

⑨ (Label Refdes) → Options 이동 → Active Class and Subclass : Ref Des, Silkscreen_Top

⑩ 심볼 상단 클릭 후 'J' 입력 → 마우스 우측 버튼 → Done →

[F1] (Save)

## 6. CRYSTAL 만들기

① OrCAD PCB Editor 크기 설정 후 (Add Pin)을 클릭한다.

② Options 이동 → Padstack … → 'crystal' 입력 후 선택 → OK

③ PAD 배치

| | Qty | Spacing | Order |
|---|---|---|---|
| X | 2 | 4.88 | Right |

위와 같이 설정 후 Command 창에 'x 0 0' 입력 → 핀 배치 완료 후 마우스 우측 버튼 → Done

④ (Add Line) → Active Class and Subclass : Package Geometry, Silkscreen_Top → Line width=0.2

⑤ Command 창에 다음과 같이 좌표를 입력한다.

- x -3.235 2.325 →ix 11.35 →iy -4.65 →ix -11.35 →iy 4.65 → 마우스 우측 버튼

⑥ Menu → Dimension → Fillet → Options → Radius : 2 → 마우스 좌측 버튼을 누른 상태에서 CRYSTAL 외형 드래그 → 마우스 우측 버튼 → Done

⑦ Add Rect → Options 이동 → Active Class and Subclass : Package Geometry, Place_Bound_Top → Line font=Solid

⑧ 좌측 상단 모서리 → 우측 하단 모서리 → 마우스 우측 버튼 → Done

⑨ (Label Refdes) → Options 이동 → Active Class and Subclass : Ref Des, Silkscreen_Top

⑩ 심볼 상단 클릭 후 'Y' 입력 → 마우스 우측 버튼 → Done →

[F1] (Save)

## 출력 설정

### 1. 회로도 출력 설정

- OrCAD Capture 실행
- File Open → Project → 저장된 폴더 → CONTROL BOARD 실행 → PAGE1
- Menu → File → Print Setup
  ① 프린터 이름을 확인한다.
  ② 방향 : 가로
  ③ 확인을 클릭한다.
  ④ Menu → File → Print Preview
  ⑤ Menu → File → Print Preview
  ⑥ OK 클릭 후 회로가 가로로 표시되면 Print를 클릭하여 출력한다.

### 2. Artwork 필름 출력 설정

  ① Visibility → Views → 출력하고자 하는 필름 선택
  ② Menu → File → Plot Setup

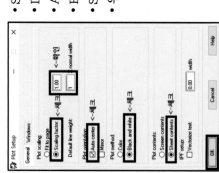

- Scaling factor : 1
- Default line weight : 1
- Auto center
- Black and white
- Sheet contents
- 위 항목 체크 후 OK를 클릭한다.

  ③ Menu → File → Plot Preview
  ④ 필름이 중앙에 있으면 출력한다(용지의 방향은 가로, 세로 상관없음).
  ※ 같은 방법으로 나머지 필름을 모두 출력한다.

---

## 7. TQFP32 Reference 및 1번 핀 Circle 입력하기

① File → Open → 로컬디스크(C:) → Cadence → SPB16_6 → share
→ pcb → pcb_lib → symbols → 파일형식 : Symbol Drawing(*.dra)
→ tqpf32.dra 선택 후 열기

② (Color192) → Global Visibility → ON → 예(Y) → Apply → OK

③ (Label Refdes) → Options → Active Class and Subclass :
RefDes, Silkscreen_Top

④ 심벌의 윗부분 클릭 'U?' 입력 → 마우스 우측 버튼 → Done

⑤ Add → Circle → Options → Active Class and Subclass : Package
Geometry, Silkscreen_Top

⑥ 1번 핀 옆에 Circle을 그리고, 마우스 우측 버튼 클릭 후 Done을 클릭한다.

⑦ File → Save 또는 (Save)

# PCB Editor 초기 설정

## 1. Pad, Footprint 경로 설정

- Setup → User Preferences... → Paths → Library → padpath ... → ▦ (New (Insert)) → ▦ → pad가 저장되어 있는 폴더 설정 → OK(psmpath도 같은 방법으로 경로 지정) → 경로 지정이 끝나면 Apply → OK

## 2. Setup → Design Parameters...

### ① Designe

User units : Millimeter → Size : A4 → Extents → Left X, Lower
Y : -80 → Apply

### ② Display

Grids on 체크 → Setup grids ... → Non-Etch, All Etch : 0.1
→ OK

※ 풋프린트 작성할 때는 여기까지

### ③ Shapes

Edit global dynamic shape parameters... → Void controls 탭

- Artwork format: Gerber RS274X 확인 → Thermal relief connects 탭
- Use fixed thermal width of : 0.5 → OK → OK

## 3. Setup → Constraints 또는 ▦ (Cmgr) 클릭

### ① Physical

- Physical Cinstraint Set → All Layers → DEFAULT → Line Width
→ Min: 0.3

- VIA셀 클릭 → Filter by name에 'SVIA' 입력 → 목록 : SVIA 더블클릭한 다음 후 오른쪽(via list)으로 이동 → via list : VIA를 더블클릭한 다음 후 오른쪽으로 이동

- Physical → Net → All Layers 클릭 → +5V, +12V, GND, X1, X2의 네트 폭 : 0.5mm(클릭하여 변경)

- 'Vias'셀 이동 : +5V, +12V, GND, X1, X2의 VIA는 PVIA → Filter by name : PVIA → 목록 : PVIA를 더블클릭하여 오른쪽으로 이동 → via list : VIA를 더블클릭하여 오른쪽으로 이동 → OK

### ② Spacing

※ VIA는 SVIA, PVIA셀작 및 등록 후 설정

- Spacing Constraint Set → All Layers → Line → DEFAULT의 Line 을 클릭한 상태에서 항목의 끝까지 드래그 → Line 셀 : '0,254' 입력 →Enter(Pins, Vias 같은 방법으로 설정)

- Spacing Constraint Set → All Layers → Shape → DEFAULT의 Line을 클릭한 상태에서 항목의 끝까지 드래그 → Line 셀 : '0,5' 입력 → Enter

### ③ Properties : Net → General Properties → GND의 No Rat → ON

## 4. Display → Color/Visbility 또는 ▦ (Color192)

- Global Visibility → Off → 예(Y)
- Stack-Up : Pin, Via, Etch
- Areas : Through All → Rte KI
- Board Geometry : Dimension, Outline, Silkscreen_TOP
- Package Geometry : Place_Bound_Top, Silkscreen_TOP
- Components : Silkscreen_TOP → RefDes → Apply 클릭
- 네트 색 지정 : 좌측 상단 Net 체크 → +12V : 보라색, +5V : 빨간색, GND : 파란색

# FOOTPRINT 제작

## 1. FOOTPRINT 제작 순서

| ① PAD 제작 | PAD Designer |
|---|---|
| ② PAD 배치 | OrCAD PCB Editor |
| ③ 부품 외형 그리기(Silk screen top, Place bound top) | |
| ④ Ref 입력(Silk screen top) | |

## 2. PAD Designer()를 이용한 VIA 및 PAD 제작

| | Parameters (Units : Millimeter) | | Layers(Regular Pad) | | | | |
|---|---|---|---|---|---|---|---|
| | Dril/Slot Hole(Dril Diameter) | Dril/Slot Symbol (Figure, Width, Height) | Geometry | Width | Height | Single Layer Mode | Copy |
| svia | 0.3 | Circle, 0.3, 0.3 | Circle | 0.6 | 0.6 | | |
| pvia | 0.4 | Circle, 0.4, 0.4 | Circle | 0.8 | 0.8 | | Solder mask |
| header10 | 1 | Circle, 1, 1 | Circle | 1.6 | 1.6 | | mask |
| crystal | 0.8 | Circle, 0.8, 0.8 | Circle | 1.4 | 1.4 | | |
| d55 | | | Rectangle | 2.6 | 1.6 | 체크 | Solder mask _Top |
| adm101e | | | Rectangle | 1.18 | 0.58 | 체크 | Past mask _Top |

## 3. ADM101E 만들기

① Number of pins(N) : 10
② Lead pitch(e) : 1
③ Terminal row spacing(el) : 5.18
④ Package width(E) : 3.41
⑤ Package length(D) : 5
⑥ adm101e
⑦ Center of symbol body

## 4. D55 만들기

① OrCAD PCB Editor 중기 설정 후 (Add Pin)을 클릭한다.

② Options 이동 → Padstack … → 'd55' 입력 후 선택 → OK

③ PAD 배치

| | Qty | Spacing | Order |
|---|---|---|---|
| X | 2 | 3.6 | Left |

위와 같이 설정 후 Command 창에 'x 1.8 0' 입력 → 핀 배치 완료 후 마우스 우측 버튼 → Done

④ (Add Line) → Active Class and Subclass: Package Geometry, Silkscreen_Top → Line width = 0.2 후 마우스 우측 버튼 → Done

⑤ 2번 패드 좌측 상단 모서리 클릭 → iy 1.45 → 선을 대각선으로 내린 상태에서 1번 핀의 끝으로 이동 → 마우스 우측 버튼 → Next

⑥ 2번 패드 좌측 하단 모서리 클릭 → iy -1.45 → 선을 대각선으로 올린 상태에서 1번 핀의 끝으로 이동 → 마우스 우측 버튼 → Done

⑦ Add Rect → Options 이동 → Active Class and Subclass : Package Geometry, Place_Bound_Top → Line font = Solid 좌측 상단 모서리 → 우측 하단 모서리 → 마우스 우측 버튼 → Done

⑧ 좌측 상단 모서리 → 우측 하단 모서리 → 마우스 우측 버튼 → Done

⑨ (Label Refdes) → Options 이동 → Active Class and Subclass : Ref Des, Silkscreen_Top

⑩ 심볼 상단 클릭 후 'C?' 입력 → 마우스 우측 버튼 → Done 클릭 → (Save)

## 5. HEADER10 만들기

① OrCAD PCB Editor 종기 설정 후  (Add Pin)을 클릭한다.

② Options 이동 → Padstack … → 'header10' 입력 후 선택 → OK

③ PAD 배치

| | Qty | Spacing | Order |
|---|---|---|---|
| X | 2 | 2.54 | Right |
| Y | 5 | 2.54 | Down |

위와 같이 설정 후 Command 창에 'x 0 0' 입력 → 핀 배치 완료 후 마우스 우측 버튼 → Done

④  (Add Line) → Active Class and Subclass: Package Geometry, Silkscreen_Top → Line width=0.2

⑤ Command 창에 다음과 같이 좌표를 입력한다.
- x -3.105 5.26 → ix 8.75 → iy -20.62 → ix -8.75 → iy 20.62

⑥ 5번 핀 옆에 홀을 그린 후 마우스 우측 버튼 클릭 후 Done을 클릭한다.

⑦ Add Rect → Options 이동 → Active Class and Subclass: Package Geometry, Place_Bound_Top → Line font=Solid

⑧ 좌측 상단 모서리 → 우측 하단 모서리 → 마우스 우측 버튼 → Done

⑨ (Label Refdes) → Options 이동 → Active Class and Subclass : Ref Des, Silkscreen_Top

⑩ 심벌 상단 클릭 후 'J?' 입력 → 마우스 우측 버튼 → Done →
 (Save)

## 6. CRYSTAL 만들기

① OrCAD PCB Editor 종기 설정 후  (Add Pin)을 클릭한다.

② Options 이동 → Padstack … → 'crystal' 입력 후 선택 → OK

③ PAD 배치

| | Qty | Spacing | Order |
|---|---|---|---|
| X | 2 | 4.88 | Right |

위와 같이 설정 후 Command 창에 'x 0 0 입력' → 핀 배치 완료 후 마우스 우측 버튼 → Done

④  (Add Line) → Active Class and Subclass: Package Geometry, Silkscreen_Top → Line width=0.2

⑤ Command 창에 다음과 같이 좌표를 입력한다.
- x -3.235 2.325 → ix 11.35 → iy -4.65 → ix -11.35 → iy 4.65 → 마우스 우측 버튼 → Done

⑥ Menu → Dimension → Fillet → Options → Radius : 2 → 마우스 좌측 버튼을 누른 상태에서 CRYSTAL 외형 드래그 → 마우스 우측 버튼 → Done

⑦ Add Rect → Options 이동 → Active Class and Subclass: Package Geometry, Place_Bound_Top → Line font=Solid

⑧ 좌측 상단 모서리 → 우측 하단 모서리 → 마우스 우측 버튼 → Done

⑨ (Label Refdes) → Options 이동 → Active Class and Subclass : Ref Des, Silkscreen_Top

⑩ 심벌 상단 클릭 후 'Y?' 입력 → 마우스 우측 버튼 → Done →
 (Save)

# 출력 설정

## 1. 회로도 출력 설정

- OrCAD Capture를 실행한다.
- File Open → Project → 저장된 폴더 → CONTROL BOARD 실행 → PAGE1
- File Open → Project → 저장된 폴더 → Print Setup
  ① Menu → File → Print Setup
  ② 프린터 이름을 확인한다.
  ③ 방향 : 가로
  ④ 화인을 클릭한다.
  ⑤ Menu → File → Print Preview
  ⑥ OK 클릭 후 화로가 가로로 표시되면 Print를 클릭하여 출력한다.

## 2. Artwork 필름 출력 설정

① Visibility → Views → 출력하고자 하는 필름 선택
② Menu → File → Plot Setup

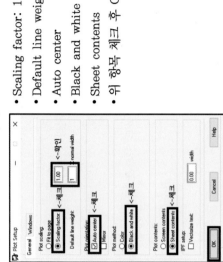

- Scaling factor: 1
- Default line weight: 1
- Auto center
- Black and white
- Sheet contents
- 위 항목 체크 후 OK를 클릭한다.

③ Menu → File → Plot Preview
④ 필름이 중앙에 있으면 출력한다(용지의 방향은 가로, 세로 상관없음).
※ 같은 방법으로 나머지 필름을 모두 출력한다.

---

## 7. TQFP32 Reference 및 1번 핀 circle 입력하기

① File → Open → 로컬디스크(C:) → Cadence → SPB16_6 → share → pcb → pcb_lib → symbols → 파일형식 : Symbol Drawing(*.dra) → tqpf32.dra 선택 후 열기
② (Color192)→Global Visibility → ON → 예(Y) → Apply → OK
③ (Label Refdes) → Options → Active Class and Subclass : RefDes, Silkscreen_Top
④ 심볼의 윗부분 클릭 후 'U?' 입력 → 마우스 우측 버튼 → Done
⑤ Add → Circle → Options → Active Class and Subclass: Package−Geometry, Silkscreen_Top
⑥ 1번 핀 옆에 Circle을 그리고, 마우스 우측 버튼 클릭 후 Done을 클릭한다.
⑦ File → Save 포는

# Win-Q 전자캐드기능사 실기

| | |
|---|---|
| **개정2판1쇄 발행** | 2024년 04월 05일 (인쇄 2024년 02월 29일) |
| **초 판 발 행** | 2022년 05월 10일 (인쇄 2022년 03월 25일) |
| **발 행 인** | 박영일 |
| **책 임 편 집** | 이해욱 |
| **편 저** | 박정열 |
| **편 집 진 행** | 윤진영, 최영 |
| **표지디자인** | 권은경, 길전홍선 |
| **편집디자인** | 정경일, 박동진 |
| **발 행 처** | (주)시대고시기획 |
| **출 판 등 록** | 제10-1521호 |
| **주 소** | 서울시 마포구 큰우물로 75 [도화동 538 성지 B/D] 9F |
| **전 화** | 1600-3600 |
| **팩 스** | 02-701-8823 |
| **홈 페 이 지** | www.sdedu.co.kr |

| | |
|---|---|
| **I S B N** | 979-11-383-6837-7(13560) |
| **정 가** | 24,000원 |

**기술직 공무원 기계일반**
별판 | 24,000원

**기술직 공무원 기계설계**
별판 | 24,000원

**기술직 공무원 물리**
별판 | 22,000원

**기술직 공무원 생물**
별판 | 20,000원

**기술직 공무원 임업경영**
별판 | 20,000원

**기술직 공무원 조림**
별판 | 20,000원

※도서의 이미지와 가격은 변경될 수 있습니다.